山西文物建筑

砖瓦材料调查与研究

山西省古建筑与彩塑壁画保护研究院砖瓦课题组 著

The Investigation and Research on the Brick and Tile Materials of Shanxi Cultural Relic Architecture

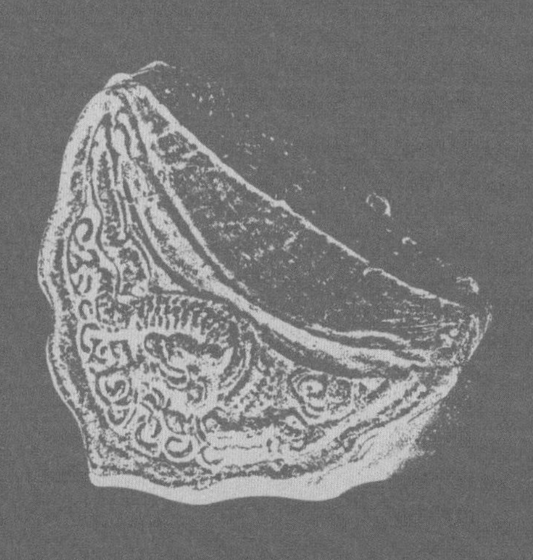

山西出版传媒集团 · 三晋出版社

本书为2017—2019年度山西省重点研发计划社发领域项目《山西省古建筑修缮材料及工艺研发》（编号201703D321031）的重要成果之一

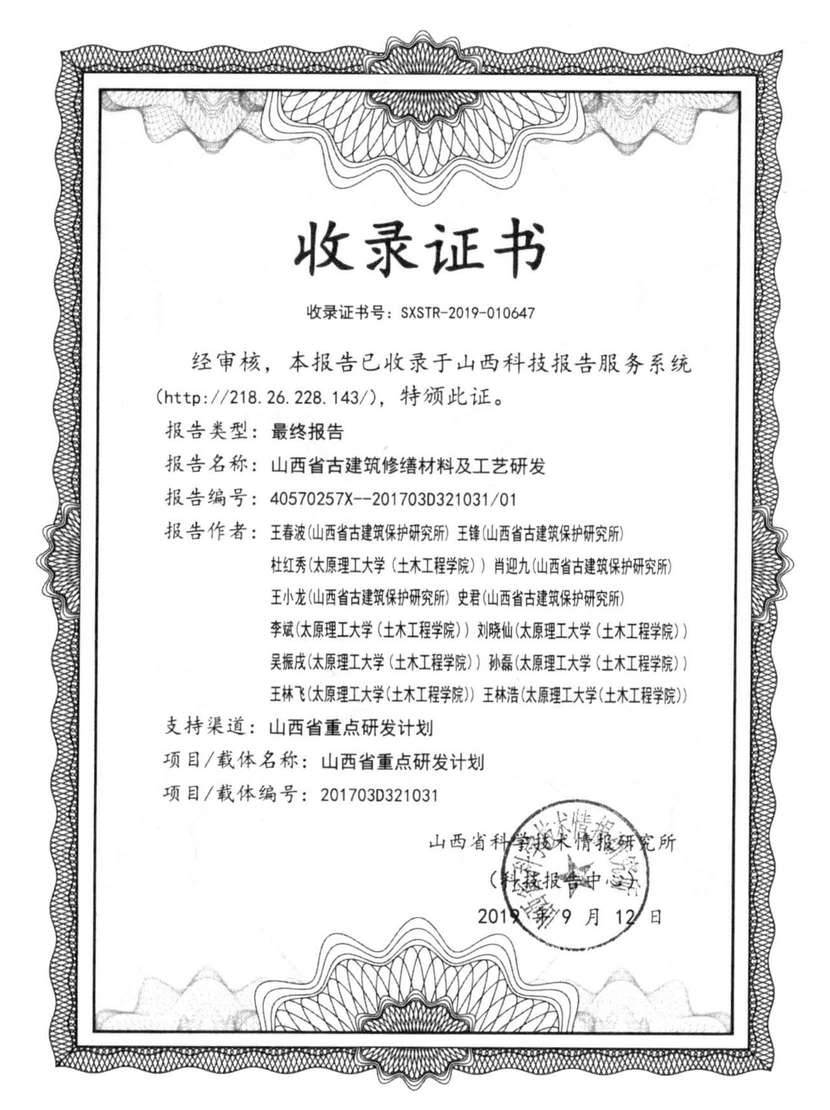

收录证书

收录证书号：SXSTR-2019-010647

经审核，本报告已收录于山西科技报告服务系统（http://218.26.228.143/），特颁此证。

报告类型：最终报告

报告名称：山西省古建筑修缮材料及工艺研发

报告编号：40570257X--201703D321031/01

报告作者：王春波（山西省古建筑保护研究所）王锋（山西省古建筑保护研究所）
杜红秀（太原理工大学（土木工程学院））肖迎九（山西省古建筑保护研究所）
王小龙（山西省古建筑保护研究所）史君（山西省古建筑保护研究所）
李斌（太原理工大学（土木工程学院））刘晓仙（太原理工大学（土木工程学院））
吴振戌（太原理工大学（土木工程学院））孙磊（太原理工大学（土木工程学院））
王林飞（太原理工大学（土木工程学院））王林浩（太原理工大学（土木工程学院））

支持渠道：山西省重点研发计划

项目/载体名称：山西省重点研发计划

项目/载体编号：201703D321031

山西省科学技术情报研究所
（科技报告中心）
2019年9月12日

课题组负责人：

王春波（研究馆员）

课题组成员：

王春波（研究馆员）	王　锋（副研究馆员）
肖迎九（副研究馆员）	杜红秀（教授）
王小龙（馆员）	史　君（馆员）
李　斌（硕士）	刘晓仙（硕士）
吴振戌（硕士）	孙　磊（硕士）
王林飞（硕士）	王林浩（硕士）

引　言

本书是在2017—2019年度山西省重点研发计划社发领域项目《山西省古建筑修缮材料及工艺研发》（编号201703D321031）结项后提炼而成。

长期以来，文物保护领域一直对历代建筑中历史、艺术、科学价值较高的大木结构、斗栱、琉璃饰品、石砖雕等的结构、尺度、形态较为重视，研究资料丰富，并逐渐趋于成熟。但对建筑起到围护作用，并且数量众多的青砖、青瓦材料，其研究论文或报告极为罕见，甚至局限于某一处古代建筑的砖瓦材料研究和物理力学性能测定也是凤毛麟角。研究成果的偏弱，直接导致在文物保护中复制砖瓦材料的使用、验收模糊，仅凭观感、听音，人为干扰较大，操作性不强。

本课题对山西省现存文物建筑的砖瓦材料进行了大规模采集，采集范围从南到北，从北朝、隋唐到明清再到现代复制砖瓦，从地面用砖到屋面用筒板瓦，在保证文物建筑安全、完整性，确认真实性等文物保护原则下，最大限度地收集，共收集10个地市40余个县域的83处文物建筑的543块砖瓦材料。其中采集样本来自44处全国重点文物保护单位、24处省级文物保护单位，占采集总量的81.9%，占全省省级以上古建筑类文物保护单位的9.43%。这应是我国目前首次对古代砖瓦材料的大规模调查与研究，也是第一部砖瓦研究专著。砖瓦材料研究内容较多，如制作工艺的变革、外观形态的演变、物理力学性能指数的变化、泥土材料的选择等。由于时间和材料收集的局限性，本书如能够起到抛砖引玉的作用，为后人提供继续研究的基础就十分欣慰了。

历代青砖、青瓦工艺做法体现着各时代工艺、技术的演变与进步。砖瓦外表留下的印记虽然是无意间形成的，但却成为我们判断时代特征的证据之一，也是建立被长期忽略的建筑考古文化年代学的主要标尺之一。本书仅仅是对古代建筑材料之一的灰陶砖瓦进行系统研究的开始，今后新的研究成果必将不断出现。

一、青砖的断代梳理

目前考古发现的最早的青砖实物是陕西扶风县云塘张家村出土的西周时期的砖，长 36 厘米，宽 25 厘米，厚 2.5 厘米，背面四角各有高 2 厘米的乳钉状陶榫[1]，似为铺地砖。

山西隋唐之前（含隋唐）的青砖普遍有明显的绳纹痕迹，且绳纹的疏密程度、粗细及编织方法都带有各地域、各时代的深刻烙印。由于唐之前实物标本的稀缺，无法细致分析、研究各时代的特点。因此，这种绳纹砖目前只能大致确定为隋唐或之前青砖，若要进一步确认时代节点，需结合该文物建筑的历史沿革或遗址文化层的发掘来确定。

山西的宋代青砖抛弃了绳纹工艺，普遍采用阴刻模具，在青砖底面形成凸起的几何图案，这在同时期的西夏王朝亦有充分体现。从目前调查的情况看，除古代同一自然地理区域的青砖几何图案存在相同现象之外，不同自然地理区域之间无一雷同，有菱格纹、网格纹、方格纹等，图案均较为简洁。这从另一侧面反映了宋代经济的繁荣和对生活的高度审美要求。最早出现几何图案的青砖为秦汉时期，如陕西省汉长安城宫殿遗址的铺地砖。唐代大明宫含元殿等宫殿遗址出土了大量模印或刻画精美几何图案或植物纹饰的地面铺砖，主要有莲花纹、蔓草纹、四叶纹、团花纹、梭身合晕纹、瑞兽植物纹等[2]。杭州发掘的南宋临安府衙署建筑遗址，其正厅地面满铺“变形宝相花”方砖[3]。山西现存的宋代几何图案砖均为具有一定官方营造性质的建筑墙体砖，如万荣旱泉塔、万荣稷王山塔、平遥慈相寺塔等宋代塔的塔身墙体砖。

辽代青砖特征最为明显，从山西省的雁北地区到中国北部的辽宁省，即辽代统治的大部分地区，辽代青砖基本可以肯定为粗条纹砖式样，又称之为勾纹砖。这里的勾纹砖含有刻意刻画的含义。从收集的灵丘觉山寺塔辽砖看，其条纹凹痕整齐，条纹的起点、终点及边缘均较齐整。若为土坯成型后有意刻画的话，则起点、终点应有一定坡度，但却未发现。我们认为称辽代青砖为粗条纹砖更为贴切，其应是在唐代绳纹砖的工艺基础上改进而成，是砖模具及工艺技术所致的留痕，也是“辽承

---

[1] 罗西章．扶风云塘发现西周砖．考古与文物，1980（2）：66.

[2] 中国社会科学院考古研究所西安唐城工作队．唐大明宫含元殿遗址 1995—1996 年发掘报告．考古学报，1997（3）：372-378.

[3] 杭州市文物考古所．杭州南宋临安府衙署遗址．文物，2002（10）：97.

唐风”的又一例证。

金元时期，山西南部地区普遍采用手印砖，左手印、右手印、手指印均有，甚至同一座建筑的用砖也非一种形式。陕西省富平县桑园窑址发现了大量唐开元年间的手印砖，这应是目前出现最早的手印砖，山西未发现唐代手印砖。[1]

金代青砖，山西还有一种目前发现较少的形式，与辽砖的粗条纹相近，但较短粗，两至三根条纹形成一行，且延伸至砖的边缘，不像辽砖有明显平整的边框。这种短粗条纹的金代青砖在辽宁省建平县金代美公灵塔上亦有。

明清时代的青砖一般没有任何痕迹，但山西南部地区明代早期仍有手印砖，在襄汾县赵曲镇文庙明代大成殿曾发现存有手印的土坯砖。明代作为青砖使用的高峰期，大量高等级军事或宗教建筑经常在青砖背面印刻文字。在著名的南京明代城墙上存有印刻负责制砖的官员、行政区域、工匠名称的青砖。山西乡宁县城墙明代青砖上印刻 “城垛”二字。由此看出，明代青砖刻字有明显的目的，更加强调青砖的生产质量。清代青砖几乎无任何印迹或纹路，仅有糙面和较为平整面的上下区分。

二、筒瓦、板瓦的断代梳理

瓦类基本分为四大类：筒瓦、板瓦、瓦当（或称之为勾头）、滴水。其他少量配件有当沟、瓦条等。瓦类构件是建筑物上最易损坏、更换率最高的构件，现存文物建筑上的瓦件基本以明清时期的为主。如五台山佛光寺建筑东大殿的屋面覆瓦基本以明代瓦件为主，残留少量金代瓦件；平顺天台庵唐代大殿屋面上仅残留一枚唐代八瓣莲花图案的瓦当；平顺大云院五代建筑大殿屋顶上残留三块宋之前的青掍筒瓦。因此，从现有的考古成果大致可知，元代以前地上建筑瓦类的研究十分困难，不易细分瓦件的年代。

据考古发掘与研究，先秦时期有半瓦当和圆瓦当，其图案丰富多彩，有素面、动植物纹饰、兽面纹、绳纹、云纹、夔纹等。燕国故地出土的春秋中晚期兽面纹半瓦当，应是目前最早的兽面纹瓦当。山西侯马晋都新田遗址出土的东周瓦当，基本上为素面半瓦当，少数印刻斜方格纹，此外还采集到一件双兽纹半瓦当。闻喜大马古城遗址仅有素面半瓦当和弧线纹圆瓦当两种[2]。

秦汉时期，半瓦当和素瓦当的形式逐渐消失，除上述各种纹饰外，出现了大量文字瓦当，如夏县禹王城遗址、洪洞古城遗址和襄汾陶寺汉代窑址出土了“千秋万

[1] 刘耀秦．富平县宫里发现唐代砖瓦窑遗址．考古与文物，1994（4）：29.

[2] 申云艳．中国古代瓦当研究．北京：文物出版社，2006：57.

岁”“长乐未央”等文字瓦当，且边轮高出图案。万荣汉代城址出土的“长□无□”瓦当的当心乳钉外有凸弦纹和联珠纹，为陕西地区西汉中晚期瓦当流行的当心纹饰[1]。这一时期的滴水为重唇滴水[2]。汉代筒瓦、板瓦最显著的特征是在外侧印有细密的绳纹[3]。

魏晋南北朝时期，仍以文字瓦当、云纹瓦当、莲花纹瓦当和兽面纹瓦当等为主。山西北部的大同一带出土的瓦当大多属北魏时期，主要以文字瓦当为主，莲花纹瓦当较少。晋阳古城出土的北朝瓦当多以各种莲花纹饰为主，莲瓣 8 ~ 10 瓣居多，最多的达 16 瓣[4]，瓦当边轮高出、低于中间纹饰的均有。

隋唐时期的瓦当以莲花纹、兽面纹、佛像纹、龙纹等为主，其中莲花纹瓦当最多，其次为兽面纹、佛像纹和龙纹瓦当，夔纹瓦当消失。莲花纹的边轮内有联珠纹和凸弦纹各一周[5]，且边轮变宽。

宋、辽、金、元时期，半瓦当消失，仅剩圆瓦当一种，瓦当图案以兽纹、花卉纹为主。边轮面低于中间纹饰，在兽面和边轮之间装饰凸弦纹、联珠纹各一周，或仅选其一，或无装饰的均有。辽、金、元时期的瓦当当面开始以兽面纹为主要流行纹饰，花卉纹较少，龙形纹逐渐增多，这种纹饰也成为明清时期山西瓦当的主流纹饰。莲花纹饰在河南洛阳纱厂路北宋砖瓦窑场遗址、巩县宋陵遗址、洛阳宋代建筑遗址等均有发现。筒瓦内侧有布纹痕迹，外侧光滑；板瓦凹面有布纹痕迹，凸面光滑。滴水形式仍以重唇滴水为主，但滴水瓦宽明显小于隋唐之前，致使瓦垄之间的间距基本保持在筒瓦直径的 2 倍左右，与早期建筑屋面瓦垄间距形成明显的疏密区别。从山西现存的金元时期的滴水来看，大部分重唇滴水图案均为波浪形线条组成。

明清时期的滴水前部演变成三角形的滴水沿，其图案以盘龙居多。明清时期的瓦当图案与滴水图案一致，也是采用龙形图案或兽纹图案装饰，但瓦当外轮的平整圆环低于装饰面，这与汉代瓦当当面相反。

---

[1] 申云艳．中国古代瓦当研究．北京：文物出版社，2006：140.

[2] 中国画像石全集编辑委员会．中国画像石全集 7・四川汉画像石．郑州：河南美术出版社，2006：2.

[3] 常一民，彭娟英，张长海，等．山西太原东山古墓发现大型西汉墓园遗址．文博中国微信公众号，2020 年 6 月 18 日．

[4] 山西省考古研究院，太原市文物考古研究所，晋源区文物旅游局，晋阳古城三号建筑基址．北京：科学出版社，2020：72-88.

[5] 王春波．山西平顺晚唐建筑天台庵．文物，1993（6）.

三、物理几何尺度变化及制作方法

孙机先生对汉代条砖的统计结果表明，至西汉中期，条砖已形成大小两种类型：大型条砖长约 40 厘米，宽约 20 厘米，厚约 10 厘米；小型条砖长约 25 厘米，宽约 12 厘米，厚约 6 厘米。它们的长、宽、厚之比都接近 4∶2∶1，既为整数倍，又是等比级数。故孙机先生说：“条砖规格的定型化，是汉代制砖业的重要成就，从而为砌缝的合理化和墙体的整体化奠定了技术基础。”[1] 西汉后期，条砖的尺寸趋向定型化。从宋代《营造法式》用砖制度中条砖的规格来看，条砖的长宽比已固定为 2∶1，宽厚比则为 3∶1 左右，其长宽比一直延续到清代。山西明清时期青条砖的长宽比仍然为 2∶1，大多宽在 13 ~ 16 厘米之间，长在 25 ~ 32 厘米之间，厚度基本稳定在 5 ~ 6 厘米之间。

早期筒瓦、板瓦遗存较少，大多为明清时期的，且采集点多为宗教建筑或公共建筑，其尺寸远大于明清时期的普通筒瓦、板瓦。瓦长最小 22 厘米，最大为 59 厘米，大多为 30 厘米左右。瓦长与瓦宽之比大多在 1.9∶1~2.6∶1 之间，个别为 3∶1 左右，且多为早期筒瓦。

汉代的绳纹筒瓦、板瓦的制作应与汉代的陶罐绳纹留痕制作方法相似，即筒板瓦瓦坯成型后，采用麻绳缠绕的圆棍滚压。早期还有一种瓦看似黑黝，但触感光滑，宋《营造法式》称之为青掍瓦，目前山西仅在个别元代之前的建筑屋顶上遗留有青掍瓦件。青掍瓦的制作在宋《营造法式》中有详细的记载，但自唐宋之后极为少见，至今，此工艺基本失传。

根据宋《营造法式》卷十五窑作制度记载，制作青掍瓦坯时，先将“干坯用瓦石磨擦，筒瓦于背，板瓦于仰面磨去布纹；次用水湿布揩拭候干，次以洛河石掍砑，次掺滑石末令匀。用茶土掍者，准先掺茶土，次以石掍砑”。这里的“掍”应是“棍”的通假字，“茶土”应是一种草木灰。青掍瓦烧制程序如下：第一天装窑时，将蒿草、松柏柴、羊粪、麻籸（芝麻榨油后的渣滓）浓油搭盖在瓦坯之上，不得透烟，燃烧时使焦油流入瓦坯上；第二天，先烧“茇草”，然后火烧三天；第五天，开窑冷却，至第十天出窑。又特别指出，采用“茶土掍者”制作的瓦坯，在其内不需放置松柏柴、羊粪、麻籸。

到目前为止，山西板瓦瓦坯的制作工艺仍有采用古法的，即板瓦支撑内模为圆锥体，泥坯在圆锥体上形成桶状，成型后分成四个相同的板瓦。这样形成的板瓦大

[1] 孙机．汉代物质文化资料图说．上海：上海古籍出版社，2008: 203.

小头的弧度半径有别，与明清时期北京地区采用圆柱体内模制作的板瓦区别较大。山西现存的古建筑屋顶板瓦均为此做法。

从新石器时代制作灰陶器开始就有捏塑法、泥片贴筑法和泥条盘筑法三种，且黄河流域是泥条盘筑法出现最早的地区。捏塑法限于少量小件器物，泥片贴筑法在黄河流域罕见。山西早期的瓦坯制作采用的是泥条盘筑法，也称“搭泥拨圈”，即将泥搓成泥条，然后盘泥条制成瓦坯。明清时期普遍采用铁弦弓划泥，利用成片状泥拍打成坯。从现存的早期残瓦片内侧可观察到泥条之间的连接缝痕迹，其也是判断筒瓦、板瓦制作时代的证据之一。

瓦当、滴水的制坯，有采用模具一次压制完成的，也有筒瓦、板瓦制作完成后在前部粘接瓦当当面和滴水面的形式。前者更为古朴，后者常见于明清时期。

随着经济的发展和时代的进步，古建筑保护修缮工程越来越受到社会各界的广泛关注。在中华民族文明史上，山西占有特殊的历史、地理位置，迄今尚存的不可移动文物达53875处，遍及全省各县、市，涵盖了唐至清各时代的古建筑。我国现仅存的四座唐代建筑（五台山佛光寺东大殿、五台山南禅寺大殿、平顺天台庵大殿、芮城五龙庙大殿）均在山西。在建筑类型上，各时代分布均匀，尤其是宋、辽、金时期，几乎囊括了所有建筑类型（如庑殿顶、歇山顶、重檐、攒尖顶建筑等）。在建筑功能上，有衙署建筑，如霍州州署（元）；宗教建筑，如大同华严寺、善化寺（辽）；军事建筑，如广武长城（明）；民居建筑，如明清古村落；商业建筑，如明清商铺；标志性建筑，如楼阁塔类建筑等。被列入经典著作《中国古代建筑史》（中国建筑工业出版社，2009年版）中的山西古代建筑案例占列入建筑总数的29.03%，接近三分之一，可以说，山西是实至名归的“中国古代建筑博物馆”。

我国古代建筑材料主要为木、砖、瓦、石、灰、土（或泥）六大类，另外还有琉璃、金属材料（如铺首、脊刹、椽钉等）、矿物颜料（壁画和彩画）、桐油等。砖、瓦、石一般均砌筑在地面、外墙、屋面等处，是直接抵御自然风雨、日晒侵蚀的外部构件，因此它们也是最易损坏、更换较多的构件。

结合山西各地古建筑的实际情况，借鉴相关的研究成果，进一步研究砖瓦修缮材料、工艺以及修缮材料的强度、孔隙率、吸水率、抗冻性等方面的性能要求，并分析传统砖瓦材料的时代性、区域性特征，这不仅对山西古建筑保护具有重要的历史、艺术、科学价值，更对中华民族文化遗产的传承具有重大而深远的意义。

因项目立项和调查时长治县并未改为上党区，为了和书中的编号相对应，本书中仍然使用“长治县”，特此说明。

目　录

第五章　砖瓦制作工艺演变研究

第六章　砖瓦物理性能分析

第七章　仿制砖瓦性能分析

附　录

第一章

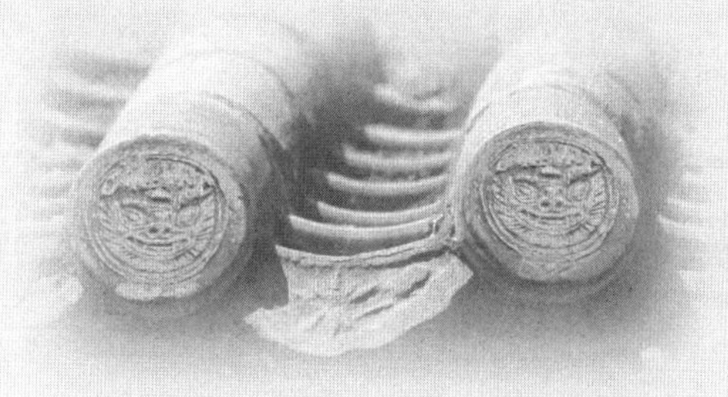

目前研究现状及本次研究内容

第一节　国外研究现状

一、古砖原构件成分

Elert et al[1]利用电子扫描镜和X射线衍射的手段研究了砖的原材料成分对其抗风化性能的影响，发现不含碳酸盐的黏土烧制出的砖孔隙率小，耐久性更好。

通过对黏土砖样品与其他出土陶瓷化学成分进行比较，发现建筑用黏土砖与典型出土陶瓷相比有较大差异。Paulo B. Lourenco[2]发现用于砖瓦材料的原料黏土很可能是在与建筑位置有关的局部黏土坑中获得的。这一结论与作者发现的所有黏土砖化学成分有相当大的差异相一致。因此，在保护工作中，似乎很难对缺失的部件进行化学兼容的替换。

二、古砖性能及特点

B.Perrin[3]等认为除了砖的孔径分布，其抗拉强度也是烧结砖抗冻性能的重要参数。专家们发现在冻融作用下，五种烧结砖的破坏部位主要发生在中间，边部几乎不出现可见裂纹。通过压汞试验测得五种烧结砖在不同冻融次数下的孔径分布，发现烧结砖在冻融环境下只产生宏观裂纹（大于0.5mm），而未出现孔在尺寸上的增加。

Paulo B. Lourenço[4]研究了不同地点、不同时期的手工砖的典型化学、物理和机械性能。从12世纪到19世纪，葡萄牙古迹的旧黏土砖的力学和物理特性呈现出很大的变化，具有典型的高孔隙

［1］ Kerstin Elert，Giuseppe Cultrone，Carlos Rodriguez Navarro，Eduardo Sebasti á n Pardo. Durability of bricks used in the conservation of historic buildings—influence of composition and microstructure［J］. Journal of Cultural Heritage，2003，4（2）.

［2］ Paulo B. Lourenco，Francisco M. Fernandes，Fernando Castro. Handmade Clay Bricks：Chemical，Physical and Mechanical Properties［J］. International Journal of Architectural Heritage，2010，4（1）.

［3］ B. Perrin，N.A. Vu，S. Multon，T. Voland，C. Ducroquetz. Mechanical behaviour of fired clay materials subjected to freeze－thaw cycles［J］. Construction and Building Materials，2010，25（2）.

［4］ Paulo B. Lourenco，Francisco M. Fernandes，Fernando Castro. Handmade Clay Bricks：Chemical，Physical and Mechanical Properties［J］. International Journal of Architectural Heritage，2010，4（1）.

率（29%）、高吸水率（17%）和低强度（11.5N/mm^2）等特点。

E.Kerstin[1]等研究了黏土砖的矿物组成和微结构对历史文物用砖的抗冻性能和耐硫酸盐腐蚀性能的影响，结果表明，（1）黏土砖的玻璃化程度越高，耐久性能越好；（2）在盐溶液腐蚀下，黏土砖质量损失率不超过4%，而且可能不会出现明显的质量损失或破坏，但是当其孔隙率大于46%且孔径小于2μm的孔体积超过60%时会发生盐腐蚀破坏；（3）选用低孔隙率、低吸水率、易干燥的砖只会加速古建筑中原有砖体结构的老化。因此，在修复古建筑时，应利用高孔隙率砖作为古建筑砖在老化作用下的抗腐蚀替代品。

G.Cultron[2]等利用XRD、SEM、吸水测试等手段研究了不同煅烧温度（850℃~1100℃）黏土砖在加速老化环境下（冻融、硫酸盐、干湿循环）的微结构和性能变化，结果表明，烧制温度低于1000℃，砖的孔隙率小，吸水性能好（吸水慢、干燥快），耐久性能最好。研究发现吸水性能好的烧结砖抗盐腐蚀性能较差，同时抗冻性能、抗干湿循环性能较好。

S.Alison[3]等对13世纪建造的教堂内表面出现风化的壁画墙内部盐溶液的分布和浓度进行了研究，认为盐溶液结晶侵蚀是造成壁画脱落的主要原因，并且提出通过控制壁画周围环境温度和相对湿度的方法阻止壁画继续风化。

Kuchitsu et al[4]研究了泰国大城府的古砖（红砖）风化现象，认为盐分结晶是造成风化破坏的主要因素。

L.Barbara[5]等对古建筑盐侵蚀情况进行了研究，提出使用结晶抑制剂的方法，阻止盐结晶对古建筑的继续侵蚀。

---

[1] Kerstin Elert，Giuseppe Cultrone，Carlos Rodriguez Navarro，Eduardo Sebastián Pardo. Durability of bricks used in the conservation of historic buildings-influence of composition and microstructure [J]. Journal of Cultural Heritage，2003，4（2）.

[2] G. Cultrone，E. Sebastián，M. Ortega Huertas. Durability of masonry systems：A laboratory study [J]. Construction and Building Materials，2005，21（1）.

[3] Alison Sawdy，Clifford Price. Salt damage at Cleeve Abbey，England. Part II：seasonal variability of salt distribution and implications for sampling strategies [J]. Journal of Cultural Heritage，2005，6（3）.
Alison Sawdy，Clifford Price. Salt damage at Cleeve Abbey，England [J]. Journal of Cultural Heritage，2005，6（2）.

[4] Nobuaki Kuchitsu，Takeshi Ishizaki，Tadateru Nishiura. Salt weathering of the brick monuments in Ayutthaya，Thailand [J]. Engineering Geology，2000，55（1）.

[5] Barbara Lubelli，Rob P.J. van Hees. Effectiveness of crystallization inhibitors in preventing salt damage in building materials [J]. Journal of Cultural Heritage，2007，8（3）.

第二节　国内研究现状

一、古砖原构件成分

在对甘肃馆藏画像砖的可溶盐分析中，陈港泉[1]发现画像砖含有较多的易溶盐，以 Na^+、Ca^{2+}、Cl^- 和 SO_4^{2-} 为主，可能含有大量的 NaCl、Na_2SO_4 和中溶盐 $CaSO_4$，这为今后画像砖脱盐处理增加了难度。

赵鹏[2]对青砖进行了化学成分分析，所测试的样品中钙元素含量主要为 0.9%~2.54%，说明该组青砖样品在选取原材料时选用了低钙含量（即低石灰石含量）的黏土原料，推测可能是为了避免过高的石灰石含量导致砖制品烧制时产生过多的 CO_2 而增加制品孔隙率，同时避免砖制品在后期使用过程中发生石灰爆裂的可能性，从而达到增加砖制品耐久性的目的。

曹红红[3]等对山西省广武明长城塌陷的残砖的物理性能进行了研究，结果表明，青砖矿物组成主要为 α－石英和钠长石；烧结体多孔，致密性较差，烧结程度较低；与现代烧结黏土砖相比，SiO_2 和 Al_2O_3 含量、弹性模量、吸水率和表观密度等性能也相差较大，由此推测广武明长城青砖应为当地砂质黄土和薪柴烧制而成。

二、现代砖的制作工艺

在窑炉工艺和设备技术水平不断发展的今天，砖瓦行业对原料的需求量越来越大，而自然资源却日益紧缺，这又给砖瓦生产企业的健康发展提出了一大难题。对工业废弃物的综合利用，已经成为整个行业开发的热点和难点。近年，国内已有不少企业在探索污泥制砖瓦的方法[4]，并有了污泥制砖瓦的生产线，做了很多基础研究与试验工作，取得了很多经验。有的研究将粉煤灰和赤泥结

[1]　陈港泉，王旭东，张鲁，等. 甘肃河西地区馆藏画像砖现状调查研究［J］. 敦煌研究，2006（4）：102-104，124-125.
陈港泉. 甘肃河西地区馆藏画像砖物理力学性质试验［J］. 敦煌研究，2011（6）：47-50，127.

[2]　赵鹏. 荷载与环境作用下青砖及其砌体结构的损伤劣化规律与机理［D］. 南京：东南大学，2015.

[3]　曹红红，曹然. 山西广武明代长城青砖的分析检测［J］. 古建园林技术，2014（4）：60-61.
曹红红，曹然. 对我国古代砖瓦起源问题的探讨［J］. 砖瓦世界，2016（7）：40-42，12.

[4]　郭金良. 污泥制砖工艺设计浅析［J］. 砖瓦世界，2015（6）：50-51.

合[1]，使得赤泥粉煤灰免烧砖瓦有望成为黏土烧结砖瓦的替代产品。雷永胜[2]从微观方面研究了水化硅酸钙微结构对粉煤灰免烧砖瓦的性能影响。于鹏展[3]从工艺参数出发，研究其对粉煤灰砖瓦性能的影响。

三、古砖性能与特点

张中俭[4]对平遥古砖的物理、力学性质进行了测试与分析，试验结果表明，平遥古砖的块体密度为1562kg/m^3，小于一般岩石的密度。古砖的常压和饱和吸水率相差不大，分别为18.40%和23.55%。古砖孔隙发育，其开孔孔隙率和总孔隙率分别达到了37.97%和43.78%。孔隙尺寸都集中在0.1μm~5μm范围内。

汤永净[5]等研究了基于环境变迁影响的古砖孔结构以及饱和系数，结果表明，（1）淡水冻融导致山西古砖孔隙率和孔径分布呈现规律性变化，孔隙率缓慢增长，小于1μm孔径孔隙体积占孔隙总体积百分数逐渐减少，1μm~5μm孔径孔隙体积占孔隙总体积百分数逐渐增大；盐水冻融导致砖孔隙率和孔径分布呈现间歇性变化。（2）环境变迁条件下，山西古砖小于1μm孔径孔隙体积和饱和系数具有很好的相关性，利用该性质评定砖石文物建筑风化性能具有可行性。

孙磊[6]等人研究了山西东南部长治市平顺县拆迁的古民居（建于清代道光三年）的古砖，类型为实心黏土人工砖，尺寸为280mm×135mm×70mm，对其进行了冻融后的抗压试验。试验结果表明，古砖的抗压强度在8.40MPa~11.40MPa范围内，随着冻融次数的增加，总体上呈现递减规律。

陈港泉[7]对甘肃省魏晋时期的古墓群中发现的画像砖进行了研究，试验内容包括画像

[1] 王梅．赤泥粉煤灰免烧砖的研制［D］．武汉：华中科技大学，2005.
邢国，杨家宽，侯健，等．赤泥粉煤灰免烧砖工艺配方研究［J］．轻金属，2006（3）：24-27.

[2] 雷永胜．水化硅酸钙微结构及其对粉煤灰免烧砖性能影响的研究［D］．太原：中北大学，2014.

[3] 于鹏展．工艺参数对粉煤灰砖性能影响研究［D］．哈尔滨：哈尔滨工业大学，2010.

[4] 张中俭．平遥古城古砖风化机理和防风化方法研究［J］．工程地质学报，2017，25（3）：619-629.
张中俭，杨志法，卞丙磊，等．平遥古城墙基外侧砂岩的风化速度研究［J］．岩土工程学报，2010，32（10）：1628-1632.

[5] 汤永净，邵振东．基于环境变迁影响的古砖孔结构及饱和系数［J］．同济大学学报（自然科学版），2015，43（11）：1662-1669.
汤永净，邵振东．气候对中国古代塔砖材料性能劣化影响的研究［J］．文物保护与考古科学，2012，24（3）：33-39.

[6] 孙磊，汤永净．古砖砌体冻融循环下轴心受压试验及超声波测试［J］．结构工程师，2018，34（4）：128-134.
曹新宇，逯兴邦，汤永净，等．冻融循环下古砖砌体的受压破坏研究［J］．结构工程师，2018，34（2）：122-128.

[7] 陈港泉，王旭东，张鲁，等．甘肃河西地区馆藏画像砖现状调查研究［J］．敦煌研究，2006（4）：102-104，124-125.
陈港泉．甘肃河西地区馆藏画像砖物理力学性质试验［J］．敦煌研究，2011（6）：47-50，127.

砖的体积密度、孔隙度、吸水率、抗折强度以及抗压强度等。试验结果表明，画像砖具有较高的孔隙度和较高的吸水率，吸水率最高可达 33.48%，体积密度在 1.41g/cm^3~1.91g/cm^3。画像砖经过十几个世纪的存放，仍有很高的强度，其平均强度相当于现代普通烧结砖 MU10 的强度，而且个别数据大大地高于普通烧结砖 MU10 的强度值。抗折强度在 2.44MPa~6.83MPa 之间，抗压强度在 7.74MPa~16.1MPa 之间。

赵鹏[1]对古青砖的物理及力学性能进行了研究，通过对江、浙古代建筑遗址青砖进行取样测试、分析，发现由于原材料选取、制作工艺、烧结制度不同，样品的吸水率和饱和系数呈现出明显的离散性。通过概率统计分析，样品的吸水率及饱和系数分别集中在 17% 和 85% 左右。青砖的抗压强度体现出一定的离散性，抗压强度大小为 6MPa~21MPa。

综上所述，国内外学者的研究对象大多数为某一建筑，研究结果的适用范围具有局限性，研究内容也多以耐久性能为主，物理性能方面的研究较少。物理性能的研究可以为古建筑的修缮提供重要数据，使古建筑的修缮工作更好地做到“修旧如旧”。本研究对古砖原构件的地域划分较为细致，并进行了大量试验以及结果分类对比，从而对山西省内的古建筑保护以及修复工作有着极其深远的影响。

第三节　研究内容

本研究针对山西各地古建筑的实际情况，借鉴和总结相关的研究成果，进一步研究古代砖瓦样本性能指标和修缮材料的制作工艺。具体内容如下：

一、古建筑砖瓦修缮材料样本的采集与检测

1. 采集取样山西省不同地区（晋北、晋中、晋东南、晋南）、不同历史时期（唐、宋、元、明、清）的古砖原构件。

2. 试验检测砖瓦材料样本的材料特性、力学性能等数据，并做微结构分析。

3. 结合砖瓦样本检测数据与历史文献，研究山西省传统砖瓦材料及砖瓦制作、加工工艺。

4. 比较市场现有古建筑修缮砖瓦材料与传统砖瓦材料的材料特性、力学性能、物理尺寸以及感官色泽、图案等数据，评估市场现有古建筑修缮砖瓦材料的质量。

［1］　赵鹏．荷载与环境作用下青砖及其砌体结构的损伤劣化规律与机理［D］．南京：东南大学，2015.

二、建立古建筑传统材料数据库

在对山西各时代、各区域古建筑砖瓦原构件材料性能、成分配比研究的基础上，总结山西古建筑传统材料的时代性、区域性特点及其发展演变规律，建立山西古建筑砖瓦材料原始数据库，对比分析各地区、各历史时期的砖瓦原构件，砖瓦仿制产品的内部微结构的异同及其与物理力学性能的关系，建立微结构数据库。

第二章

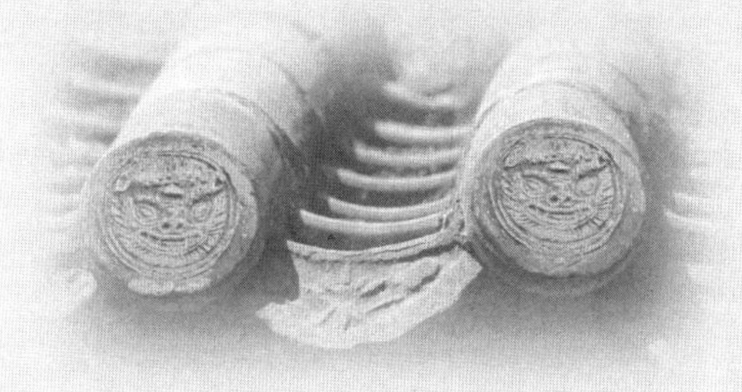

砖瓦制作工艺发展历程

砖瓦构件均属于灰陶制品，新石器时代，人类就掌握了制陶技术，考古实物可以证明，距今5000~5500年前就出现了烧结红砖，距今4000~4300年就出现了红色屋面瓦，距今3900~4500年的山西陶寺遗址出土了青灰色建材。

战国时期，砖已比较多见，地面砖、墙体砖、栏板砖、饰面砖均有实物例证。秦代砖的形式更多样化，纹饰也更为精美，大型空心砖流行。到两汉时期，承重条砖的应用迅速发展，逐渐代替空心砖，从砖墓的构造中可以看出，此时已初步掌握拱券结构，画像砖十分流行。魏晋南北朝时期，条砖产量继续增大，开始用砖包砌城墙和建造砖塔，工艺方面更加成熟，当时统治者墓室内的大型砖砌壁画非常精巧。唐代多为素平无纹饰条砖，适合批量生产，表明条砖更趋向大众普及。宋《营造法式》对制砖技术进行总结、推广，对功限、用料及砖的规格都做了统一规定，为大型建筑活动提供了方便。明代砖瓦生产大量增长，官式和民间建筑用砖都很普遍，砖构件砌筑技术也更加成熟，出现全部用砖构成的“无梁殿”，万里长城的重要段落、部分重要城市甚至一些州县的城墙也在明朝进行了包砌。

第一节　新石器时代至秦汉的砖与瓦

距今7000~9000年前的新石器时代早期，我国先民开始在居住建筑中使用“红烧土块”，这种烧土材料应是烧结砖瓦的原始形态。在距今5500年左右的西安蓝田新街仰韶文化遗址发现5件烧结砖残块，均为泥质红陶，一面粗糙，其余面平整，应为模具成型。

距今3900~4500年的山西陶寺遗址出土了还原法烧制的青灰色陶板，考古学界对其是砖是瓦仍有争论，但其作为建筑材料是毫无疑问的，证明早在3900年前中国就掌握了还原法焙烧砖瓦的技术。

宝鸡市陈仓区桥镇发现了距今4000~4300年的龙山文化时期的筒瓦，该筒瓦为泥质红陶，饰篮纹，泥条盘筑而成。

郑州商城宫殿建筑遗址先后出土商早期板瓦及残片，瓦的颜色有灰色、深灰色和橘红色，外表面多饰绳纹，内壁多饰麻点纹，有明显泥条盘筑和轮制痕迹。

春秋战国遗址出土的砖，单面或双面均有模压或刻画的纹饰，也有表面纹饰是附贴泥条、泥片做成的堆纹。其造型和制法与同时期的陶器基本一致，主要用于栏杆、墙体饰面，铺地等。

秦代的砖主要由官方手工业作坊生产，分为铺地砖和大型空心砖两类。其纹饰以模压为主，兼刻画，抛弃了工艺繁杂的堆纹。

秦铺地砖纹饰紧凑，泥坯经过淘洗，砖的质地细密，焙烧的火候高，坚硬耐磨，反映出铺地砖制作技术已经成熟。秦铺地砖从技术上已经达到可以砌墙的水平，其比例亦逐渐固定，部分砖长、宽、厚之比为 4∶2∶1，具备做承重砖的条件。秦俑坑一号南边发现一道不错缝、没有黏合剂的砖墙，这可能是砖墙的雏形。秦始皇陵条砖表面留有砖模上的衬隔物所印成的细绳纹，这种绳纹做法一直延续至唐代。

大型空心砖属于经过焙烧的建筑预制构件，空心既有利于焙烧，又便于搬运。一直到西汉，大型空心砖都比较流行，在地面建筑中常用于铺设阶沿或踏步，在地下则常用于砌造墓室。

空心砖制坯方法主要有片作法和一次成型法。

片作法是将泥坯拍打成片，再将泥片粘合成空心砖坯。泥片厚度约 2 厘米，是铺在与砖坯同大的刻有纹饰的模板上拍打而成的。其经拍打的一面素平光滑，附在模板上的一面印有精美的纹饰。以四块泥片粘合成方筒，再用小块泥片堵住一端，接缝处用软泥抹合，等砖坯阴干后再对纹饰作局部修整。

一次成型空心砖的具体做法是：坯泥先经过陈腐、浸泡和踩踏，根据需要调整范、模的形状，将范、模竖立放稳，并在模内衬上麻布以便脱模，将泥坯平铺底部，再由范、模正面向上逐渐加泥垒高，正面用平板临时固定，并随着泥坯的垒叠逐步升高，若方孔太长，可在中部加一道泥梁，在砖坯达到预定长度后脱模。将坯面稍加磨光，用预先雕刻好的木戳打印，即组成大面积图案，边框部分也有用小棒缠以细绳压印的。待坯体稍干后再将坯体放平。为了使砖坯易于烧透，经常用刀在砖坯底部或侧面挖 1~2 个圆孔，待阴干后入窑焙烧。

一次成型制坯法相较于片作法，壁壳较厚，平均 5~6 厘米，内表面保留着用泥坯堆摔垒叠的痕迹，两面交接的地方浑然一体，砖面纹饰是在坯成之后刻画而成。

西汉前期，制砖生产成为独立的手工业，民间制砖业也有所发展，辽阳三道壕西汉村落遗址已发现大座砖窑。除了空心砖，汉代工匠开始用砖砌造拱顶，由此出现了各式各样的异形砖，有榫卯砖、楔形砖、曲面砖、企口砖等。

至西汉晚期，承重条砖逐渐代替了大型空心砖。大型空心砖制作成本高，不适合批量生产。东汉起，承重条砖成为主流，此时的条砖侧面多有纹饰。汉代墓壁常见画像砖，反映了当时的社会生活。

条砖砖坯做法有两种：一种为“阴坯法”，泥坯相对较硬（含水率约 22%~24%），将泥坯摔入砖模，压实、刮平后成坯；另一种为“晒坯法”，泥和得较软（含水率达 25%~26%），用固定砖斗成型，坯成后将砖斗反扣在地上即可脱模，之后需晾晒干燥。

古代陶瓦有夹砂灰陶瓦、泥质灰陶瓦，个别地域出现过红陶瓦。战国初期，瓦质松软，颜色不纯；中期以后瓦质坚硬，颜色纯正；到秦汉时工艺相对成熟。

西周出土的瓦件多为板瓦，尺寸一般较大，带有瓦钉、瓦环。瓦钉、瓦环位于板瓦凸面的是仰瓦，位于凹面的是合瓦。仰瓦都是横环，合瓦都是竖环。战国出土的瓦件一般也较大，但也有小瓦，此时瓦钉与瓦身分离，简化了瓦坯的制作流程。战国瓦件很注重装饰，有云棂纹、蝉翼纹、饕餮纹、涡形纹、V 形纹、卷云纹、铺兽纹、爪形纹等。

秦汉是瓦发展的兴盛期，两代大型建筑组群的建设对瓦的产量、外观、质量等提出了新的要求。西汉末到东汉时期，瓦的使用更为普及，地主阶级的住宅普遍使用瓦顶。

瓦当形状由战国的半圆形演变成为圆形，瓦当图案更加丰富，秦代多为鸟兽、植物、云纹，汉代多为云纹和四灵，还出现了文字瓦当。

汉以前制作瓦坯采用“圆坯法”，板瓦先做成桶坯，然后一分为四；筒瓦做成筒坯，然后一分为二。坯的制作，从西周到西汉，大都采用泥条盘筑法。桶坯外表面用绳纹模板拍打，桶坯内表面用手指按捺或垫块支撑。制瓦技术在东汉时期有所改进，从泥条盘筑法改为桶模法，加快了制坯速度，而且坯形准确，凹面平整，厚度均匀。

古代砖瓦焙烧技术的原理和方法同样受到制陶工艺的影响。陶坯中的铁在氧化气氛中生成三价铁，烧成后呈橘红色，而在氧气不充足的条件下则会生成二价铁，呈青灰色。青砖、青瓦相较于红砖、红瓦更加耐用，抗腐蚀性更强。

秦以前焙烧砖瓦用直焰陶窑，既烧陶器，也烧砖瓦。直焰陶窑容积小，构造简单，一般由火膛、窑箅、窑室、烟囱组成，下部火膛的火焰透过窑箅升到窑室，由上部烟囱溢出。

汉代开始出现专业的砖瓦窑。汉代砖瓦窑属于横焰窑，火焰在窑内由前往后横穿而过。横焰窑免去了窑箅，火膛在前方，烟囱在窑室后部，火焰由火膛烧成，横穿窑室，再由烟囱溢出，坯体可以均匀受热。

第二节　魏晋、南北朝、隋、唐的砖与瓦

进入魏晋以后，承重条砖大规模生产，除了应用于墓葬外，城墙包砌、建塔、宫殿等也应用较多。此时的条砖属于高级建筑材料，类似于现在的高档装修材料，常印有文字，内容有纪年、制造人姓名等。空心砖的工艺更加精湛，并有类似青掍瓦的做法（图 2–1）。

隋唐时期，砖瓦开始分别由专门的窑来烧制。唐代，条砖虽然趋向普及化，但仍多为官方建筑或贵族使用，多为绳纹砖。五台县佛光寺唐代墓塔砖（图 2–2）、太原市晋阳古城二号宫殿遗址采集的唐代砖、安泽郎寨唐塔砖等均有绳纹，但绳纹密度与粗细存在地区差异。此外，除砖地面（带泥面）为绳纹外，其余五面均相对平整。绳纹的形成目前有两种解释：一是砖模制坯形成，二是为加强砖体的摩擦力而有意刻画。我们认为前一说法较为可信，若为有意刻画，那必须采用绳状物体进行组合刻画，形成的图案应为毛边，看不到绳纤维纹理。

魏晋到唐时期，青掍瓦风行一时，晚唐以后青掍瓦较为少见。板瓦瓦沿从“花头板瓦”转变为“重唇板瓦”，有利于束水、排水。受佛教影响，瓦当纹样除了传统的文字瓦当（图 2–3），更多为莲花瓦当（图 2–4）。从晚唐开始，莲花瓦当逐渐变少，兽面瓦当成为主流（图 2–5）。太原市晋阳古城二号宫殿遗址出土的砖瓦建材即是最好的例证。

砖瓦窑洇水可能在南北朝时期普及。砖瓦烧成末期到封窑冷却阶段，由窑顶往窑室缓缓渗水而迅速冷却，蒸汽压力保证了窑温度冷却的同时窑外空气不会进入窑内，这样既保持了窑内的还原条件，又缩短了烧成周期，提高了生产效率。

图 2–1　晋阳古城出土的北齐空心砖

图 2–2　五台佛光寺绳纹墓塔砖

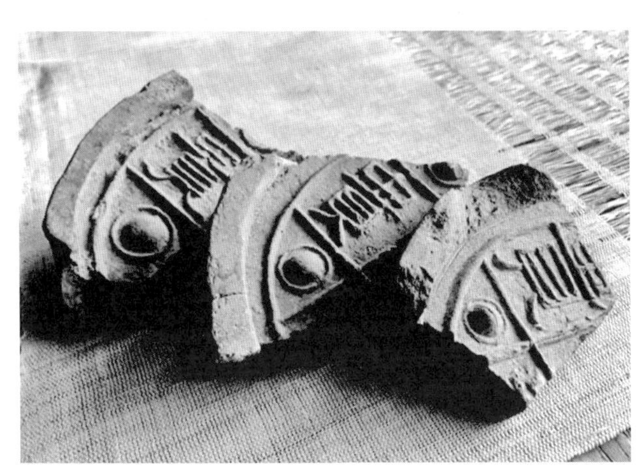

图 2–3　北魏文字瓦当（收藏家单平提供）

图 2–4　大同北齐莲花瓦当范（收藏家单平提供）

图 2 –5　晋阳古城晚唐兽面瓦当

第三节　宋、辽、金的砖与瓦

宋《营造法式》对砖瓦的规格、尺寸作了规定，将砖瓦的尺寸模数化，为大规模建筑活动创造了有利的条件，具体规定如下（表 2–1）。

表 2–1　《营造法式》砖瓦规格表

编号	类型		尺寸
1	方砖	殿阁等十一间以上	方二尺，厚三寸
2		殿阁等七间以上	方一尺七寸，厚二寸八分
3		殿阁等五间以上	方一尺五寸，厚二寸七分
4		殿阁、厅堂、亭榭等	方一尺三寸，厚二寸五分
5		行廊、小亭榭、散屋等	方一尺二寸，厚二寸
6	条砖	殿阁、厅堂、亭榭等	长一尺三寸，广六寸五分，厚二寸五分
7		行廊、小亭榭、散屋等	长一尺二寸，广六寸，厚二寸
8	压阑砖	殿阁、厅堂、亭榭等	长二尺一寸，广一尺一寸，厚二寸五分
9	砖碇		方一尺一寸五分，厚四寸三分
10	镇子砖		方六寸五分，厚二寸
11	城壁	走趄砖	长一尺二寸，面广五寸五分，底广六寸，厚二寸
12		趄条砖	面长一尺一寸五分，底长一尺二寸，广六寸，厚二寸
13		牛头砖	长一尺三寸，广六寸五分，一壁厚二寸五分，一壁厚二寸二分
14	筒瓦		长一尺四寸，口径六寸，厚八分
15			长一尺二寸，口径五寸，厚五分
16			长一尺，口径四寸，厚四分
17			长八寸，口径三寸五分，厚三分五厘
18			长六寸，口径三寸，厚三分
19			长四寸，口径二寸五分，厚二分五厘
20	板瓦		长一尺六寸，大头广九寸五分，厚一寸，小头广八寸五分，厚八分
21			长一尺四寸，大头广七寸，厚七分，小头广六寸，厚六分
22			长一尺三寸，大头广六寸五分，厚六分，小头广五寸五分，厚五分五厘
23			长一尺二寸，大头广六寸，厚六分，小头广五寸，厚五分
24			长一尺，大头广五寸，厚五分，小头广四寸，厚四分
25			长八寸，大头广四寸五分，厚四分，小头广四寸，厚三分五厘
26			长六寸，大头广四寸，厚四分，小头广三寸五分，厚三分

《营造法式》对砖坯的制作有如下规定：“凡造砖坯之制，皆先用灰衬隔模匣，次入泥，以杖剖脱曝令干。”对瓦坯的制作有如下规定：“造瓦坯，用细胶土不夹砂者，前一日和泥造坯，先于轮上安定札圈，次套布筒，以水搭泥拨圈，打搭收光，取札并布筒晒曝。”“凡造瓦坯之制：候曝微干，用刀剺画，每桶作四片。线道条子瓦，仍以水饰露明处一边”。

《营造法式》对砖瓦的烧制也有规定，称为“烧变次序”，分为素白窑和青棍窑。素白窑：第一天装窑，第二天开火烧制，第三天窨水，再过三天开窑，等候冷却，到第七天出窑。青棍窑：装窑、烧制、出窑同素白窑，青棍窑先烧茭草，通过氧化焰让窑内达到烧成温度，烧制末期，用熏烟法进行渗碳，令砖瓦成黝黑色。

按《营造法式》所述，泥坯与砖斗间的衬隔物不再用细绳，而是用“灰衬”，表现在实物上，砖的六面应为平整的素面，不再有纹饰，但常见的宋代砖大多有几何图案。如万荣的宋代旱泉塔、宋代稷王山塔、宋代八龙寺塔（图 2–6）等均为几何纹砖。同时期的宁夏西夏王陵用砖大多也为几何图案砖。这些图案应是有意为之，将在砖模底板专门制作的几何花纹作为底衬。在万荣寿圣寺宋塔首次发现带手印砖（图 2–8a）。这可能是山西发现的最早的手印砖之一，另一种可能是金代以后后人维修时填补的痕迹。

辽代虽与北宋同期，但在晋北地区辽代灵丘觉山寺塔上的青砖却为粗条纹砖（或称之为粗勾纹），应是用木棍作为隔衬（图 2–7），与辽宁朝阳辽代八棱观塔、辽代黄花滩塔等砖的条纹类似（图 2–8b）。

金代时，山西南部开始广泛流行手印砖，这在山西南部的金代建筑或金代墓葬中极为常见。但在山西永济万固寺建筑遗址上发现了金代粗短条纹砖，与辽宁朝阳市建平县金代美公灵塔砖条纹相似，为两条或三条短条纹相续接。手印砖分为左手印砖、右手印砖和手指印砖（无手掌心）三种，大小、深浅不一，似是工作习惯形成，同时增强了砖体之间的摩擦力。

宋、辽、金时期，瓦在民间建筑中得到较普遍的推广，大型宅院基本全为瓦顶，小型住房主屋为瓦顶，其余则用草顶。现存的青棍瓦较少，仅在晋东南偶有出现（图 2–9），平顺大云院五代建筑大佛殿屋顶上尚存数块。这一时期，文字瓦当基本消失，莲花瓦当较少，兽面瓦当较多，出现了龙纹瓦当。板瓦瓦沿则依然是“重唇”样式（图 2–10）。

图 2–6　运城万荣八龙寺塔宋代米字纹砖

图 2–7　大同浑源文庙院内辽代粗条纹砖

（a）运城万荣南阳寿圣寺宋塔上“左手印”砖

（b）辽宁朝阳黄花滩塔塔檐砖（邹晟摄）

图 2-8 宋、辽青砖

图 2-9 长治襄垣五龙庙宋金时期的青捃瓦

（a）大同莲花瓦当（收藏家单平提供）

（b）大同华严寺辽代龙纹瓦当

（c）大同华严寺辽代重唇滴水

图 2-10 辽代瓦当

第四节　元、明、清的砖与瓦

从山西各地区来看，元以前的砖较薄，长宽比为2∶1，但厚度与宽度之比大约在1∶3~1∶2之间，从元、明、清开始，条砖长、宽、高的比例才趋于4∶2∶1。

此时，官式用砖趋于精致化，明清两代均在山东临清设砖厂，专供皇宫用砖。铺地所用“细料方砖”则由苏州烧造。这些官式用砖一味追求质量而不计成本。民间制砖业已完全成熟，随着社会对砖的需求量逐渐增大，各地均兴起民间砖窑，砖本身或全无纹饰（图2-11a、b、c），或仍沿袭金元时期的手印砖。

元代至清早期的青砖仍为手印砖，但仅限于山西南部地区，晋中、晋北较为少见。同一地域、同一时代的手印砖基本一致，如襄汾县明代砖大多为单独的手印砖，或左手印砖，或右手印砖，左手印砖居多；永济市蒲州古城大多为两组或三组手指印砖（图2-11d、e）。

明《天工开物》对砖瓦制作有简单的记录，是珍贵的历史资料（图2-12）。据《天工开物》记载，明砖分为副砖、券砖、平身砖、望板砖、斧刃砖、方砖等，制作工艺如下：

选土：黏而不散、粉而不沙为上。

和泥：泡土，驱赶牛将土和成稠泥。

成坯：条砖，将泥坯填满木框，用铁线弓刮平表面而成坯；方墁砖，将坯泥放入方框，用面板将其盖实，两人站于其上，压实成型。

装窑：砖成坯后装入窑中，分为柴薪窑和煤炭窑。

烧制：柴薪窑出火呈青黑色，煤炭窑出火呈白色。柴薪窑停火之后用泥将窑顶出烟口堵塞，然后从窑顶渗水转锈。煤炭窑则不封顶。

元、明、清时期，殿宇建筑用琉璃瓦来彰显其身份、地位（图2-13），淘汰了青掍瓦。明代琉璃瓦的运用更为广泛，但仅限于庙宇寺观的中轴线建筑屋顶。

山西地区在汉代已经出现低温铅釉陶，北朝时期继续盛行，但在使用范围上仅限于日用器皿和随葬品。北齐魏明所著《魏书·西域国》记载：“世祖时，其国人商贩京师，自云能铸石为五色琉璃，于是采矿山中，于京师铸之。既成，光泽乃美于西方来者。乃诏为行殿，容百余人，光色映彻，观者见之，莫不惊骇，以为神明所作。自此中国琉璃遂贱，人不复珍之。”这是琉璃用于建筑物上最早的记载，也表明这一陶瓷品种有了更广的使用范围和更大的实用价值。

在现存建筑遗存上，目前山西现存的最早琉璃建筑构件为金代构件，如五台县佛光寺金代文殊殿鸱吻、脊刹，平顺天台庵唐代大殿上的金代鸱吻，均为建筑上的重要脊饰。襄汾县灵光寺金代琉璃塔将其檐部阑普、斗栱及檐檩施纯绿色琉璃，但其上椽飞、勾头、滴水仍为灰瓦。山西文物建筑上现存最早的琉璃瓦件为芮城永乐宫三清殿的元代绿琉璃瓦件。大量使用琉璃瓦件，出现于明代，

（a）忻州竹帛口明代长城砖

（b）晋中蒲池寿圣寺清代条砖

（c）运城永济万固寺明代条砖

（d）襄汾县汾城文庙明代手印砖

（e）永济市万固寺明代手印砖

图 2-11 明代砖

如襄汾县汾城城隍庙、文庙，阳城县海会寺明代琉璃塔，洪洞县广胜寺琉璃塔等。

《天工开物》记载了明瓦的制作工艺，具体如下：掘地二尺余，择取无沙黏土；圆桶外画四条边界为模范；将泥踩踏调熟，垒成高长条形，用铁线弓划出一片三分厚的泥皮，包在圆桶模上，等稍干后脱模，自然裂成四片；待瓦干燥后堆积在窑中，烧制一天一夜或两天两夜，然后浇水转锈。

明代将泥坯垒成泥墙，用铁弦弓划泥坯包在圆桶上做坯的方法比宋“以水搭泥拨圈，打搭收光”更为便捷。但民间制瓦，两种方式同时存在（图 2-14）。

从元代开始，绝大多数的瓦当当面均为兽面样式，仰瓦瓦端做成“垂尖”形式，更有利于排水，变成名副其实的“滴水”（图 2-15）。

图 2-12 《天工开物》砖瓦制作流程

图 2-13 汾阳市演武寿圣寺明代琉璃勾头

图 2-14 大同浑源永安寺“搭泥拔圈”板瓦

（a）勾头

（b）滴水

图 2-15 清徐徐沟城隍庙清代勾头、滴水

第五节 小 结

青砖、青瓦属于灰陶制品，它们伴随着灰陶日用品的发展而产生。目前发现最早的青砖出土于距今 5500 年左右的陕西西安蓝田新街仰韶文化遗址，发现最早的还原法烧制的青灰色陶板出土于距今 3900~4500 年的山西襄汾陶寺遗址，发现最早的筒瓦出土于距今 4000~4300 年的陕西宝鸡市陈仓区桥镇龙山文化时期的遗址。

春秋战国时期的灰陶砖主要用于勾栏、墙体饰面、铺地等。秦汉时期仍以装饰材料为主，但开始出现用于墙体的建筑用砖，一般均用于高等级墓葬的墓室砌筑上。“秦砖汉瓦”就是对这一时期广泛使用青砖、青瓦的真实写照。其制作工艺基本延续灰陶生活用品的制作方法，采用模压制成。大型空心砖上的图案丰富多彩，有模印和刻画两种形式。汉代筒、板瓦仍保留那一时代灰陶生活用品上常用的细密绳纹痕迹（图 2-16a、b）。先秦时期有半瓦当和圆瓦当，图案丰富多彩，有素面、动植物纹饰、兽面纹、绳纹、云纹、夔纹等。秦汉半瓦当和素瓦当的形式逐渐消失，除上述各种纹饰外，出现了大量文字瓦当。

魏晋南北朝时期的青砖仍然保留绳纹痕迹，出现了外侧表面较为光滑的筒、板瓦。同时，承重条砖大规模生产，城门的包砌、建塔、宫殿等开始广泛应用，但仍仅限于官方营建的大型建筑，且常印有纪年、制造人姓名等文字，并出现类似青掍瓦的做法。瓦当仍以文字瓦当、云纹瓦当、莲花纹瓦当和兽面纹瓦当为主。山西目前出土的瓦当大多为北部的大同一带和晋阳古城遗址北朝时期的瓦当，主要以文字瓦当为主，莲花瓦当较少。

隋唐时期，青砖式样基本定型，以绳纹砖为主流，有少量素砖和手印砖。民间营造的宗教、公共建筑使用青砖、青瓦成为常态，青掍瓦生产技术趋于成熟。瓦当图案丰富，以莲花纹、兽面纹、佛像纹、龙纹等为主，其中莲花纹瓦当最多，其次为兽面纹瓦当，佛像纹和龙纹瓦当发现较少，夔纹消失。

宋代首次出现了建筑营造专业著作——《营造法式》，书中对砖瓦的制作，从采泥、加工、制坯、烧制到砖瓦的几何外观、尺寸，均进行了详细规定，并对建筑特殊位置的用砖也进行了规定。泥坯与砖模之间的衬隔物不再用细绳，而是用“灰衬”，砖的六面应为平整的素面，不再有纹饰，但出现了大量用于墙体上的印有几何图案的青砖。辽代墙体青砖改为粗条纹砖。金代出现了大量手印砖，伴有少量的短粗条纹砖。宋、辽、金时期的半瓦当彻底消失，仅剩圆瓦当一种，且瓦当图案以兽纹或花卉纹为主。边轮面低于中间纹饰，在兽面和边轮之间装饰凸弦纹、联珠纹各一周，或仅选其一，

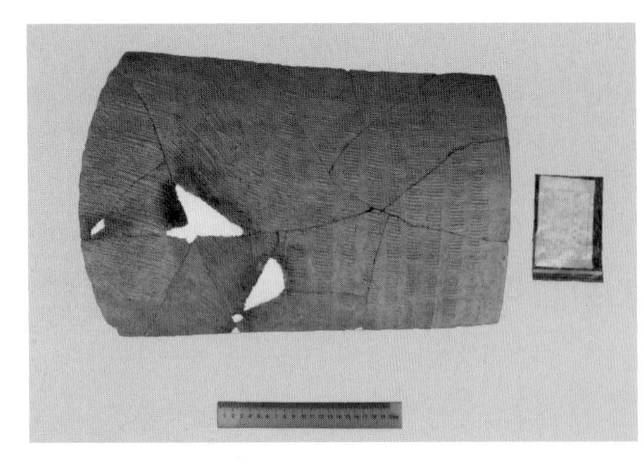

（a）板瓦

（b）筒瓦

图 2–16　太原东山汉墓圆板瓦和筒瓦

或无装饰的均有，这种图案成为明清时期山西瓦当的主流图案。

明早期仍保留大量手印砖，直到明代中后期，青砖才成为现在常见的素面砖。但在重要的官方建筑，如城墙、长城等的用砖，均要拓印制砖官员、匠人的籍贯属地和姓名。明清时期的筒、板瓦仅在其瓦背留有布纹痕迹，筒、板瓦的正面光滑无饰。明清瓦当以兽面为主，伴有部分龙纹，但图案立体感较差。明清时期的滴水前部演变成三角形的滴水沿，其图案以盘龙居多。

参考文献：

［1］ 张庆捷，吕金才，冀保金，等 . 山西大同湖东北魏墓群发掘简报 . 中国国家博物馆馆刊，2018（2）.

［2］ 常一民，彭娟英，张长海，等 . 山西太原东山古墓发现大型西汉墓园遗址 . 文博中国微信公众号，2020–6–18.

［3］ 刘耀秦 . 富平县宫里发现唐代砖瓦窑遗址 . 考古与文物，1994（4）.

第三章

山西砖瓦现代制作工艺实地调研

第一节　运城万荣砖瓦传统工艺调研

万荣制砖、制瓦工艺来源于匠人的口耳相传，泥土材料采集自当地。砖瓦传统制作工艺包括采土、练泥、制坯、晾晒及烧制等流程。

采土：制瓦所用的土采集于本地，当地匠人形容“土性很烈”，纯黏土，无沙，和好的泥要像拉面一样有弹性而不断裂。制砖所用的土有所不同，虽然也是黏土，但当地黏土烧砖容易开裂，因此一般从外地运土烧砖（图 3–1）。

练泥：传统方法为先将土摊开，晾两三天，然后在地上挖一个水池，将晾晒好的土放入其中，水土体积比约为 5∶1。待土浸泡两到三天后，在泥池中用人力踩踏几个小时，使土与水充分融合，将泥土和成稠泥。做瓦坯还需要垒一道泥墙，做砖坯则不需要（图 3–2）。

现简易办法是将制坯的土堆成一堆，浇水湿润，用塑料布遮盖过夜，次日用铁棒锤击打碎，再用铁锹铲约 0.5m^3 泥土堆成小堆，反复用铁锹翻铲和泥。

制坯：制作砖坯时，根据需要的尺寸制作模具，用细砂衬在模具内作脱模料，将泥坯摔入模中，泥量宁多勿少，尽量一次成型。用木板或者铁弦弓将多余泥坯刮去，然后脱模成型，要用工具对砖表面进行修整，使其平整。最后晾晒，不能暴晒于烈阳下，遇雨天时应及时遮蔽、保护（图 3–3）。

瓦坯一般用桶模法，模具类似缺底的木桶。为方便脱模，将一块麻布裹在模具表面。制作瓦坯时，先用铁弦弓从泥墙上划取一片泥坯，将泥坯裹在模具上，一边转动模具，一边用工具拍打、抹平泥坯，还需沾水磨光表面。之后将模具连同泥坯一起置于平地上，松开卡扣，模具即脱离泥坯。用铁针在泥坯内部划几道，待晾晒干燥后，仅需轻轻拍打即可形成瓦坯。筒瓦需要划成两片，板瓦需要

（a）坯土阴干

（b）无沙黏土

图 3–1　采土

（a）浇水湿润

（b）铁棒锤击

（c）翻铲和泥

（d）泥墙垒筑

图 3-2　练泥

划成四等分（图 3-4）。

瓦坯还有一种做法，直接划取一块泥坯，用工具拍打成片，直接放置于做好的范中，用砖灰做脱模灰衬，木棒拍打成型，划去余泥后脱模晾晒（图 3-5）。

焙烧：砖坯、瓦坯的焙烧包括码窑、低火除湿、中火焙烧、大火焙烧和洇窑、出窑。码窑时砖坯、瓦坯层层交错码砌，层与层、行与行之间都要留通烟道，所留烟道的大小从下到上逐渐变小。烧制时，先小火烧窑 3~4 天，然后用中火烧窑 8~10 天（从火口看火苗为红色，约 850℃），再用大火烧窑 5 天左右（至火苗呈白色，约 1200℃），然后开始洇窑（5 天左右），最后开窑晾气（2~3 天），即可取砖。窑采用马蹄窑（图 3-6）。

（a）取坯泥

（b）入模

（c）刮泥

（d）脱模

（e）修整

（f）晾晒

图 3–3　砖坯制作流程

（a）划取泥坯

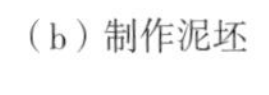

（b）制作泥坯

（c）泥坯脱模

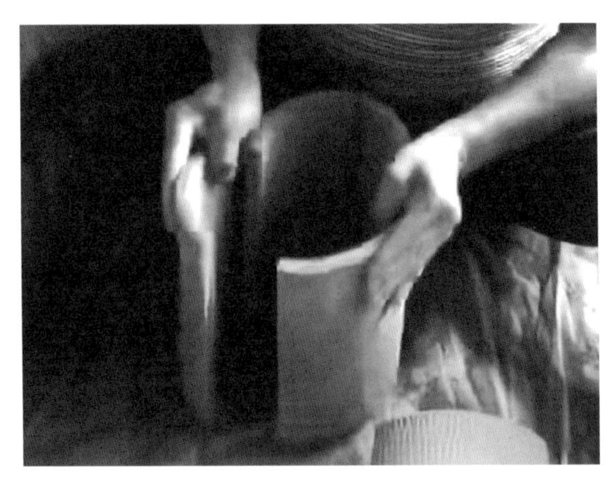

（d）瓦坯成型

图 3-4　桶模法制瓦坯流程

（a）取泥

（b）成片

（c）灰衬

（d）成型

（e）去余泥

（f）脱模

图 3–5　一次成型法制瓦坯流程

（a）窑外立面

（b）备放煤坑

（c）烧煤位置

（d）火墙砖搭放方式

（e）码砖位置及排烟口

（f）火口及洇窑顶部

图 3-6　马蹄窑

第二节　忻州五台砖瓦传统工艺调研

五台县曾先后出现了三个制作砖瓦之地，第一个是五台阳白郭家庄，虽临近优质水源小银河，但由于土质及传承人断代等问题而没落；第二个是耿镇，临近清水河，情况与前者基本一致，存在时间也未能长久；最后一个就是东冶镇，临近滹沱河，周围土质也非常适宜制作砖瓦，在传承上，各代传承人都学习并精深拓展这门技艺，不辞辛苦，引之为豪，所以得以延续至今。东冶镇北街村53岁的王大建，是目前唯一掌握古砖瓦传统制作技艺的人。五台传统砖瓦土样材料选择上也有特别的要求，每两份胶泥配一份黄土。砖坯制作工艺流程见图3–7，制作过程如图3–8。

五台瓦坯制作工艺采用的是“搭泥拨圈”法，此方法更考验匠人对瓦坯制作的熟练程度。为防止开裂，对土黏性要求较小，在土样上，要求每两份黄土配一份胶泥。具体制作过程如图3–9，制作工艺流程见图3–10。

焙烧同样采用马蹄窑，烧制过程与万荣制砖厂相近，不同之处有两点：一是将两个窑连在一起，加快了烧制的进程，同时节省燃料；二是囱口不在窑顶，而远离窑，使洇水过程更高效，质量更好。

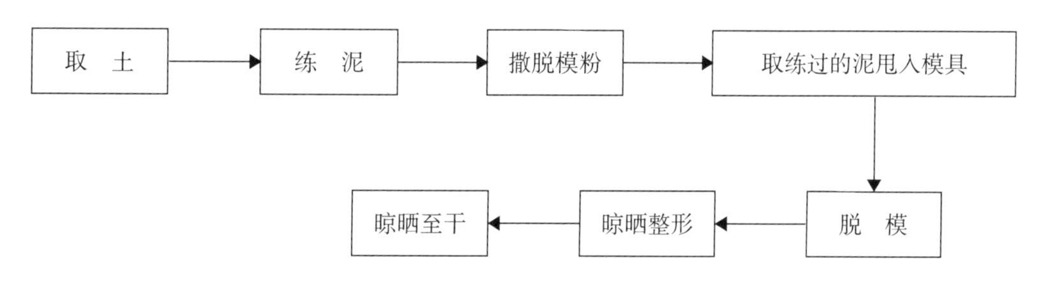

图3–7　砖坯制作流程图

（a）脱模工具

（b）以细黄黏土打底

（c）取泥坯

（d）甩泥入模

（e）刮泥

（f）脱模

图 3-8　砖坯制作过程

（a）翻泥　（b）踩泥　（c）和泥

（d）稀泥打底　（e）泥片盘筑　（f）划除余泥

（g）修整　（h）脱模　（i）划四道分割线

图 3-9　瓦坯制作过程

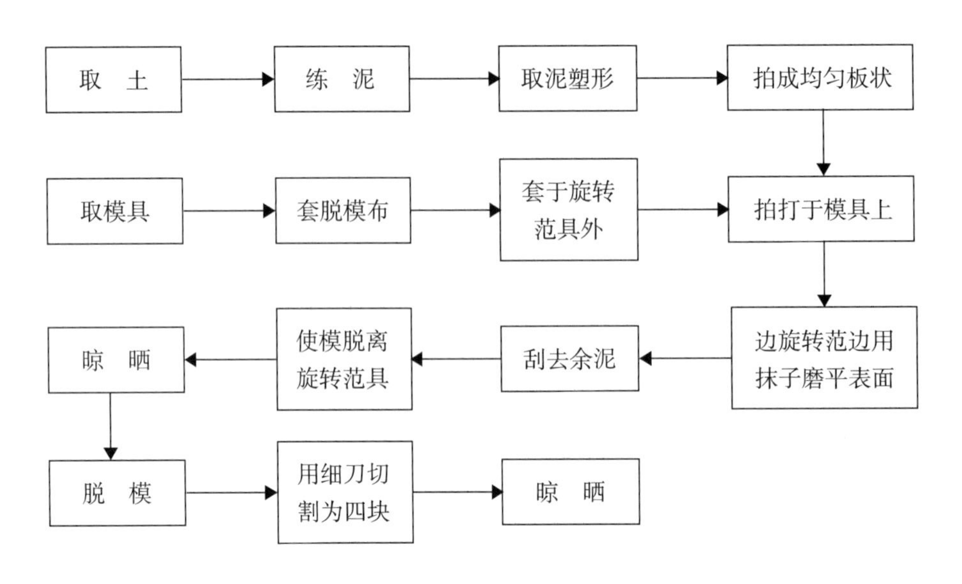

图 3–10　瓦坯制作流程图

第三节　现代窑及其烧制工艺

一、梭式窑

梭式窑，又称立方窑（图 3–11），基本继承了马蹄窑的烧制原理，但与马蹄窑略有不同，主要表现在以下两方面：一是燃料由煤炭改为燃气，且有多个火源；二是火墙的砌筑方式及码砖位置有差异。

梭式窑除了烧制手工砖、瓦外，还烧制机制砖、瓦。机制砖、瓦用水量少，用机械搅拌泥，真空挤出，孔隙少，体积密度大，成砖较快。

二、隧道式烧砖窑

隧道窑（图 3–12）是把砖坯放在窑车上，沿着隧道经过以下几个阶段烧制成型。

排潮段：分为一次排潮段和二次排潮段。通过导出烧成段产生的高温余烟达到排潮烘干的效果。

预热段：逐渐将砖坯温度提升到 800℃以上。

烧成段：又称氧化段，分为低温段、中温段和高温段。在空气充足的情况下燃烧，温度要达到 945℃ ~985℃。

还原段：分为强还原段和弱还原段。不断加入燃气，排出空气，形成还原气氛，使砖变成青色。

（a）梭式窑（立方窑）

（b）火墙及码砖位置

（c）窑顶泅水方坑

（d）窑顶排烟处

图 3–11　梭式窑

（a）隧道窑车间

（b）排潮烘干

（c）砖坯入窑

（d）砖坯出窑

图 3–12　隧道窑

蒸汽冷却段：加水，利用窑内高温产生蒸汽，使烧成的青砖冷却定色。

隧道窑与传统窑相比，烧成温度更高，烧制速度快，燃料利用率高，缺少闷窑环节。

三、轨道式烧瓦窑

轨道式烧瓦窑（图 3–13），其焙烧过程与隧道式烧砖窑烧砖过程比较相似。由于瓦件相对较薄，不需要窑车，并排钢管滚动运输瓦坯，烧制温度相对要低，烧成和还原阶段耗时更少，瓦坯从入窑到出窑仅需 8~9 个小时。

（a）轨道窑车间

（b）瓦坯上架

（c）烧成与还原段

（d）出窑冷却

图 3–13　轨道窑

四、小　结

万荣和五台传统砖瓦制作工艺与宋《营造法式》、明《天工开物》所记载的制作工艺是一脉相承的，其工艺流程大致均为：采土—练泥—制坯。

实际调研中并未发现严格按照传统方法制坯的作坊，为了提高产量，多用简易方法制作，这是造成复制砖瓦耐久度不及古建筑遗存砖瓦的一个重要原因。

为了提高产量，新型砖瓦窑以提高温度达到缩短烧制时间的目的，但缺少传统的闷窑时间，后经试验证明，新型砖瓦窑烧制的砖瓦耐久度差于传统砖瓦窑。

第四章

样本采集成果

第一节 样本采集原则

由于本课题主要的研究对象为文物建筑砖瓦材料，而大多砖瓦材料均为正在使用的文物构件，同时考虑到全省地域气候差异、地理环境差异，样本采集需考虑地域特点。砖瓦的种类较多，按所在位置分类如下：砖有墙体砖、望板砖、墀头砖、地面砖、超条砖、走超砖、牛头砖等，瓦有勾头、滴水、筒瓦、板瓦、当沟、脊条瓦等。不同时代又衍生出不同的砖瓦，为此需制定采集原则，确定所采集砖瓦的种类。

一、采集对象

本研究以古建筑砖瓦原构件、砖瓦修缮材料为主要研究对象。样本采集对象包括山西省各地区、各时代古建筑的灰陶质砖瓦原构件及现有市面上用于古建筑修缮的灰陶质砖瓦产品。

二、采集原则

最小干预原则：采集古建筑砖瓦原构件，须首先保证古建筑的安全性、完整性，不得破坏古建筑。以最小干预为原则，不得在保存完整的古建筑上拆取砖瓦原构件。可采集经修缮保护工程拆解下的砖瓦构件，也可采集已坍塌或局部坍塌的古建筑暴露在外的砖瓦构件。最好选择正在实施保护工程的古建筑，采集砖瓦样本。

真实性原则：采集古建筑砖瓦原构件，须首先了解古建筑的历史沿革和修缮情况，特别是各庙宇、寺观保留的碑刻，明确各时代的修缮位置，选取时代明确的砖瓦样本，保证样本的真实性。

完整性原则：尽量采集完整的砖瓦样本，以便于检测和研究。由于早期砖瓦遗存较少，对不完整砖瓦，应选取时代特征显著、做工手法明显的砖瓦进行采集。

全面性原则：采集范围尽量覆盖山西省各地区；采集的同一区域的古建筑砖瓦构件的时代尽量涵盖唐至民国各历史时期；尽可能采集古建筑不同部位、不同形制的砖瓦样本。

对比原则：采集古建筑砖瓦样本的同时，兼应采集应用于古建筑修缮保护工程的现代复制砖瓦样本，或市面上现有用于古建筑修缮的灰陶质砖瓦产品及其生产原料——黄土。如情况允许，还可从古遗址、古墓葬中采集砖瓦样本，作为补充材料，以便进行对比研究。

第二节　采集的样本

经过一年多的样本采集，截至 2018 年年底，共采集砖瓦样本 512 件，其中砖样本 304 件、瓦样本 208 件。

采集地点包括大同、朔州、忻州、吕梁、太原、晋中、长治、晋城、临汾、运城等，共 10 市 40 余个县（市、区）。样本时代包括唐、宋、辽、金、元、明、清、民国、现代等。限于山西省古建筑保存数量、时代、分布、修缮历史以及文物保护工程施工情况等因素，在各地市采集到的砖瓦样本，数量和时代分布存在一定差异（图 4–1、图 4–2）。

砖样本种类有条砖、方砖、脊坐砖、望砖、博风砖、墀头砖等。其中条砖可细分为墙体条砖、地面条砖、塔条砖、长城砖、城墙条砖、墓葬条砖等；方砖可细分为地面方砖、塔方砖、墓葬方砖等。瓦样本种类有筒瓦、板瓦、勾头、滴水、当勾、琉璃筒瓦、琉璃勾头、琉璃滴水等。

一、室内整理与数据库建设

采集回的砖瓦样本首先进行室内整理，包括编号、测量尺寸、称重、拍照、制作标签、录入样本基本信息等。

为方便研究，开发了“山西省古建筑材料采集平台”（图 4–3），经整理的砖瓦样本基本信息、标本照片已全部录入采集平台，形成了砖瓦样本数据库。

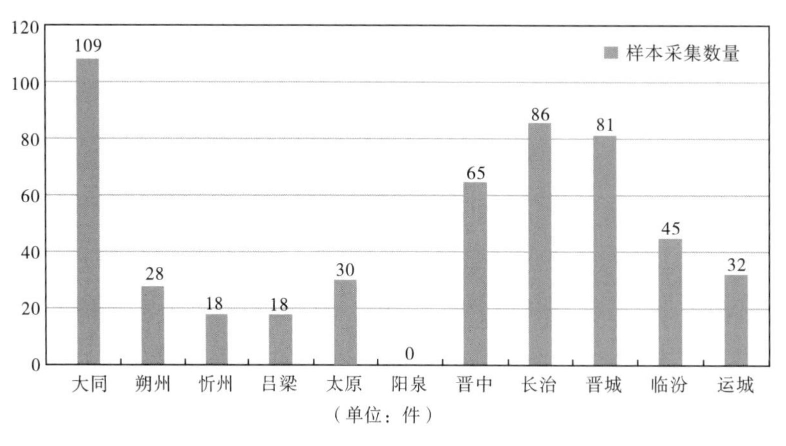

图 4–1　各市砖瓦样本采集数量统计

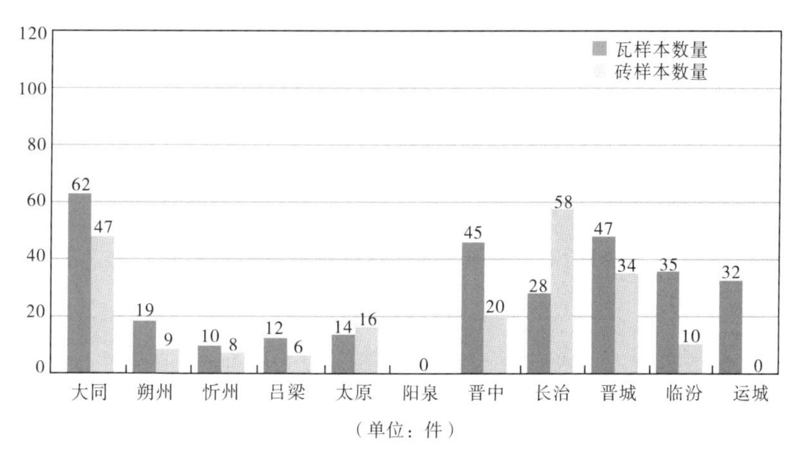

图 4-2　各市砖瓦样本采集数量大类统计

（a）采集平台登录页面

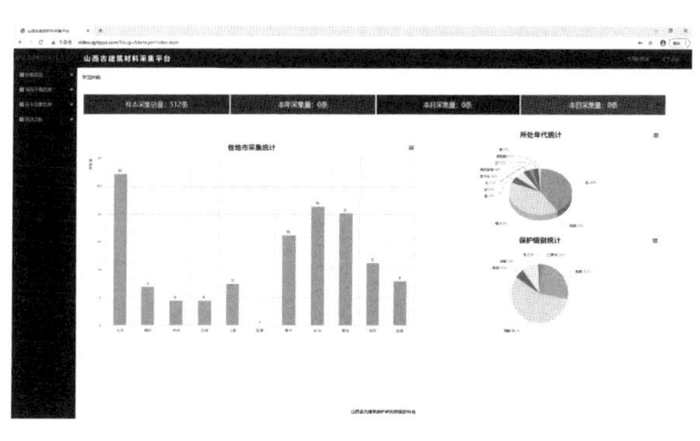

（b）采集平台首页

（c）采集查询页面

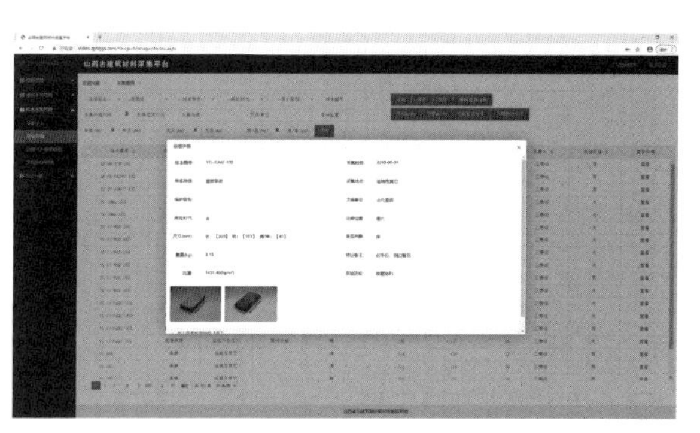

（d）样本详情页面

图 4-3　砖瓦样本数据库“山西省古建筑材料采集平台”

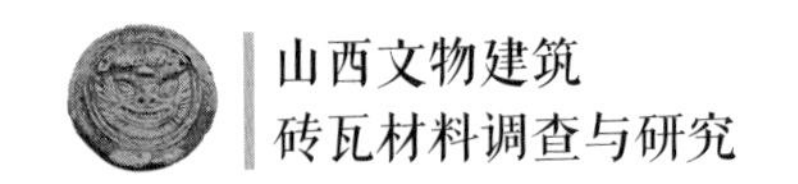

对古建筑传统材料的采集、研究是一项长期的工作。“山西省古建筑材料采集平台”及样本数据库的建立，可为今后该项工作的积累、深入和拓展提供良好的基础。

二、样本送检

根据山西省各地区古建筑地域传统、历史文化特色和自然地理差异，结合砖瓦样本采集情况，本研究将砖瓦样本划分为晋北、晋中、晋东南、晋西南四组。每组选取明、清时期的砖样本各 10 件以上，进行物理性能检测等相关实验。另选取明、清时期的瓦样本 10 余件，进行检测实验。

送检样本的时代范围集中在明、清时期，一方面是因为山西省元以前（含元代）建筑与明、清建筑相比，保存数量少，故元以前（含元代）建筑的砖瓦样本采集数量也相对较少，也更珍稀；另一方面是由于砖样本的物理性能检测为破坏性实验，且每组检测样本数量要求至少 10 件。

截至 2018 年年底，共送检砖瓦样本 128 件，其中砖样本 114 件、瓦样本 14 件，具体统计数值见下图（图 4–4、图 4–5）。

三、砖瓦样本陈列展示

采集回并经室内整理的砖瓦样本，未送检的全部作为标本，收藏、陈列于古建所，用作古建筑材料构件展示和研究（图 4–6）。

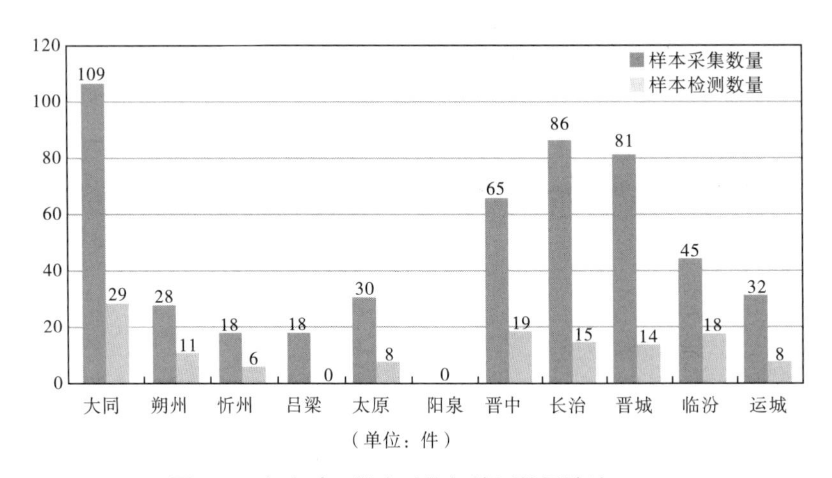

图 4–4　各市砖瓦样本采集与检测数量统计

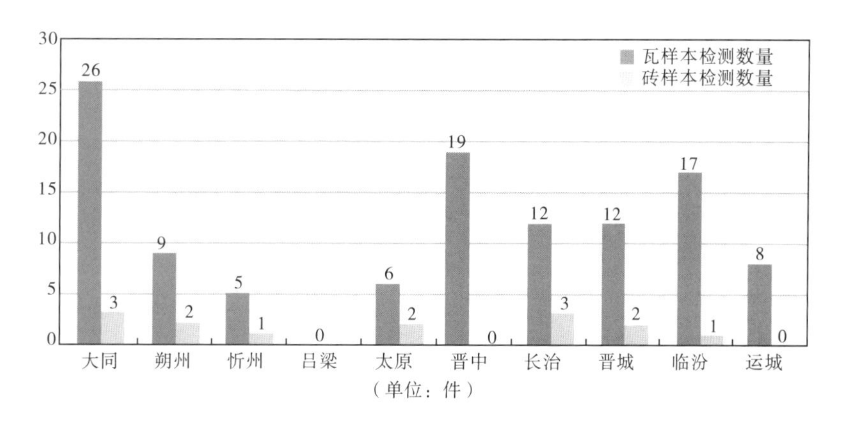

图 4–5　各市砖瓦样本检测数量统计

图 4–6　各市砖瓦样本

第三节 小 结

根据第三次全国不可移动文物普查数据，山西省现存古代建筑达28273处，其中清代建筑为26578处，占总量的94%。本次采集砖瓦样本512个，共来自83处保护单位。其中国保单位44处，占全省古建筑类国保单位总量（387）的11.3%；省保单位24处，占全省建筑类省保单位总量（334）的7%；其余市、县保和三普登记的不可移动文物为15处。

采集的512个砖瓦样本里，国保单位样本占总样本量的49.6%，省保单位样本占总样本量的21.5%，市、县保单位样本占总样本量的13.1%，三普登录和无级别清代至民国建筑样本占总样本量的15.8%（图4-7）。

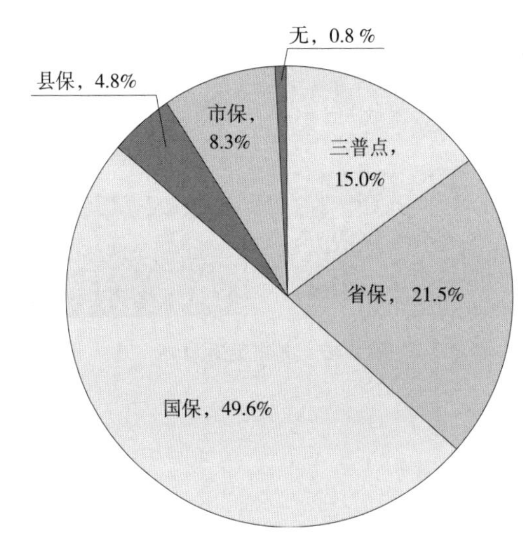

图4-7 样本保护级别统计

第五章

砖瓦制作工艺演变研究

根据宋代《营造法式》、明代《天工开物》中对砖瓦制作工艺的记载，结合相关学术研究成果以及对现存传统砖瓦窑生产工艺的调查，我们通过测量、统计砖瓦样本尺寸，探讨其演变规律，并采用直接观察法，对砖瓦样本上保留的制作加工痕迹作了记录，现分述如下。

第一节　砖物理几何尺寸研究

一、砖样本尺寸分析

《营造法式》用砖制度中，规定了不同类型、不同等级的建筑所适用的各类砖的规格及尺寸。其中，建筑等级最低的行廊、小亭榭、散屋等，用方砖，边长一尺二寸（384mm），厚二寸（64mm）；用条砖，长一尺二寸（384mm），宽六寸（192mm），厚二寸（64mm）。此即《营造法式》中规定的普通方砖、条砖的最小规格。

经对比，砖瓦样本库中绝大多数方砖、条砖的尺寸小于《营造法式》中普通方砖、条砖的最小规格。

样本库中共有31件方砖，其中尺寸完整的有27件。27件方砖中，边长大于384mm的仅1件，采集自灵丘辽代觉山寺塔，原用于塔檐，或为塔顶望砖。

样本库中共有253件条砖，其中尺寸完整的直边条砖有222件。253件条砖中，砖长大于384mm的有17件，其中12件为明代或现代复制的长城砖、堡墙砖，3件采集自灵丘辽代觉山寺塔，1件采集自大同辽代华严寺，1件为平遥慈相寺出土的金代塔砖。

长城砖、堡墙砖、塔砖的尺寸一般较普通建筑用砖大。觉山寺塔、华严寺的营建与辽代皇室有关，因而用砖规格较高。样本库中绝大多数的方砖、条砖尺寸规格较小，与我们采集样本的古建筑多为民间寺庙、民居有关，砖样本总体规格小于《营造法式》规定的官式建筑用砖制度（表5–1、图5–1、图5–2）。

表 5-1 《营造法式》各规格方砖、条砖尺寸及公制换算

<table>
<tr><th>类 型</th><th colspan="4">方</th><th colspan="2">厚</th></tr>
<tr><td rowspan="10">方 砖</td><td colspan="4">二尺</td><td colspan="2">三寸</td></tr>
<tr><td colspan="4">640mm</td><td colspan="2">96mm</td></tr>
<tr><td colspan="4">一尺七寸</td><td colspan="2">二寸八分</td></tr>
<tr><td colspan="4">544mm</td><td colspan="2">89.6mm</td></tr>
<tr><td colspan="4">一尺五寸</td><td colspan="2">二寸七分</td></tr>
<tr><td colspan="4">480mm</td><td colspan="2">86.4mm</td></tr>
<tr><td colspan="4">一尺三寸</td><td colspan="2">二寸五分</td></tr>
<tr><td colspan="4">416mm</td><td colspan="2">80mm</td></tr>
<tr><td colspan="4">一尺二寸</td><td colspan="2">二寸</td></tr>
<tr><td colspan="4">384mm</td><td colspan="2">64mm</td></tr>
<tr><td rowspan="2">砖 碇</td><td colspan="4">一尺一寸五分</td><td colspan="2">四寸三分</td></tr>
<tr><td colspan="4">368mm</td><td colspan="2">137.6mm</td></tr>
<tr><td rowspan="2">镇子砖</td><td colspan="4">六寸五分</td><td colspan="2">二寸</td></tr>
<tr><td colspan="4">208mm</td><td colspan="2">64mm</td></tr>
<tr><th>类 型</th><th colspan="2">长</th><th colspan="2">广</th><th colspan="2">厚</th></tr>
<tr><td rowspan="4">条 砖</td><td colspan="2">一尺三寸</td><td colspan="2">六寸五分</td><td colspan="2">二寸五分</td></tr>
<tr><td colspan="2">416mm</td><td colspan="2">208mm</td><td colspan="2">80mm</td></tr>
<tr><td colspan="2">一尺二寸</td><td colspan="2">六寸</td><td colspan="2">二寸</td></tr>
<tr><td colspan="2">384mm</td><td colspan="2">192mm</td><td colspan="2">64mm</td></tr>
<tr><td rowspan="2">压阑砖</td><td colspan="2">二尺一寸</td><td colspan="2">一尺一寸</td><td colspan="2">二寸五分</td></tr>
<tr><td colspan="2">672mm</td><td colspan="2">352mm</td><td colspan="2">80mm</td></tr>
<tr><td rowspan="2">牛头砖</td><td colspan="2">一尺三寸</td><td colspan="2">六寸五分</td><td>二寸五分</td><td>二寸二分</td></tr>
<tr><td colspan="2">416mm</td><td colspan="2">208mm</td><td>80mm</td><td>70.4mm</td></tr>
<tr><td rowspan="2">走趄砖</td><td colspan="2">一尺二寸</td><td>五寸五分</td><td>六寸</td><td colspan="2">二寸</td></tr>
<tr><td colspan="2">384mm</td><td>176mm</td><td>192mm</td><td colspan="2">64mm</td></tr>
<tr><td rowspan="2">趄条砖</td><td>一尺一寸五分</td><td>一尺二寸</td><td colspan="2">六寸</td><td colspan="2">二寸</td></tr>
<tr><td>368mm</td><td>384mm</td><td colspan="2">192mm</td><td colspan="2">64mm</td></tr>
</table>

注：此处《营造法式》营造尺与公制的换算，采用刘春迎《从北宋东京外城的考古发现谈北宋时期的营造尺》一文的观点，即“北宋时期用于工程建造时使用的当为营造尺，每尺合 0.32 米”。

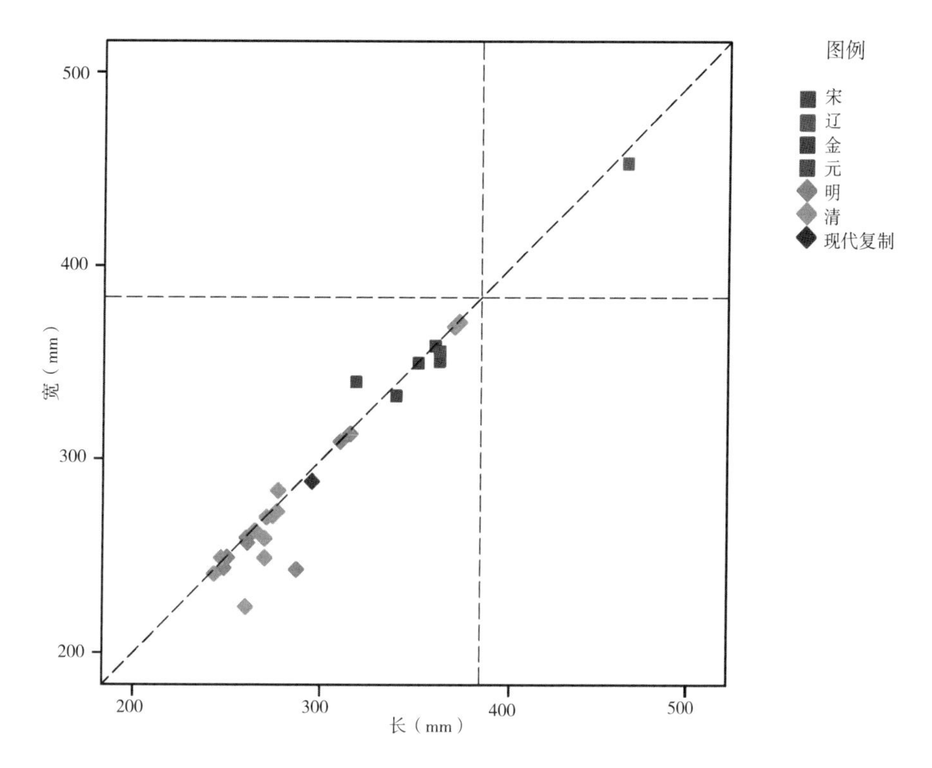

注：图中 3 条辅助线分别为 x=384，y=384，y=x。

图 5-1 各时代方砖样本尺寸

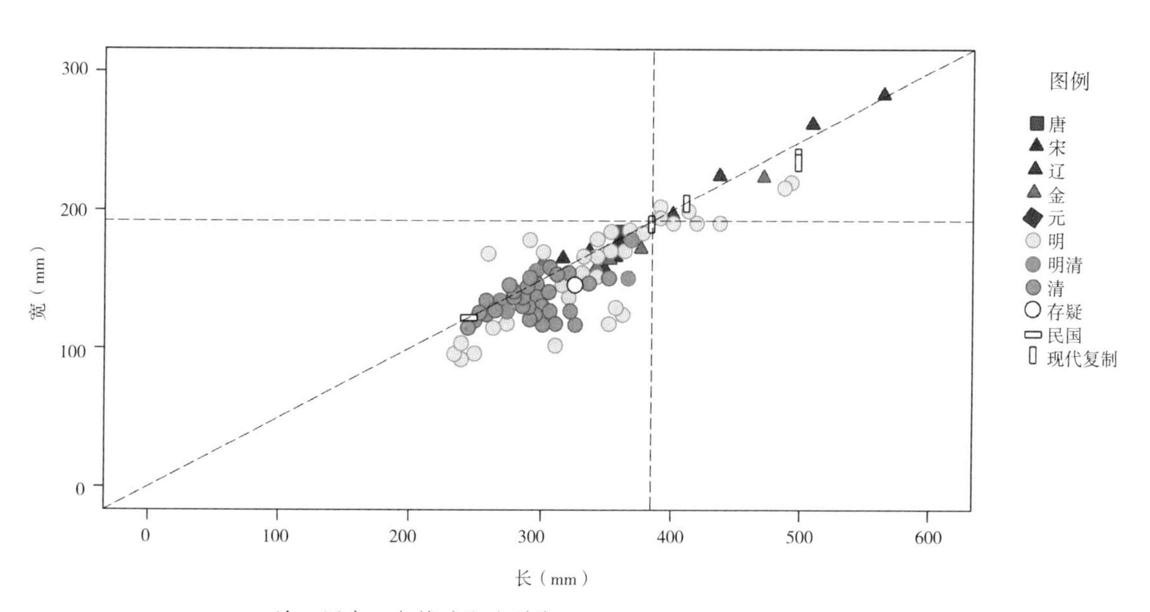

注：图中 3 条辅助线分别为 x=384，y=192，y=0.5x。

图 5-2 各时代条砖样本尺寸

二、条砖样本长、宽、厚比例分析

《中国古代建筑技术史》一书中提出，西汉后期，条砖的尺寸趋向定型化，成4∶2∶1的比例（整数、级数）。从宋代《营造法式》用砖制度中条砖的规格（表5–1）来看，条砖的长宽比已固定于2∶1，宽厚比则为3∶1左右。

我们选取样本库中尺寸完整的直边条砖，计222件，计算长宽比和宽厚比。通过分析散点图可知，唐代以来，山西各地区的条砖样本，其长宽比比值基本集中于2，与《营造法式》中的条砖长宽比及《中国古代建筑技术史》中的观点一致。条砖样本的宽厚比比值则为2~3.5，并呈现出较明显的时代差异。早期（元以前）条砖宽厚比比值较大，即砖相对较薄；明清以后条砖宽厚比比值接近于2。条砖长、宽、厚比例与地区差异关系不大。

条砖样本长宽比的分析结论，证实了唐代以来，条砖长宽尺寸比例已定型于2∶1；而条砖样本宽厚比的分析结论，则显示出条砖宽厚比自唐代至明清由3∶1向2∶1发展的过程（图5–3、图5–4）。

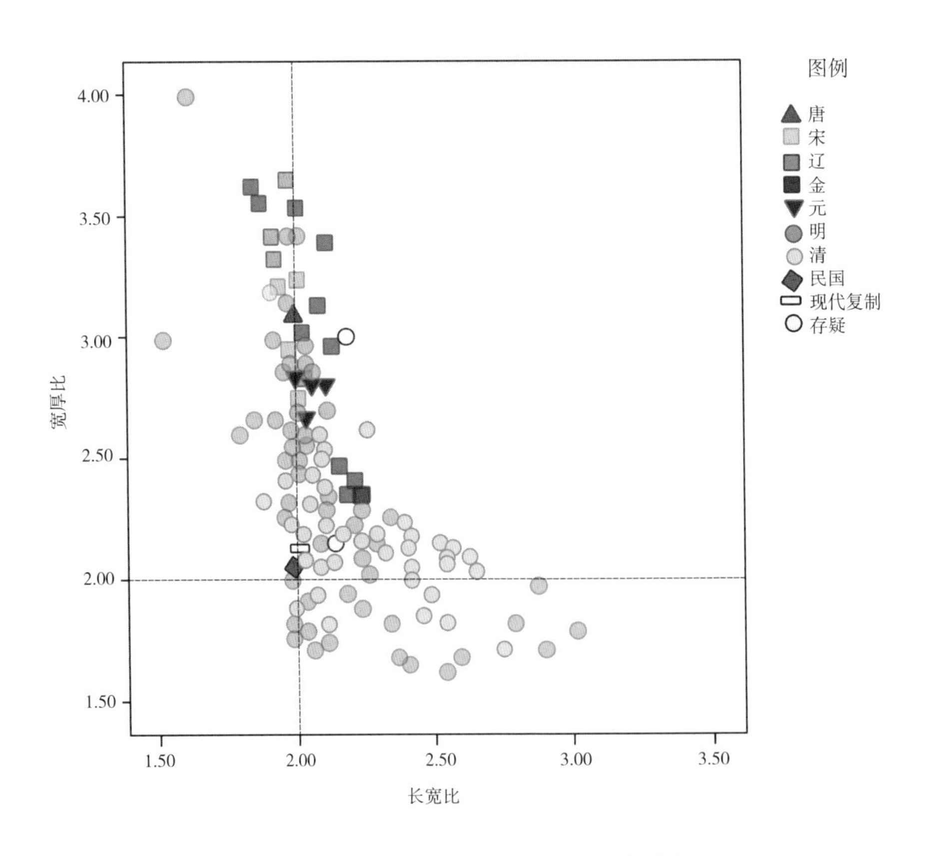

图5–3　各时代条砖样本长、宽、厚比例分析

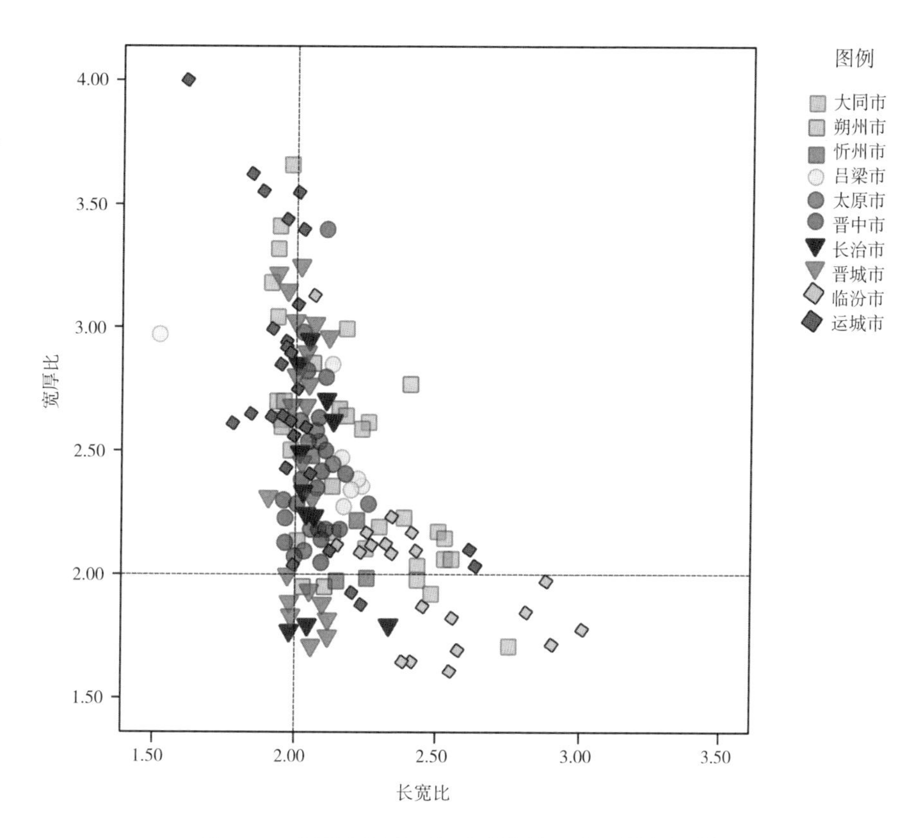

图 5–4　山西省各地区条砖样本长、宽、厚比例分析

第二节　瓦样本制作工艺特征

样本库中有瓦样本 208 件，其中现代仿制瓦 4 件，古代瓦构件 204 件。在古代瓦样本中，可观察到的制作加工痕迹，包括制坯阶段形成的泥条（片）接缝，布套在瓦件凹面留下的布纹、褶痕、针脚印痕，板瓦凹面棱边凹坑、划切痕，修整时对筒瓦凹面棱边的切削痕迹等。

一、瓦泥条（片）接缝

204 件古代瓦样本中，有 25 件瓦样本保留有制坯时的泥条（片）接缝，包括 12 件筒瓦（含 1 件琉璃筒瓦）、5 件勾头、5 件板瓦、3 件滴水。泥条（片）接缝基本见于瓦的凹面，呈横向或略斜向平行分布，接缝间距为 30~140mm，接缝数量通常为多条或三条。多条平行接缝，反映瓦制坯采用的是泥条盘筑法；部分瓦为三条较规整、间距较大的横向接缝，其制坯采用的应是泥片贴筑法。

泥条盘筑法，即将制瓦的泥以泥条形式自下而上层层盘筑于木筒外围（木筒外套有布套，《营造法式》中将布套称作“布筒”），拍打、修整成型后，划成两瓣或四瓣而成筒瓦或板瓦。泥片贴筑法与泥条盘筑法类似，将泥制成泥片，自下而上贴筑于木筒外围，修整后形成瓦坯（图 5–5）。

（a）DT–HY–YAS–201，板瓦凹面

（b）CZ–LC–CNDM–201，筒瓦凹面

（c）XZ–WT–FGS–204，板瓦凹面

图 5–5　瓦件泥条接缝

二、瓦凹面布纹、褶痕、针脚印痕

204 件古代瓦样本中，有 151 件瓦样本的凹面有布纹，且多伴有布套的褶痕，甚至有布套接合处针脚线留下的印痕，占古代瓦样本总数的 74%。这些痕迹是古代制瓦“以圆桶为模骨”（《天工开物》）、“次套布筒”（《营造法式》）工艺的实物例证（图 5–6）。

204 件古代瓦样本和 151 件凹面有布纹的瓦样本，采集自大同、朔州、忻州、吕梁、太原、晋中、长治、晋城、临汾 9 市，涉及宋、辽、元、明、清等时代。瓦凹面布纹在瓦样本总数中占比高，存在区域广，时代延续久，充分反映出古代制瓦在桶外套布工艺的普遍应用。

三、筒瓦、勾头凹面棱边切削加工痕迹

204 件古代瓦样本中，有 98 件筒瓦（含琉璃筒瓦）、勾头（含琉璃勾头），其中，71 件筒瓦（含琉璃筒瓦）、勾头（含琉璃勾头）的凹面棱边有切削加工痕迹，占筒瓦、勾头总数的 72.4%。包括两侧边经切削、两侧边和前端棱边经切削、两侧边和尾端棱边经切削以及凹面四条边经切削四种情况。对筒瓦、勾头凹面棱边的切削，应是在瓦坯阴干成型后，入窑烧制前做的加工。这些经切削加

（a）CZ-CZ-CZYHG-202，板瓦凹面布纹

（b）CZ-CZ-CZYHG-202，板瓦凹面针脚印痕

图 5-6　瓦凹面布纹、褶皱、针脚印痕

工的筒瓦（含琉璃筒瓦）、勾头（含琉璃勾头）采集自大同、朔州、吕梁、太原、晋中、长治、晋城、临汾 8 市，涉及宋、辽、元、明、清等时代，说明这一加工方式兼具区域上的普遍性和时代上的延续性（图 5-7）。

四、板瓦凹面侧边凹坑、划切痕

宋代《营造法式》载，“凡造瓦坯之制，候曝微干，用刀剺画，每桶作四片（筒瓦作二片）”，即制作瓦坯时，先做成圆筒状，再划分成四瓣而成板瓦，筒瓦分两瓣。

观察样本库中的瓦，筒瓦因棱边大多经切削，无法看到分瓣的划切痕；板瓦的侧边大多保留分瓣的划切痕，且划切痕基本在凹面一侧，划切深度仅 2~5mm。结合现存传统砖瓦窑的生产工艺，在圆筒状泥坯内划切分瓣，无需划透板瓦的厚度，划切一定的深度，待瓦坯阴干成型，轻轻拍打桶形

（a）LF-FX-SGM-201，筒瓦凹面四边经削薄

（b）TY-QX-QYWM-202，筒瓦凹面四边经切削

图 5-7　筒瓦凹面棱边切削加工痕迹

外壁，瓦坯可以自然裂开。

古代瓦样本中，有 27 件板瓦、滴水的凹面侧边可见一处（位于前部）或两处（分别位于前部和后部）凹坑，通常两侧边的凹坑左右基本呈一条水平线，且凹坑内可见布纹，推测可能为木桶上捆绳打结的印痕，用作板瓦分四瓣的标记（图 5-8）。

五、瓦当面与瓦身连接痕迹

观察样本库中勾头（含琉璃勾头）瓦当面与瓦身的连接方式，发现部分勾头的瓦当面直径与瓦身直径不一致，说明为分别制作；部分勾头的瓦身凸面可见瓦身与瓦当面的接缝；部分瓦当面内侧有刻画的凹槽，目的是增加与瓦身粘接的摩擦力。样本库中尚未发现制作勾头时瓦当面与瓦身一体成型的实例。因此，我们判断，古代勾头（含琉璃勾头）的瓦当面和瓦身应为分别制作，再粘接而成（图 5-9）。

（a）忻州市五台县佛光寺明代板瓦，四件板瓦可拼合为一个圆筒

（b）DT-LQ-JSS-205，板瓦凹面侧边凹坑

图 5-8　板瓦凹面侧边凹坑、划切痕

（a）LF-YC-FDGDM-201，瓦当面与瓦身直径不一致

（b）JC-GP-JNJDM-204，瓦当面内侧与瓦身粘接处有刻画痕

（c）JC-LC-CAS-201，琉璃勾头瓦身凸面可见瓦身与瓦当面的接缝

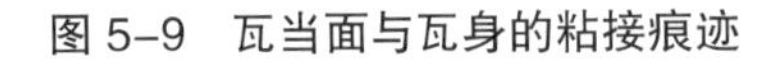

图 5-9　瓦当面与瓦身的粘接痕迹

六、筒瓦扣尾研究

扣尾位于筒瓦尾部，伸出一段距离插入其后筒瓦之内，使筒瓦头尾相扣，瓦瓦完成后压在瓦内而不可见。筒瓦外观往往相差不大，而扣尾形态各异，此次选取扣尾保存较为完整的44件筒瓦，对其进行分析。

扣尾或与筒瓦一体成型，或与筒瓦分别制作后连接成型，均经过轮制打磨工序，因为打磨工具或者工艺的差别，筒瓦末端与扣尾连接处可分为四种做法（图5-10）：

A型：筒瓦末端平面与瓦面垂直；

B型：筒瓦末端向内凹进；

C型：筒瓦末端向外凸出，与扣尾形成一道弧线；

D型：筒瓦末端靠近扣尾处刻出一道槽。

扣尾除了与筒瓦连接处不同，其伸出筒瓦后的形态也有所差异，分为三种做法（图5-11）：

（a）筒瓦末端A型做法

（b）筒瓦末端B型做法

（c）筒瓦末端C型做法

（d）筒瓦末端D型做法

图5-10　筒瓦末端做法

（a）扣尾Ⅰ型做法

（b）扣尾Ⅱ型做法

（c）扣尾Ⅲ型做法

图 5-11　筒瓦扣尾做法

Ⅰ型：扣尾为一次磨制成型，呈凸型；

Ⅱ型：扣尾分两段磨制而成，两段之间有明显分界；

Ⅲ型：扣尾伸出一段距离后向上翘起，整体呈凹型。

筒瓦观察及测量结果见下表（表 5-2）。

表 5-2　筒瓦扣尾尺寸研究表（单位：mm）

编　号	时　代	扣尾类型	瓦　长	瓦　宽	扣尾长	连接处凹深	扣尾长：瓦长	扣尾长：瓦宽
LF-XF-FYDGM-201	清	A Ⅰ	221	128	23.95		0.11	0.19
LF-XF-FCGJZQ-201	明	A Ⅰ	257	148	19.97		0.08	0.13
LF-FX-SGM-201	清	A Ⅰ	230	116	17.36		0.08	0.15
CZ-XY-XYWLM-201	宋	A Ⅲ	312	183	50.68		0.16	0.28
CZ-XY-XYWLM-202	明	A Ⅲ	327	175	38.63		0.12	0.22
CZ-XY-XYWLM-203	宋	A Ⅲ	590	186	44.88		0.08	0.24
CZ-CZ-WFSSM-201	明	B Ⅰ	315	145	23.07	3.08	0.07	0.16
CZ-CZ-WFSSM-202	明	A Ⅰ	338	144	18.94		0.06	0.13
CZ-CZ-CCYHM-201	明	A Ⅱ	381	141	21.37		0.06	0.15
CZ-CZ-CCYHM-202	明	B Ⅱ	420	140	24.95	4.91	0.06	0.18
CZ-JQ-ZCFJM-201	明	B Ⅲ	342	158	15.18	5.01	0.04	0.10
CZ-JQ-ZCFJM-202	明	B Ⅲ	334	154	16.62	5.64	0.05	0.11
CZ-JQ-XLLXM-203	清	A Ⅲ	310	135	25.54		0.08	0.19
CZ-JQ-XLLXM-204	清	A Ⅲ	255	126	21.9		0.09	0.17
CZ-JQ-XLLXM-205	清	A Ⅱ	273	123	15.18		0.06	0.12

续表

编　号	时　代	扣尾类型	瓦　长	瓦　宽	扣尾长	连接处凹深	扣尾长：瓦长	扣尾长：瓦宽
CZ-LC-CNDM-201	明	A Ⅲ	310	165	38.29		0.12	0.23
CZ-LC-CNDM-202	明	B Ⅲ	330	163	31.89	1.67	0.10	0.20
CZ-PS-BGQSMM-201	元	B Ⅰ	305	155	27.22	3.37	0.09	0.18
CZ-PS-BGQSMM-202	清	B Ⅲ	234	121	26.31	2.95	0.11	0.22
CZ-LC-XXXZZWM-204	明	A Ⅱ	287	144	29		0.10	0.20
CZ-WX-FYY-205	明	A Ⅰ	308	145	23.07		0.07	0.16
CZ-WX-FYY-206	明	A Ⅰ	303	137	20.48		0.07	0.15
JC-GP-NZYHM-210	宋	B Ⅰ	352	164	15.63	6.54	0.04	0.10
JC-GP-NZYHM-211	宋	B Ⅱ	541	166	25.02	4	0.05	0.15
JC-GP-DFWSG-202	明	A Ⅰ	435	165	28.6		0.07	0.17
JC-GP-JNJPM-205	明	C Ⅰ	321	146	20.44		0.06	0.14
SZ-SC-CFS-207	清	A Ⅰ	253	121	19.18		0.08	0.16
SZ-SC-CFS-206	清	A Ⅲ	304	143	21.25		0.07	0.15
SZ-SC-CFS-205	清	A Ⅲ	338	146	20.5		0.06	0.14
DT-YG-SKBMJ-201	清	A Ⅲ	240	122	20.73		0.09	0.17
DT-LQ-JSS-203	清	A Ⅲ	250	132	21.34		0.09	0.16
DT-LQ-JSS-201	清	B Ⅰ	345	142	10.41	3.23	0.03	0.07
DT-GL-JXGMJJZQ-202	清	A Ⅰ	198	108	16.24		0.08	0.15
DT-GL-XJSMJ-204	清	D Ⅲ	202	109	13.68		0.07	0.13
DT-GL-XJSMJ-203	清	D Ⅲ	195	108	15.26		0.08	0.14
TY-QX-QYWM-201	清	A Ⅲ	227	120	19.79		0.09	0.16
TY-QX-QYWM-202	清	A Ⅲ	215	108	22.3		0.10	0.21
TY-QX-HTM-201	清	A Ⅰ	265	125	10.89		0.04	0.09
JZ-PY-HZSSS-201	清	A Ⅰ	206	113	20.45		0.10	0.18
JZ-SY-SLY-202	清	A Ⅲ	273	133	36.44		0.13	0.27
JZ-SY-PSCCFS-203	元	A Ⅲ	299	157	32.1		0.11	0.20
JZ-SY-PSCCFS-202	元	A Ⅰ	301	156	34.41		0.11	0.22
JZ-LS-CYA-201	清	A Ⅰ	188	105	18.49		0.10	0.18
JZ-LS-CYA-202	清	A Ⅰ	212	108	20.8		0.10	0.19

分析表 5–2 得出以下结论：

（一）扣尾长度分析

晋东南地区筒瓦和扣尾平均较长，晋中地区扣尾长度与筒瓦长度的比值最大（表 5–3）。

表 5–3　扣尾长度与地域的关系

地　域	样本数	扣尾长度平均值（cm）	筒瓦长度平均值（cm）	扣尾长度：筒瓦长度
晋中（太原、晋中）	9	23.96	242.89	0.099
晋北（大同、朔州）	9	17.62	258.33	0.068
晋东南（长治、晋城）	23	26.21	344.48	0.076
晋南（临汾）	3	20.43	236	0.087
均　值		23.6	298.68	0.079

宋元时期，筒瓦和扣尾平均较长，扣尾长度与筒瓦长度的比例也最大（表 5–4）。

表 5–4　扣尾长度与时代的关系

时　代	样本数	扣尾长度平均值（cm）	筒瓦长度平均值（cm）	扣尾长度：筒瓦长度
宋、元	7	32.85	385.71	0.085
明	15	24.7	333.87	0.074
清	22	19.91	247.00	0.081
均　值		23.6	298.68	0.079

Ⅰ型扣尾长度平均值最小，Ⅲ型扣尾长度平均值最大（表 5–5）。

表 5–5　扣尾长度与做法的关系

扣尾做法	样本数	扣尾长度平均值（cm）	筒瓦长度平均值（cm）	扣尾长度：筒瓦长度
Ⅰ型	18	20.51	279.56	0.073
Ⅱ型	5	23.10	380.40	0.061
Ⅲ型	20	26.67	294.35	0.091
C	1	20.44	321	0.064
均　值		23.6	298.68	0.079

综上所述，扣尾长度与筒瓦长度并无严格的比例关系，扣尾长度往往跟其做法有直接的关系。从地域上来说，晋北地区采集的样本多来自民居，扣尾长度均值较小，晋南地区样本较少，综合分析，扣尾长度与地域并无直接联系。从时代来说，宋元时期筒瓦偏大，扣尾也较大，明清时期有逐渐减小的趋势。

（二）扣尾样式

A 型做法分布于省内各区域；B 型做法多见于晋东南，大同仅有一处此做法；C 型、D 型为个别地方的做法。Ⅰ型、Ⅲ型做法几乎均匀分布于省内各区域，Ⅱ型做法仅见于晋东南（表 5–6）。

表 5–6　扣尾样式与地域的关系

地　域	扣尾与筒瓦连接处做法				扣尾伸出做法			总　数
	A	B	C	D	Ⅰ型	Ⅱ型	Ⅲ型	
晋中（太原、晋中）	9				5		4	9
晋北（大同、朔州）	6	1		2	3		6	9
晋东南（长治、晋城）	13	9	1		8	5	10	23
晋南（临汾）	3				3			3
总　数	31	10	1	2	19	5	20	44

A 型做法分布于宋以来的各个时代；B 型做法主要分布于宋、元、明时期，清代少见；C 型、D 型为个别案例。Ⅰ型、Ⅲ型做法几乎均匀分布于各个时代，Ⅱ型做法主要见于宋、元、明时期（表 5–7）。

表 5–7　扣尾样式与时代的关系

地　域	扣尾与筒瓦连接处做法				扣尾伸出做法			总　数
	A	B	C	D	Ⅰ型	Ⅱ型	Ⅲ型	
宋、元	4	3			3	1	3	7
明	9	5	1		7	3	5	15
清	18	2		2	9	1	12	22
总　数	31	10	1	2	19	5	20	44

综上所述，Ⅰ型、Ⅲ型为山西从宋到清的各个地域的主要做法。B 型扣尾筒瓦连接做法和Ⅱ型扣尾伸出做法主要见于晋东南明及明以前的时期，是晋东南地区扣尾工艺做法演变的见证。C 型样本太少，暂不能判断其是一种流派，还是仅是一个特例。D 型是清代大同广灵地区的特殊做法。

七、板瓦模具研究

板瓦模具形状为圆锥台，使板瓦坯制作成大小头，因此，从板瓦大小头尺寸可以推导出模具尺寸。我们选取比较完整的板瓦，对模具进行分析（图 5–12）。

$$R_1 = \frac{b_1^2}{8h_1} + \frac{h_1}{2}$$

$$R_2 = \frac{b_2^2}{8h_2} + \frac{h_2}{2}$$

$$\alpha = \arcsin \frac{R_1 - R_2}{l}$$

$$H = l \times \cos\alpha$$

R_1、R_2：圆台上、下平面圆半径

b_1、b_2：板瓦大、小头弦长

h_1、h_2：板瓦大、小头弦高

l：圆台斜长

α：圆台侧面倾角

H：圆台高度

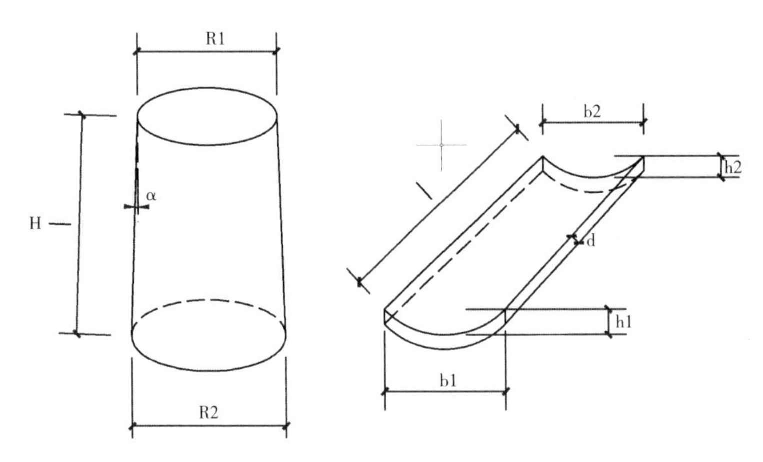

图 5–12　圆台与板瓦示意图

表 5-8 板瓦模具计算表 单位：mm

编 号	弦 长	弦 高	大半径	弦 长	弦 高	小半径	测量斜长	半径差	斜 率	角 度	圆台上平面直径：圆台高度	圆台下平面直径：圆台高度
LF-XF-FYDGM-202	142	29.24	100.82	125	24.87	90.97	276	9.85	0.0357	0.0357	0.73	0.90
LF-XF-SGM-203	138	27.62	100.00	128	26.05	91.64	188	8.35	0.0444	0.0445		
CZ-CZ-CZYHG-201	170	36.64	116.91	135	27.25	97.23	283	19.69	0.0696	0.0696	0.79	0.91
CZ-CZ-WFSSM-203	187	38.36	133.13	164	31.33	122.97	280	10.16	0.0363	0.0363	0.80	0.99
CZ-CZ-CCYHM-203	230	49.66	157.99	183	37.78	129.69	315	28.29	0.0898	0.0899	0.85	0.99
CZ-CZ-CCYHM-204	215	42.00	158.57	175	37.19	121.53	360	37.05	0.1029	0.1031	1.05	1.15
CZ-JQ-ZCFJM-203	215	38.91	167.95	188	37.09	137.66	315	30.29	0.0962	0.0963	1.02	1.14
CZ-LC-CNDM-204	207	45.09	141.33	164	33.64	116.76	270	24.57	0.0910	0.0911	0.89	1.03
CZ-PS-BGQSMM-204	190	42.61	127.21	160	33.52	112.23	325	14.98	0.0461	0.0461	0.79	0.99
CZ-PS-BGQSMM-203	150	28.48	112.99	132	25.31	98.71	240	14.29	0.0595	0.0596	0.85	1.00
CZ-LC-XXZZZWM-201	212	44.65	148.15	185	32.73	147.07	330	1.07	0.0033	0.0033	0.87	1.09
CZ-LC-XXZZZWM-202	212	42.92	152.35	180	35.92	130.71	305	21.64	0.0710	0.0710	0.80	0.95
JC-GP-JNJDM-209	222	47.37	153.74	180	36.26	129.82	350	23.91	0.0683	0.0684	0.84	0.99
JC-GP-JNJDM-207	222	41.92	167.92	160	33.51	112.25	340	55.67	0.1637	0.1645	1.00	0.95
JC-GP-DFWSG-203	170	36.05	118.23	143	30.32	99.46	300	18.77	0.0626	0.0626	0.78	0.94
JZ-SY-PSCCFS-205	185	33.82	143.41	145	31.15	99.94	310	43.46	0.1402	0.1407		
JZ-SY-PSCCFS-205	180	36.17	130.06	150	31.13	105.91	310	24.14	0.0779	0.0780		
JZ-PY-HZSSS-202	130	25.03	96.91	123	23.66	91.76	225	5.15	0.0229	0.0229	0.80	1.02

（续表）

编 号	弦 长	弦 高	大半径	弦 长	弦 高	小半径	测量斜长	半径差	斜 率	角 度	圆台上平面直径：圆台高度	圆台下平面直径：圆台高度
TY-QX-QYWM-203	142	28.74	102.07	110	21.34	81.55	220	20.52	0.0933	0.0934	0.94	1.01
TY-QX-QYWM-206	150	31.00	106.23	122	25.03	86.85	190	19.38	0.1020	0.1022	0.99	1.14
TY-QX-HTM-203	192	39.06	137.50	163	30.39	124.48	295	13.02	0.0441	0.0442	0.91	1.07
DT-GL-XJSMJ-202	135	30.32	90.30	110	20.29	84.69	200	5.61	0.0280	0.0280	0.87	1.06
DT-GL-JXGMJJZQ-204	130	28.73	87.89	110	21.03	82.44	195	5.46	0.0280	0.0280	0.86	1.08
DT-GL-JXGMJJZQ-205	130	28.20	89.01	120	26.28	81.63	195	7.38	0.0378	0.0378	0.87	1.18
DT-GL-SST-201	130	22.13	106.52	103	21.23	73.08	215	33.44	0.1556	0.1562	0.98	0.95
DT-PC-HLJMJ-210	137	29.24	94.86	115	24.22	80.36	210	14.49	0.0690	0.0691	0.88	1.07
DT-PC-HLJMJ-211	135	28.94	93.19	115	21.92	86.38	195	6.81	0.0349	0.0349	0.94	1.16
XZ-WT-FGS-207	265	51.80	195.36	235	49.50	164.21	430	31.15	0.0725	0.0725	0.79	0.95
XZ-WT-FGS-204	265	52.13	194.45	240	46.72	177.47	430	16.98	0.0395	0.0395	0.77	0.95
XZ-WT-FGS-203	270	52.02	201.18	250	46.83	190.24	300	10.94	0.0365	0.0365	0.82	1.02
SZ-SC-CFS-202	185	37.53	132.76	165	33.80	117.58	265	15.17	0.0573	0.0573	0.93	1.16
SZ-SC-CFS-203	105	18.82	82.64	97	19.35	70.46	205	12.18	0.0594	0.0594	0.80	0.94
SZ-SC-CFS-201	205	39.04	154.08	175	38.04	119.65	300	34.42	0.1147	0.1150	1.02	1.16
均 值	180	36.49	130.17	153	30.75	110.83	278	19.34	0.0683	0.0684	0.87	1.03

由上表分析可知：

1. 角很小，绝大多数集中在 0.035° ~0.070° 之间。

2. 圆台模具下平面圆直径与圆台高基本相等。

3. 圆台模具上下平面圆直径之比多在 0.75~0.95 之间。

第三节 砖样本制作工艺的外观特征观察

一、绳纹砖

样本库中有 13 件绳纹砖，分别为忻州佛光寺墓塔唐代条砖、运城常平关公家庙唐代条砖、运城旱泉塔宋代条砖、大同觉山寺塔辽代条砖以及晋中慈相寺唐代方砖。除觉山寺塔条砖绳纹间距大，绳纹宽 7mm 外，其他绳纹砖的绳纹皆较紧密，绳纹宽 2mm~5mm（图 5-13）。

（a）忻州五台佛光寺墓塔唐代条砖

（b）运城盐湖区常平关公家庙唐代条砖

（c）大同灵丘觉山寺塔辽代条砖

（d）晋中平遥慈相寺唐代方砖

图 5-13 绳纹砖

结合其他考古遗址出土情况，可知绳纹是唐代砖的典型特征。从样本库中绳纹砖的情况看，绳纹砖还从唐代延续到宋、辽、金时期。

样本库中的绳纹砖，有的为规整、连贯的绳纹，有的绳纹局部有叠压，有的绳纹贯通整个砖面，有的绳纹则在砖面两端留有空白。绳纹的作用，通常被认为是增加砖层之间砌筑的摩擦力。关于绳纹的加工方式，目前尚无定论，需在今后的研究中通过实验考古的方法进行论证。

二、粗条纹砖

样本库中有 6 件粗条纹砖，表现为砖的一面有成排较规整的凹槽，凹槽大多宽且深，包括大同灵丘觉山寺塔辽代方砖 1 件、大同浑源文庙明代条砖 3 件、运城永济万固寺明代条砖 2 件。这些凹槽可能为制砖模具里隔衬的印痕，或是用工具刮出的沟槽（图 5–14）。

（a）大同灵丘觉山寺塔辽代方砖

（b）大同浑源文庙明代条砖

（c）运城永济万固寺明代条砖

（d）大同浑源文庙明代条砖

图 5–14　粗条纹砖

三、手印砖

样本库中有 14 件手印砖，“手印”为单只手掌在砖背面（糙面）按压而成。这些手印砖集中发现于晋西南（临汾、运城）、晋东南（长治、晋城）地区；时代多为宋、金，并延续至元、明；以左手印居多，同时有部分右手印。

手印砖具有较鲜明的地域和时代特征（表 5-9）。

表 5-9　手印砖印痕分析表

编　号	左、右手	五指特征	手印长（cm）	手印宽（cm）	手印深（cm）	手印最深处	备　注
CZ-LC-CNDM-103	右	微　分	18	13	4.19	拇指根部深	
CZ-JQ-ZCFJM-103	左	分　开	16.5	15	11.95	手掌浅，指尖处深	
JC-ZZ-QLS-101	右	微　分	15	12	4.55	拇指根部深	
JC-ZZ-XZYHM-101	右	微　分	16	11	3.59		
LF-HM-101	左	并　拢	16	10	9.26	整体较深，拇指根部最深	墓　砖
LF-HM-102	左	并　拢	16	12	8.56	整体较深，掌托处最深	墓　砖
YC-WR-NYSSST-101	左	微　分	17	14.5	6.31	整体较深，拇指根部最深	塔　砖
YC-WR-BLST-101	左	并　拢	19	12	10.38	整体较深，掌托处最深	墓　砖
YC-WR-BLST-102	左	并　拢	18	12	4.48	整体较深，掌托处最深	墓　砖
YC-JS-CQ-101	左	并　拢	21.5	11	7.69	整体较深，中指指节处最深	城墙砖
YC-JDMZ-101	右	并　拢	17.5	10	8.08	指尖和掌托处较深，拇指根部最深	墓　砖
YC-JDMZ-102	右	并　拢	17	10	6.49	指尖和掌托处较深，拇指根部最深	墓　砖

分析上表可知：

1. 手印砖分布于长治、晋城、临汾、运城整个晋南及晋东南地区，且有墓葬砖、塔砖、城墙砖，说明手印是特定时空特定区域范围内的普遍做法。

2. 手印砖或左手或右手，或深或浅，五指分开或并拢，无明显规律可循。但同一采集地点的手印差别不大，应是同一个手掌所印。

3. 部分手印印痕很浅，且所有印痕内基本无粘接材料的残留，应该不是为增加黏结力所印。

综合以上三条，手印砖中的“手印”应是工匠标识，起商标作用。

四、手指印砖

样本库中有 20 件手指印砖，其砖背面（糙面）印有手指按压的痕迹。这些手指印砖集中分布于临汾市襄汾县、运城市永济市，襄汾县、永济市共采集砖样本 34 件，均为明、清时期砖，其中 20 件为手指印砖，具有极强的地域特征和时代特征（图 5–15）。

五、几何纹砖

样本库中有 4 件砖样本带有几何纹，分别为运城旱泉塔宋代条砖、八龙寺塔宋代方砖，晋中灵石资寿寺和尚墓元代方砖以及晋城南北吉祥寺明代条砖（图 5–16）。

（a）临汾襄汾汾城古建筑群明代条砖

（b）临汾襄汾汾阴洞古庙方砖

（c）运城永济蒲州古城明代城砖

（d）运城永济万固寺明代条砖

图 5–15　手指印砖

（a）运城万荣旱泉塔宋代条砖

（b）运城万荣八龙寺塔宋代条砖

（c）晋中灵石资寿寺和尚墓元代方砖

（d）晋城黎城南北吉祥寺明代条砖

图 5–16　几何纹砖

其中宋代的 2 件砖样本的几何纹未与砖边对齐，另 2 件砖样本的几何纹不甚清晰。几何纹皆印在砖的糙面，没有纹饰的另一面表面较平整，为砖的正面（上面）。由此可知，几何纹并非用来装饰砖面，而是为了增加砖背面（底面）的摩擦力。

六、砖灰浆填充方法

样本库中多件砖样本（至少 6 件）上保留着可体现砌筑工艺的白灰痕迹，白灰的涂抹方式为在砖面一侧抹一道，其余地方涂抹成两枚圆形白灰。在样本库中，这一砌筑方式最早见于大同灵丘觉山寺塔辽砖样本。明、清时期延续这一砌筑方式，见于大同、吕梁、晋中、长治地区的砖样本（图 5–17）。

（a）吕梁汾阳演武村寿圣寺明代条砖

（b）大同浑源文庙清代条砖

图 5-17　砖样本灰浆填充方式

第四节　小　结

绳纹砖在北朝到隋唐最为流行，绳纹也是这一时期青砖的主要特征。绳纹的粗细、密度和地域、时代关系密切。长、宽尺寸差异较大，厚度相对较薄。绳纹宽为 3~4 毫米的绳纹砖为唐代的山西主流用砖。太原晋阳古城所发掘的北朝时期的绳纹砖，其绳纹密度大于唐代，且绳纹宽在 3 毫米左右。

宋代较为流行的是几何纹砖，这在同时期的宁夏西夏王陵也得到了印证。

辽代粗条纹砖（也叫勾纹砖）在山西雁北地区的辽代建筑以及辽宁的辽塔中极为常见。粗条纹是辽代砖最明显的特征，如山西灵丘觉山寺塔、大同华严寺，辽宁朝阳的辽代八棱观塔、朝阳清风塔、朝阳东平房塔等均有此类砖。

金代，山西南部较为流行手印砖，并一直延续到明早期，山西南部的金代墓葬中较为常见。山西北部及辽宁等地的金代青砖则以浅短粗条纹砖较为主。金代浅短粗条纹砖类似于辽代粗条纹砖，但与辽砖相比沟槽较浅，线条不是通长，为两段组成，并没有像辽砖那样存在明显平整的四边。如山西永济万固寺金代砖、辽宁朝阳召都巴金墓[1]中砖等。

元代仍沿袭金代手印砖的特征，一直流行到明早期，并主要流行于山西南部的临汾、运城及晋东南地区。在山西雁北、晋中、太原地区则未发现有明显纹样的青砖。

[1]　蔡强，李道新 . 辽宁朝阳召都巴金墓 . 北方文物，2005（3）.

明早期，手印砖在临汾、运城地区极为常见，如襄汾县的汾城文庙、城隍庙，永济万固寺、蒲州故城等均有手印砖。明代中后期到清代，这些地区的青砖没有任何纹路。大同、朔州、太原、晋中地区的砖，从明代开始至清代，与山西南部青砖一样，没有任何纹路。

明代文字砖在山西各县旧城墙中屡有发现，如太谷城墙、乡宁城墙等（图 5-18），一般应是官方督建项目，为保证砖瓦质量特别印刻，最为著名的是明洪武年间的南京城墙用砖。

砖瓦样本上保留的痕迹可以反映出砖瓦的制作、加工、砌筑工艺及其时代、地域特色。砖的绳纹、粗条纹、手印、手指印、几何纹等的形成方式和作用机理，仍需在将来通过实验考古的方法进一步验证。

目前，市场上的青砖、青瓦是在部分保留原工艺的基础上大规模生产的，因此出现以下三种问题：一是将过去传统闷泥时间缩短，为随时使用随时和泥；二是传统制作板瓦是将瓦泥制成片状或条状，在空心圆台模具的转台上围合成圆柱状，而非圆锥体状，拍打光滑，脱模，分割成四片板瓦；三是现代制作板瓦采用模具机压制成形。这些工艺的改进适应了大规模生产，但其弊病也是改进的关键所在。

1. 复制砖瓦色泽较为随机

长期以来，文物修缮工程对采购砖瓦无明确要求，往往仅是“与原构色彩协调”一句模糊概念作为验收标准，未使用青砖、青瓦的灰色色差值进行定量控制。

图 5-18　乡宁明代城砖上“城垛”二字

《文物建筑维修基本材料·青砖》（WW/T0049–2014）和《文物建筑维修基本材料·青瓦》（WW/T0050–2014）对颜色的要求为“同批次青瓦颜色应一致，且与样瓦颜色相协调”，其概念亦较模糊。

2. 复制砖瓦密度低，力学性能指标不稳定

现代制作砖瓦的和泥工序为机械搅拌，大多将闷泥过程省略，随时使用随时加水搅拌，致使青砖、青瓦抗压强度高，但其抗剪强度低，失去了韧性。

3. 复制板瓦与原制不吻合

通过肉眼观察，板瓦上、下两段的圆弧半径基本一致，长度小于 20 厘米的板瓦更是如此。现代复制板瓦时采用圆柱状模具，而不是传统的圆锥体状模具。甚至《文物建筑维修基本材料·青瓦》（WW/T0050–2014）5.2 外形尺寸规定中，也是采用圆柱体状模具制作，仅规定了大小头的弦长，形成错误概念。

采用传统圆锥体模具制作的板瓦，其大、小头的半径存在差距。特别是山西庙宇、寺观建筑，其板瓦尺寸一般为 25~50 厘米，28~32 厘米居多，因此其板瓦大、小头差异更为明显。古人为什么制作大、小头圆弧半径不同的板瓦，与建筑屋面曲线的形成是否存在关系，还需进一步研究。但从文物保护的角度来说，必须真实再现原有实物。

目前传统工艺发掘不足，各窑之间在色泽控制、强度的稳定性、外观形象上等仍有一定的随机性，是我们今后应该解决的问题。

第六章

砖瓦物理性能分析

砖瓦物理性能的试验、分析主要由太原理工大学土木工程学院杜红秀教授带领的建筑材料团队完成。学院具备成熟的研究团队和研究方法，通过对砖瓦成分、力学性能、微结构等方面的分析，研究砖瓦制作工艺与物理性能的关联。

第一节　技术路线图

砖瓦性能检测技术路线图（图 6–1）、古砖微结构及仿制技术路线图（图 6–2）、古瓦 / 仿制瓦构件试验技术路线图（图 6–3）如下。

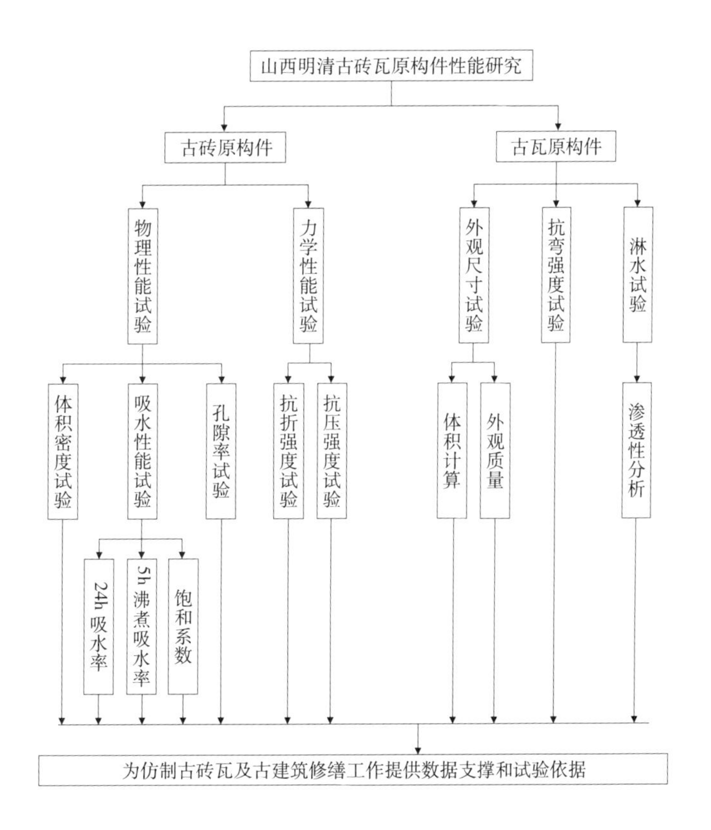

图 6–1　砖瓦性能检测技术路线图

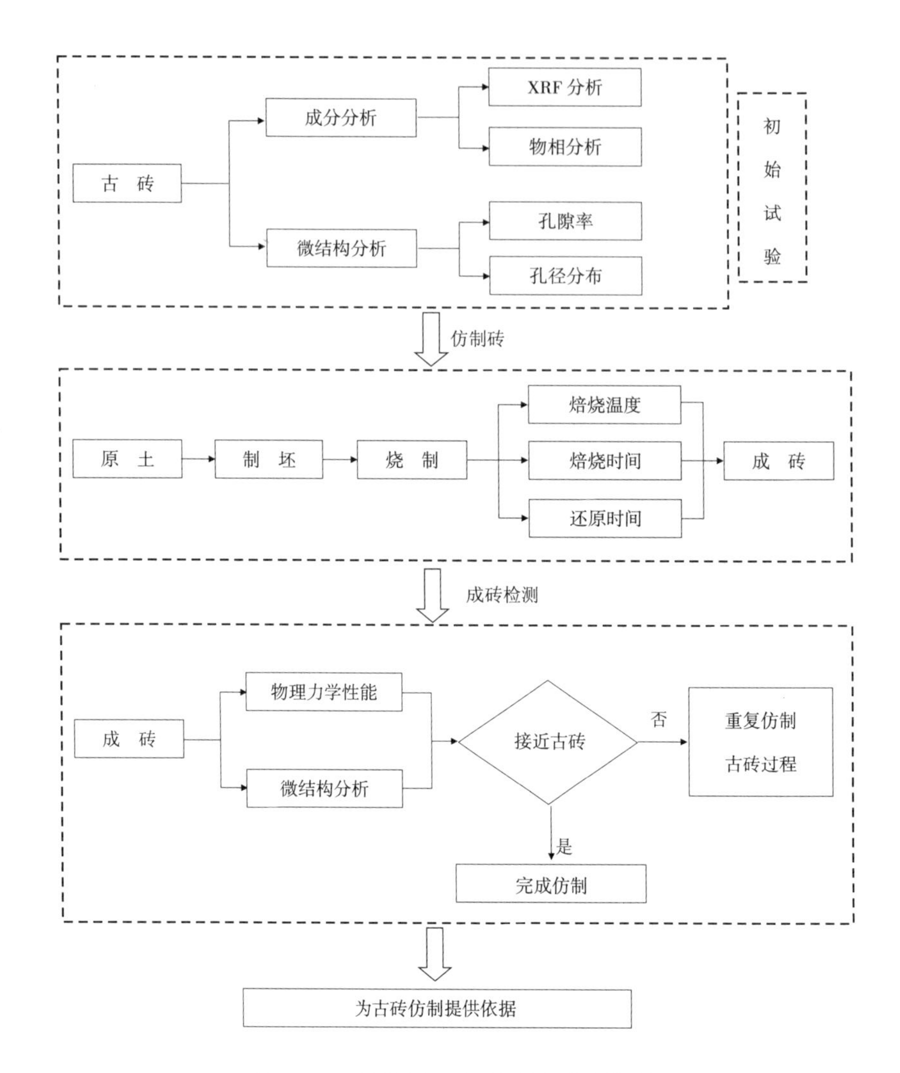

图 6–2　古砖微结构及仿制技术路线图

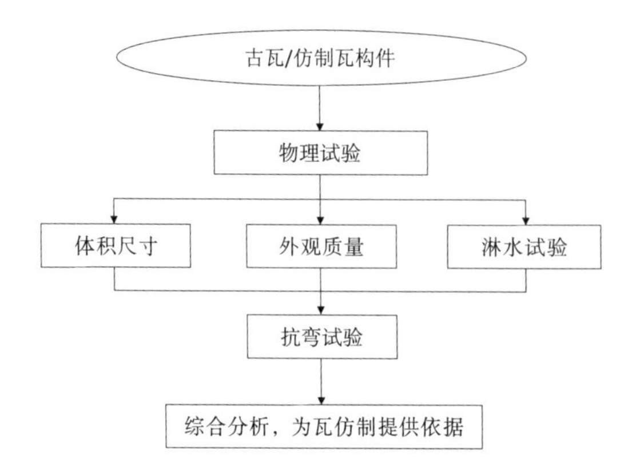

图 6–3　古瓦 / 仿制瓦构件试验技术路线图

第二节 试验方法

一、古砖试验方法

（一）体积密度试验

本试验采用的仪器包括太原理工大学建筑材料实验室的鼓风干燥箱（图 6–4）、台秤（分度值为 5g）、钢直尺（分度值为 1mm）、砖用卡尺（分度值为 0.5mm）。根据《砌墙砖试验方法》（GB/T 2542–2012）中体积密度的试验方法进行试验，步骤如下：

图 6–4 鼓风干燥箱

1. 清理试样表面，然后将试样置于 105℃ ± 5℃的鼓风干燥箱中，干燥至恒重，称其质量 G_0，并检查外观情况，不得有缺棱、掉角等破损现象。如有破损者，须重新换取备用试样。

2. 将干燥后的试样按尺寸测量方法，测量其长、宽、高尺寸各两次，分别取其平均值。

3. 每块试样的体积密度（ρ'）按下式计算，精确至 0.1kg/m^3。

$$\rho' = \frac{G_0}{L \times B \times H} \times 10^9$$

式中：ρ'——体积密度，单位为千克每立方米（kg/m^3）；

G_0——试件干质量，单位为千克（kg）；

L——试件长度，单位为毫米（mm）；

B——试件宽度，单位为毫米（mm）；

H——试件高度，单位为毫米（mm）。

4. 试验结果以试样体积密度的算术平均值表示，精确至 1kg/m^3。

（二）吸水性能试验

本试验采用的仪器包括太原理工大学建筑材料实验室的鼓风干燥箱、台秤（分度值为5g）、蒸煮箱（图6–5）。根据《砌墙砖试验方法》（GB/T 2542–2012）中吸水性能的试验方法进行试验，步骤如下：

图 6–5　蒸煮箱

1. 清理试样表面，然后置于105℃ ±5℃的鼓风干燥箱中，干燥至恒量，除去粉尘后，称其干质量 G_0。

2. 将干燥试样浸水24h，水温10℃ ~30℃。

3. 取出试样，用湿毛巾拭去表面水分，立即称量。称量时，试样表面毛细孔渗出于秤盘中的水的质量亦应计入吸水质量中，所得质量为24h的湿质量 G_{24}。

4. 将浸泡24h后的湿试样侧立放入蒸煮箱的篦子上，试件间距不得小于10mm，注入清水，箱内水面应高于试样表面50mm，加热至沸腾，沸煮5h，停止加热，冷却至常温。称量试件湿质量 G_5。

5. 常温水浸泡24h试样吸水率（W_{24}）按下式计算，精确至0.1%。

$$W_{24}=\frac{G_{24}-G_0}{G_0}\times 100\%$$

式中：W_{24}——常温水浸泡24h试样吸水率（%）；

G_0——试件干质量，单位为克（g）；

G_{24}——试件浸水24h的湿质量，单位为克（g）。

6. 试件5h沸煮吸水率（W_5）按下式计算，精确至0.1%。

$$W_5=\frac{G_5-G_0}{G_0}\times 100\%$$

式中：W_5——试件沸煮5h试样吸水率（%）；

G_0——试件干质量，单位为克（g）；

G_5——试件沸煮5h的湿质量，单位为克（g）。

7. 每块试样的饱和系数（K）按下式计算，精确至0.1%。

$$K=\frac{G_{24}-G_0}{G_5-G_0}\times 100\%$$

式中：K——试样饱和系数；

G_{24}——试件浸水 24h 的湿质量，单位为克（g）；

G_0——试件干质量，单位为克（g）；

G_5——试件沸煮 5h 的湿质量，单位为克（g）。

8. 吸水率以试样的算术平均值表示，精确至1%；饱和系数以试样的算术平均值表示，精确至1%。

（三）孔隙率试验

试验用的试件全部为山西省明清时期的古砖原构件，人工进行破碎，取大小相近的不规则试件进行试验。试验在室内进行，试验时控制环境温度为（24 ± 8）℃，湿度为 30%~70%。试验前，先用毛刷将古砖表面的灰尘、泥土清理干净，分别编号后将其放入电热鼓风干燥箱中，设定温度为 105℃，待烘至每 2h 的质量差不超过 5‰时，将干燥箱的温度设置为 20℃进行冷却，冷却完毕后将试件进行标记，并称重、记录。冷却后的试验如图（图 6-6、图 6-7、图 6-8、图 6-9）。

将烘干后的试件分别浸入融化成液体的石蜡中，待其不再冒出气泡时捞出并冷却，将冷却后的试件进行精确称重，使用排液法测其蜡封后的体积，计算其表观密度。

取抗压试验后的部分古砖进行研磨，并过 0.08μm 方孔筛，放入坩埚中进行编号，放入鼓风干燥箱中进行烘干（图 6-10、图 6-11、图 6-12），设定温度为 105℃，待烘至每 2h 的质量差不超过 5‰时停止烘干，取出装瓶，防止其吸空气中的水分。使用排液法测其体积，计算其密度。

图 6-6　晋中地区试件

图 6-7　晋北地区试件

图 6-8　晋南地区试件

图 6-9　晋东南地区试件

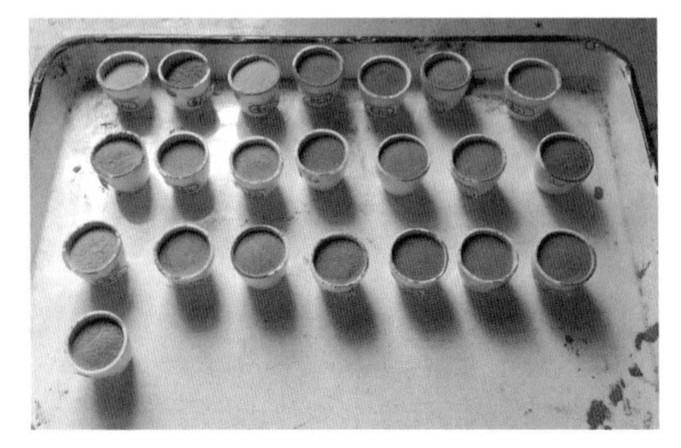
图 6-10　晋北地区古砖孔隙率试验

图 6-11　晋中地区古砖孔隙率试验

图 6-12　晋东南地区古砖孔隙率试验

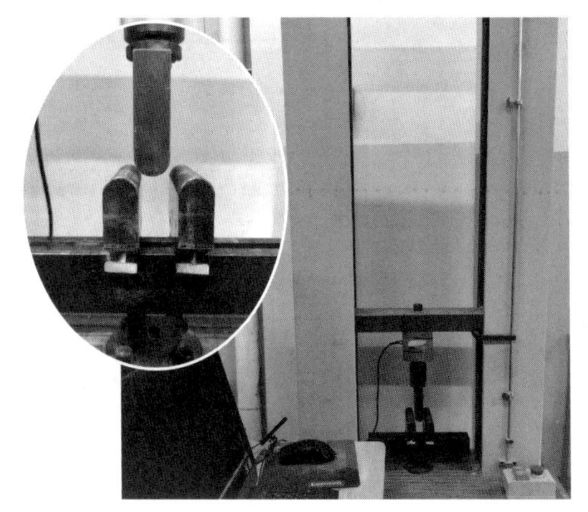
图 6-13　抗折试验机及夹具

孔隙率按下式计算：

$$P = 1 - \frac{\rho_0}{\rho} \times 100\%$$

式中：ρ_0——试件表观密度（g/cm^3）

ρ——试件密度（g/cm^3）

（四）抗折强度试验

本试验采用的仪器包括太原理工大学建筑材料实验室的抗折试验机（图 6-13）、钢直尺（分度值为 1mm）。根据《砌墙砖试验方法》（GB/T 2542-2012）中抗折强度的试验方法进行试验，步骤如下：

1. 调整抗折夹具下肢锟的跨距，试件长度减去 40mm。

2. 将试样大面平放在下肢锟上，试样两端面与下肢锟的距离应相同，当试样有裂缝或凹陷时，应使有裂缝或凹陷的大面朝下，以（50~150）N/s 的速度均匀加荷，直至试样断裂，记录最大破坏荷载 P。

3. 每块试样的抗折强度（R_C）按下式计算，精确至 0.01MPa。

$$R_c = \frac{3PL}{2BH^2}$$

式中：R_c——抗折强度，单位为兆帕（MPa）；

P——最大破坏荷载，单位为牛顿（N）；

L——跨距，单位为毫米（mm）；

B——试件宽度，单位为毫米（mm）；

H——试件高度，单位为毫米（mm）。

4. 试验结果以试样抗折强度算术平均值表示，精确至 0.01MPa。

（五）抗压强度试验

试件制备所用工具包括水泥搅拌锅、玻璃板、刮刀、钢直尺（分度值为 1mm），试件制备台必须平整。制备步骤为：在试件制备平台上将已断开的两个半截砖放入室温的净水中浸泡 10min~20min 后取出，并以断口相反方向叠放，两者中间以厚度不超过 5mm 的稠度适宜的水泥净浆粘接。水泥净浆用强度等级 32.5 的普通硅酸盐水泥调制而成。上下两面用厚度不超过 3mm 的同种水泥浆抹平。制成的试件上下两面须相互平行，并垂直于侧面（图 6–14）。

本试验所采用的仪器包括太原理工大学建筑材料实验室的抗压试验机（图 6–15）、钢直尺（分度值为 1mm）。试验步骤如下：

1. 测量每个试件受压面的长、宽尺寸各两次，分别取其平均值，精确至 1mm。

2. 将试件平放在加压板的中央，垂直于受压面加荷，应均匀平稳，不得发生冲击或振动。加荷速度以 4kN/s 为宜，直至试件破坏为止，记录最大破坏荷载 P_0。

3. 每块试样的抗压强度（R_P）按下式计算，精确至 0.01MPa。

$$R_p = \frac{P}{LB}$$

式中：R_P——抗压强度，单位为兆帕（MPa）；

P——最大破坏荷载，单位为牛顿（N）；

L——受压面的长度，单位为毫米（mm）；

B——受压面的宽度，单位为毫米（mm）。

4. 试验结果以试样抗压强度的算术平均值表示，精确至 0.1MPa。

二、古瓦试验方法

（一）外观检测

参考《屋面瓦试验方法》（GB/T 36584–2018），将古瓦原构件整批排列在平坦的地面上，在自

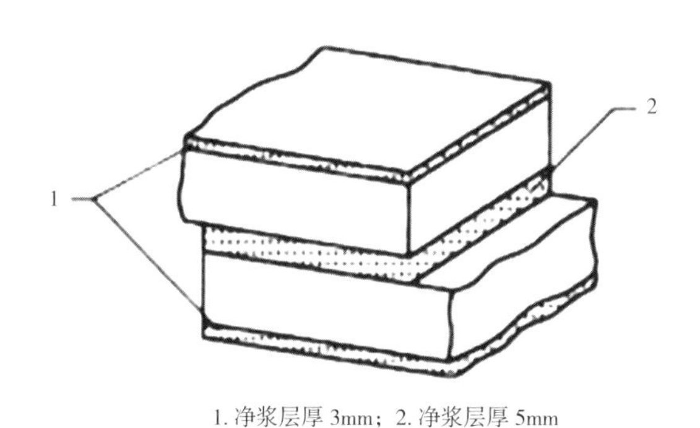

1. 净浆层厚 3mm；2. 净浆层厚 5mm

图 6–14 水泥净浆层厚度示意图

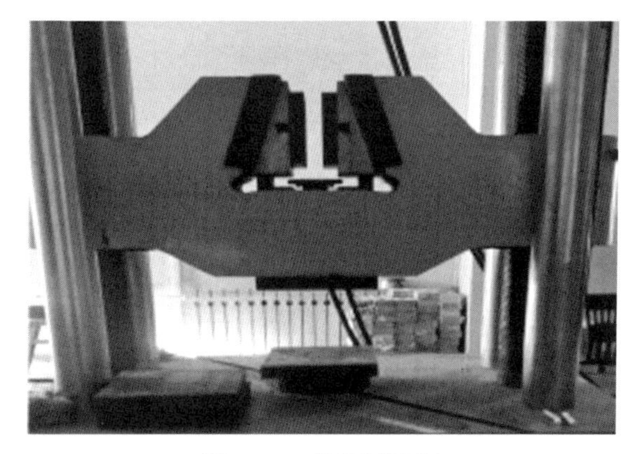

图 6–15 抗压试验机

然光照下进行试验，检验者的身体不应倾斜。检查需两人进行，铺放试样者不得参与试验。分别对古瓦原构件尺寸、砂眼、起包、裂纹、色差、分层等进行检测。

（二）体积测量

古瓦原构件按种类分为板瓦和筒瓦两类。宋代《营造法式》载，“凡造瓦坯之制，候曝微干，用刀剺画，每桶作四片（筒瓦作二片）”，即制作瓦坯时，先做成圆筒状，再划分成四瓣而成板瓦，筒瓦分两瓣。故认为板瓦为四分之一的空心圆台，筒瓦为二分之一的空心圆柱。板瓦和筒瓦的体积公式如下式所示：

$$V_{板瓦} = \frac{1}{4}\pi hb\left(\frac{\sqrt{2}}{2}d_1 + \frac{\sqrt{2}}{2}d_2 - b\right)$$

式中：h——板瓦的高度（cm）
b——板瓦的厚度（cm）
d_1——板瓦大边的弦长（cm）
d_2——板瓦小边的弦长（cm）

$$V_{筒瓦} = \frac{1}{2}\pi hb(d - b)$$

式中：h——筒瓦的高度（cm）
b——筒瓦的厚度（cm）
d——筒瓦边的弦长（cm）

（三）抗弯强度试验

试验采用50kN电子抗折试验机，将瓦构件放在支座上，调整支座金属棒间距，使支座金属棒距瓦外沿的尺寸为35mm，同时调整压头位，使其在支座金属棒的正中。试验前先校正试验机零点，启动试验机，压头接触试样时不应冲击，以50N/s~100N/s的速度均匀加荷，直至断裂。试验要记录断裂时的最大载荷P，数值精确到10。

（四）淋水试验

参考《屋面瓦试验方法》（GB/T 36584-2018）中的模拟雨淋试验，将古瓦原构件放置于坡度为30° 的淋水架上，上部40mm处放置淋水管，淋水管直径约为15mm，壁开2mm的小孔。将古瓦原构件摆放整齐后，用塑料薄膜将缝隙覆盖，并用水泥净浆进行封堵，防止实验过程中水直接接触试件背面。每批试验瓦淋水时间为2h，其间控制淋水管出水量，并用喷壶将水均匀喷洒至试件表面。试验完成后检查试件背面润湿情况以及润湿面积占总面积的比例。

第三节　古砖试验结果与分析

一、吸水性能

（一）古砖原构件情况

试验分别从四个地区（晋北地区、晋中地区、晋东南地区和晋南地区）中选出具有代表性的 37 块古砖原构件，其中包含晋北地区已应用到古建筑上的 4 块现代仿制砖。

抗风化性能试验所采用的晋北地区古砖原构件共计 13 块（表 6-1），其中明代砖 3 块，清代砖 6 块，现代复制砖 4 块。采集地点以寺庙、民居和长城为主。尺寸大小不一，最大尺寸可达 498mm × 242mm × 123mm，远大于现代烧结普通砖尺寸标准，重量高达 21.75kg。

表 6-1　晋北地区明清古砖原构件信息表

序号	样本编号	时　代	市	县 / 区	文保单位名称	采样位置	长（mm）	宽（mm）	高（mm）	重量（kg）
1	DT-XR-ZCB-103	明	大同市	新荣区	镇川堡	堡　墙	210	205	83	5.45
2	DT-PC-HLJMJ-104	清	大同市	平城区	欢乐街民居	院内采集	275	130	52	3.3
3	DT-PC-HLJMJ-106	清	大同市	平城区	欢乐街民居	院内采集	287	132	50	3.95
4	DT-YZ-LJDY-103	清	大同市	云州区	吕家大院	院内采集	293	152	50	3.65
5	DT-LQ-JSS-103	清	大同市	灵丘县	觉山寺	院内采集	310	160	61	5.1
6	DT-LQ-JSS-104	现　代	大同市	灵丘县	觉山寺	院内采集	295	290	65	8.9
7	SZ-SC-CFS-104	清	朔州市	朔城区	崇福寺	钟鼓楼	218	215	42	2.87
8	SZ-SY-GWC-101	现　代	朔州市	山阴县	广武城	城　墙	412	205	77	10.45
9	SZ-SY-GWC-102	明	朔州市	山阴县	广武城	城　墙	270	182	89	5.45
10	XZ-DX-YMG-103	明	忻州市	代　县	雁门关	城　墙	310	195	95	7.85
11	DT-XR-DSB-102	现　代	大同市	新荣区	得胜堡		385	192	90	11.05

（续表）

序号	样本编号	时 代	市	县/区	文保单位名称	采样位置	长（mm）	宽（mm）	高（mm）	重量（kg）
12	XZ-FS-ZBKCC-103	现 代	忻州市	繁峙县	竹帛口长城	敌 台	498	242	123	21.75
13	DT-YG-SKBMJ-103	清	大同市	阳高县	守口堡民居	民 居	260	175	50	2.75

抗风化性能试验所采用的晋中地区古砖原构件共计11块(表6-2),其中明代砖5块,清代砖6块。采集地点以寺庙为主，最大尺寸可达329mm×155mm×68mm，重量达5.75kg。

表6-2 晋中地区明清古砖原构件信息表

序号	样本编号	时代	市	县/区	文保单位名称	采样位置	长（mm）	宽（mm）	高（mm）	重量（kg）
1	TY-JY-JC-102	清	太原市	晋源区	晋 祠		285	140	64	4.4
2	TY-QX-HTM-104	清	太原市	清徐县	狐突庙	后院散落	295	138	56	3.55
3	TY-QX-XGCHM-102	明	太原市	清徐县	徐沟城隍庙	栖云楼	329	155	68	5.75
4	JZ-YC-PCSSS-103	明	晋中市	榆次区	蒲池寿圣寺	东配殿	310	150	64	5.2
5	JZ-PY-MJ-101	明	晋中市	平遥县		民居收集	313	145	60	4.35
6	JZ-PY-MJ-104	清	晋中市	平遥县		民居收集	289	140	57	4.05
7	JZ-JX-JXWYM-104	清	晋中市	介休市	介休五岳庙	戏 台	297	147	60	4.2
8	JZ-JX-LFCSMS-102	清	晋中市	介休市	龙凤村三明寺	寺 内	279	140	61	3.6
9	JZ-JX-WLMYZ-101	明	晋中市	介休市	五龙庙遗址	建筑基础	154	155	64	2.35
10	JZ-LS-WJDYMJ-102	明	晋中市	灵石县	王家大院民居	院 内	280	135	62	3.35
11	JZ-LS-CYA-103	清	晋中市	灵石县	朝阳庵	鼓 楼	280	137	61	3.5

抗风化性能试验所采用的晋东南地区古砖原构件共计6块（表6-3），其中明代砖3块，清代砖3块。采集地点以寺庙为主，最大尺寸可达290mm×143mm×80mm，重量达5.3kg，平均尺寸与烧结普通砖相似。

表6-3 晋东南地区明清古砖原构件信息表

序号	样本编号	时代	市	县/区	文保单位名称	采样位置	长（mm）	宽（mm）	高（mm）	重量（kg）
1	CZ-LC-XCTQWM-102	清	长治市	黎城县	辛村天齐王庙	正 殿	278	138	66	4
2	CZ-JQ-XLLXM-104	清	长治市	郊 区	小罗灵仙庙	院内采集	191	157	28	1.25

（续表）

序号	样本编号	时代	市	县 / 区	文保单位名称	采样位置	长（mm）	宽（mm）	高（mm）	重量（kg）
3	CZ-CZ-CZYHG-102	明	长治市	长治县	长治玉皇观	西廊房前檐墙	290	143	80	5.3
4	JC-GP-DFWSG-104	明	晋城市	高平市	董峰万寿宫	院内采集	212	195	35	2.05
5	JC-ZZ-BYCYHM-105	明	晋城市	泽州县	北义城玉皇庙	院内采集	265	135	76	4.25
6	JC-ZZ-FCGDM-102	清	晋城市	泽州县	府城关帝庙	院内采集	260	124	64	3.1

抗风化性能试验所采用的晋南地区古砖原构件共计7块（表6-4），其中明代砖4块，清代砖3块。采集地点以寺庙与民居为主，最大尺寸可达345mm×175mm×60mm，重量达5.6kg。

表6-4　晋南地区明清古砖原构件信息表

序号	样本编号	时代	市	县 / 区	文保单位名称	采样位置	长（mm）	宽（mm）	高（mm）	重量（kg）
1	LF-FX-LJZQDMJ-101	清	临汾市	汾西县	刘家庄清代民居	院内采集	297	140	67	4.1
2	LF-XF-FYDGM-102	清	临汾市	襄汾县	汾阴洞古庙	院内采集	295	122	56	3.4
3	LF-YC-FDGDM-104	明	临汾市	翼城县	樊店关帝庙	献殿遗址	233	97	59	2.2
4	LF-HM-TTM-102	明	临汾市	侯马市	台骀庙	娘娘殿基础	241	93	55	2.1
5	YC-YH-WSCST-105	明	运城市	盐湖区	万寿禅师塔	采集	302	152	58	4.3
6	YC-104	清	运城市			采集	314	120	57	3.2
7	YC-YJ-WGS-102	明	运城市	永济市	万固寺	院内采集	345	175	60	5.6

（二）试验内容与流程

试验分别包括24h吸水率、5h沸煮吸水率、饱和系数、体积密度（图6-16）。

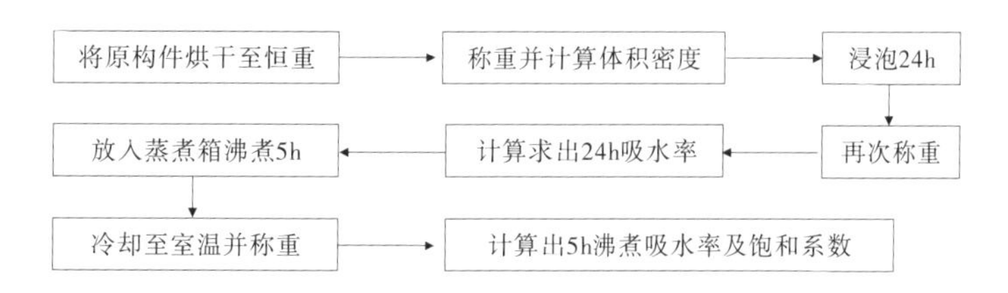

图6-16　吸水性能试验流程图

由于原构件尺寸不一，部分需进行切割才可放入蒸煮箱，计算中所用的体积为切割后的实际体积。试验过程如下（图 6–17、图 6–18、图 6–19、图 6–20、图 6–21）。

图 6–17　原构件浸泡

图 6–19　古砖原构件切割情况

图 6–18　原构件放入蒸煮箱

图 6–20　原构件放入鼓风干燥箱

图 6–21　原构件沸煮过程

试验结果参考国家标准《烧结普通砖》（GB/T 5101–1985）中黏土砖的抗风化性能（表 6–5）。

表 6–5　黏土砖抗风化性能标准

砖的种类	严重风化区			
	5h 沸煮吸水率 /% ≤		饱和系数 /% ≤	
	平均值	单块最大值	平均值	单块最大值
黏土砖、建筑渣土砖	18	20	0.85	0.87

注：1. 山西省属于严重风化区；

2. 由于采集的古砖原构件均独立，故以参考标准中单块最大值为主。

（三）试验结果与分析

1. 晋北地区古砖原构件各项试验结果与分析

通过分析可知，晋北地区古砖原构件 24h 吸水率分布在 14.02%~22.82% 之间，均满足国家标准《烧结普通砖》（GB 5101–1985）中对于特等砖的吸水率要求（≤ 25%）。其中第 7 块砖的 24h 吸水率最大，其 5h 沸煮吸水率也为最大，大多数古砖仍能满足普通烧结砖 5h 沸煮吸水率。相反地，13 块古砖中仅有少量满足饱和系数要求。随着饱和系数的不断增加，24h 吸水率与 5h 沸煮吸水率之间的间距越来越小（表 6–6、图 6–22）。

表 6–6　晋北地区古砖原构件吸水性能试验结果

编　号	1	2	3	4	5	6	7	8	9	10	11	12	13
24h 吸水率（%）	14.87	17.19	14.02	17.12	19.00	17.89	22.82	17.69	19.49	15.37	18.44	19.32	17.71
5h 沸煮吸水率（%）	18.18	18.81	15.68	19.64	21.29	19.22	24.61	19.56	20.21	18.91	20.33	21.48	18.59
饱和系数（%）	81.79	91.38	89.41	87.17	89.28	93.08	92.73	90.42	96.44	81.12	90.67	89.92	95.27

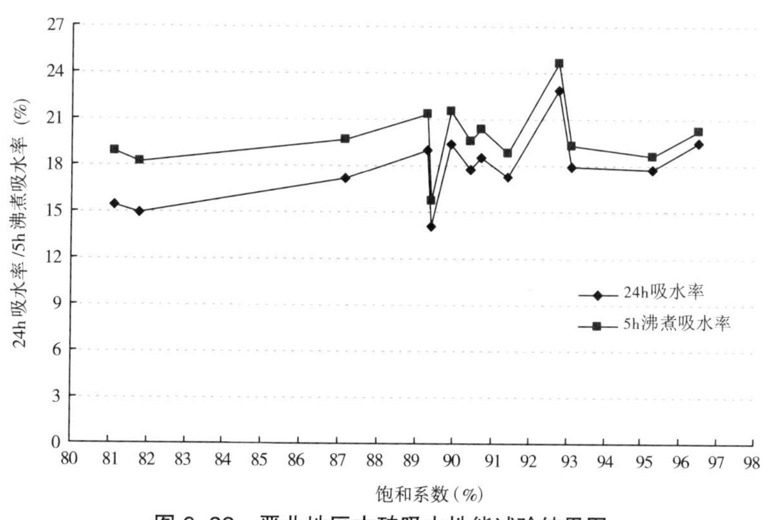

图 6–22　晋北地区古砖吸水性能试验结果图

2. 晋中地区古砖原构件各项试验结果与分析

通过分析可知，晋中地区古砖原构件24h吸水率分布在13.43%~21.70%之间，均满足国家标准《烧结普通砖》（GB 5101-1985）中对于特等砖的吸水率要求（≤ 25%）。其中第11块砖的24h吸水率最大，同时其5h沸煮吸水率也为最大，仅少量古砖不满足烧结普通砖5h沸煮吸水率要求。饱和系数保持在90%~100%之间。随着饱和系数的增加，各项吸水性能有下降的趋势，而24h吸水率与5h沸煮吸水率之间的间距越来越小（表6-7、图6-23）。

表6-7　晋中地区古砖原构件各项试验结果

编　号	1	2	3	4	5	6	7	8	9	10	11
24h吸水率（%）	13.43	21.00	13.73	14.33	18.53	15.00	19.40	21.40	19.42	20.26	21.70
5h沸煮吸水率（%）	14.44	25.37	14.77	15.28	21.48	16.20	24.47	23.75	21.68	21.97	26.3
饱和系数（%）	93.00	82.77	92.96	93.78	86.27	92.59	79.28	90.11	89.58	92.21	82.51

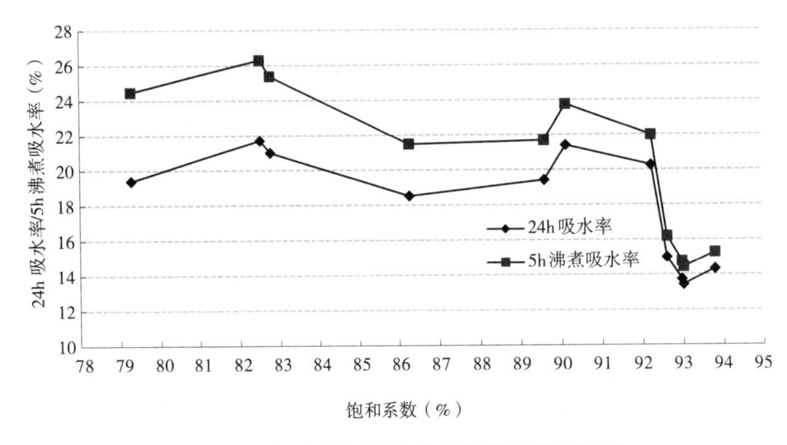

图6-23　晋中地区古砖吸水性能实验结果图

3. 晋东南地区古砖原构件各项试验结果与分析

通过分析可知，晋东南地区古砖原构件24h吸水率分布在14.72%~19.54%之间，满足国家标准《烧结普通砖》（GB 5101-1985）中对于特等砖的吸水率要求（≤ 25%）。晋东南地区的5h沸煮吸水率最高值高达29%，饱和系数均满足标准中抗风化性能要求（表6-8、图6-24）。

表6-8　晋东南地区古砖原构件各项试验结果

编　号	1	2	3	4	5	6
24h吸水率（%）	18.40	19.54	16.84	17.42	14.72	18.68
5h沸煮吸水率（%）	23.94	22.36	21.18	29.00	17.52	21.63
饱和系数（%）	76.89	87.36	79.48	60.09	83.99	86.36

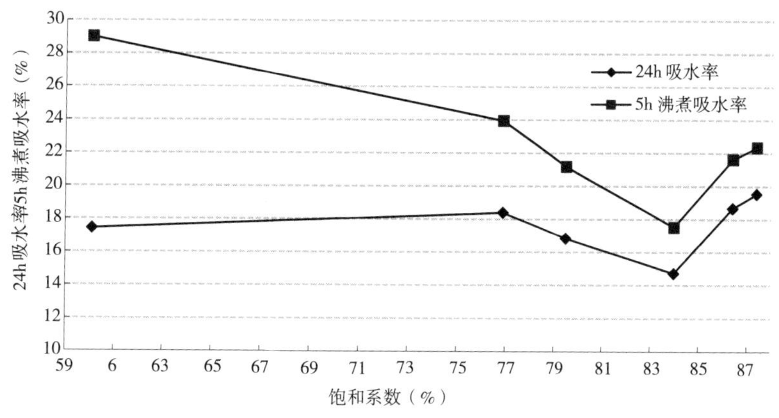

图 6-24　晋东南地区古砖吸水性能实验结果图

4. 晋南地区古砖原构件各项试验结果与分析

通过分析可知，晋南地区古砖原构件 24h 吸水率分布在 12.68%~24.34% 之间，满足国家标准《烧结普通砖》（GB 5101-1985）中对于特等砖的吸水率要求（≤ 25%）。5h 沸煮吸水率大多大于 20%，5h 沸煮吸水率最高值高达 28.07%。饱和系数基本满足标准中抗风化性能要求（表 6-9、图 6-25）。

表 6-9　晋南地区古砖原构件各项试验结果

编　号	1	2	3	4	5	6
24h 吸水率（%）	23.89	12.68	15.94	18.30	19.06	24.34
5h 沸煮吸水率（%）	28.07	17.05	19.47	23.71	25.64	27.88
饱和系数（%）	85.11	74.39	81.85	77.15	74.37	87.00

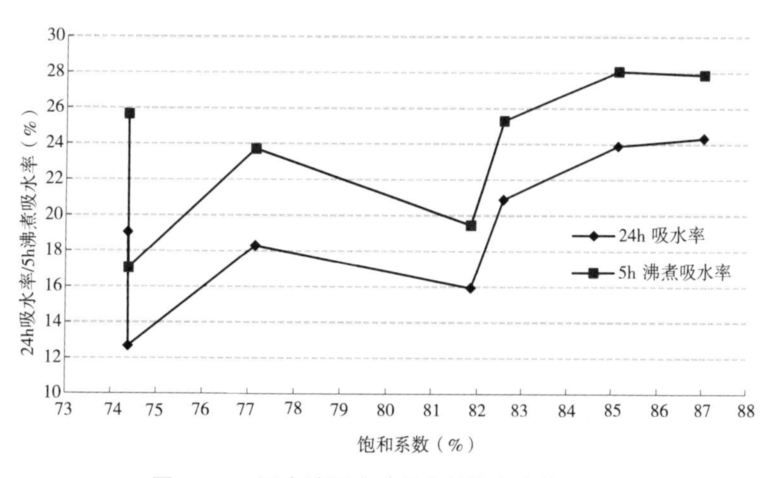

图 6-25　晋南地区古砖吸水性能实验结果图

二、体积密度

体积密度是指材料在自然状态下单位体积（包括材料实体及开口空隙、闭口孔隙）的质量，俗称容重。根据《砌墙砖试验方法》（GB/T 2542-2012）中体积密度的试验方法，试件需要先烘干后再进行体积密度试验，准确来说是测其干质量，故此处体积密度也指干体积密度。因为须进行整体烘干，所以在所有古砖原构件中从四个地区分别挑选出一定量的试件进行体积密度试验。

具体试验流程为：挑选古砖原构件→清理表面杂质→称重→尺寸测量→烘干至恒重（每 2h 称重一次，直至质量损失率小于 5‰时，认为其达到干燥状态）→称重并记录→尺寸测量→计算其体积密度。

通过分析可知，山西省古砖原构件体积密度分布在 1110kg/m^3~1840kg/m^3 之间，其中晋北地区的古砖体积密度离散性最强，其余三个地区的古砖体积密度分布较为均匀。体积密度平均值为 1535kg/m^3。晋北地区可以直观地看出体积密度分布最为广泛，在 1100kg/m^3~1840kg/m^3 之间。除晋北地区外，其余三个地区的古砖原构件体积密度分布均集中在 1400kg/m^3~1700kg/m^3 之间，体积密度与孔隙结构密切相关，影响孔隙结构的因素多种多样，包括原材料（黏土成分）、配合比、制砖工艺（地区、时代、砖窑的种类）等。这些因素在后续工作中都将做进一步的研究。体积密度与吸水性能之间存在一定关系，即体积密度越大，各项吸水性能越低（表 6-10、图 6-26）。

表 6-10　山西省古砖原构件体积密度试验结果（kg/ m^3）

编　号	1	2	3	4	5	6	7	8	9	10	11	12	13
晋北地区	1450	1610	1840	1580	1670	1650	1460	1110	1230	1360	1640	1730	1170
晋中地区	1690	1500	1650	1700	1554	1670	1580	1500	1530	1400	1480		
晋东南地区	1544	1458	1590	1410	1536	1500							
晋南地区	1460	1657	1652	1691	1590	1483	1484						

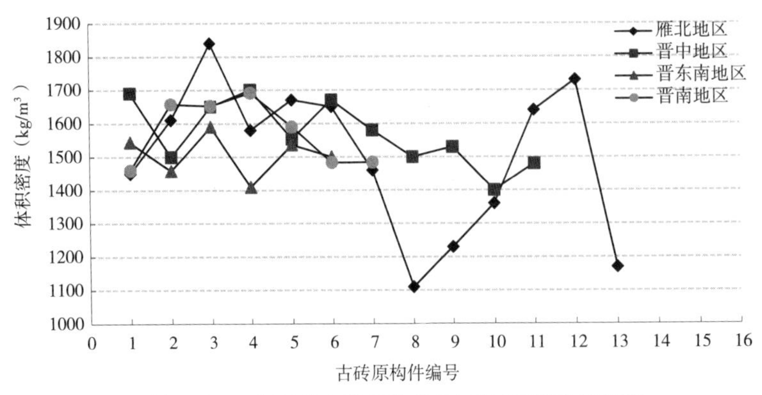

图 6-26　山西省古砖原构件体积密度试验结果图

现将每个地区古砖原构件体积密度作为坐标系横轴，从小到大依次排列，吸水率作为纵轴，绘制体积密度与吸水性能的关系图（图 6–27、图 6–28、图 6–29、图 6–30）。

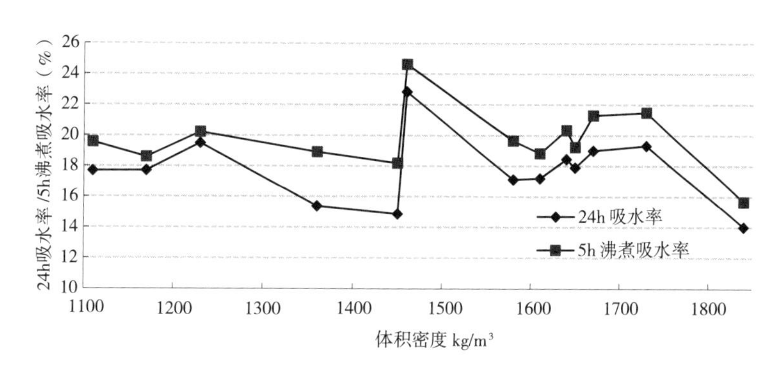

图 6–27　晋北地区古砖试验关系图

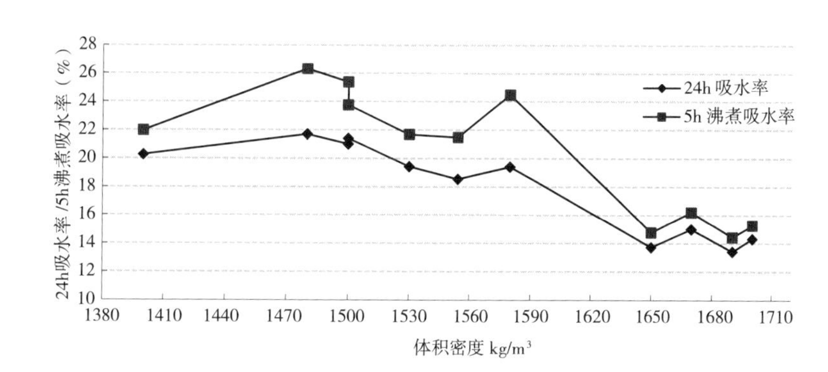

图 6–28　晋中地区古砖试验关系图

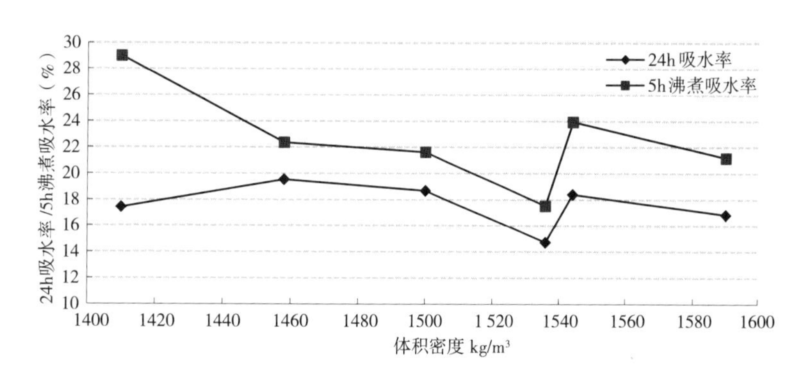

图 6–29　晋东南地区古砖试验关系图

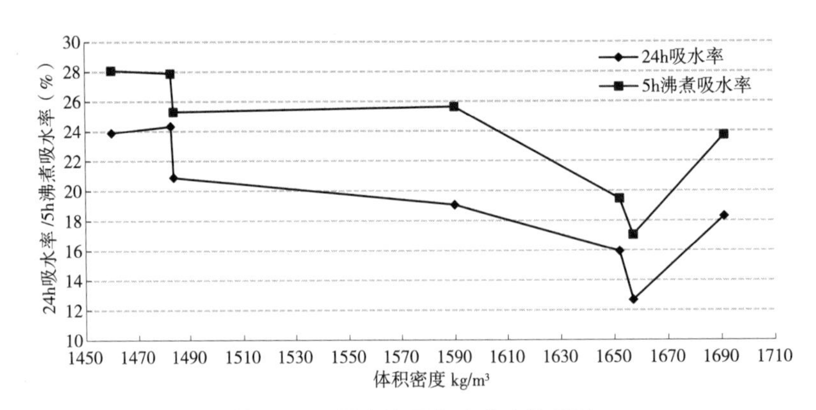

图 6-30　晋南地区古砖试验关系图

体积密度与吸水性能之间存在一定关系，总体趋势较为显著，即体积密度越大，各项吸水性能越低。这种趋势在晋中地区最为明显，而其余三个地区均有较为明显的拐点，这也同样与其内部孔隙有密切的关系。后期对内部孔隙进行了相关试验研究，对其孔隙种类、孔径大小、孔隙分布等数据进行分析，对比其吸水性能试验，找出了相关因素。

三、孔隙率试验

孔隙率试验流程图下（图 6-31）：

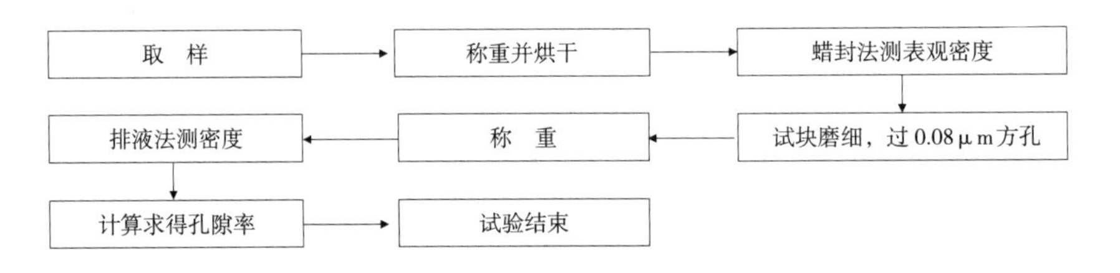

图 6-31　孔隙率试验流程图

四个地区的古砖原构件孔隙率试验数据如下（表 6-11、表 6-12、表 6-13、表 6-14）：

表 6-11 晋北地区古砖原构件孔隙率试验结果

序号	编号	试块体积（cm^3）	表观密度（g/cm^3）	密度（g/cm^3）	孔隙率（%）
1	DT-NJ-NZLWM	5.92	1.79	2.74	34.52%
2	DT-XR-ZCB-2	5.89	2.09	2.56	18.30%
3	DT-PC-HLJMJ-1	4.79	2.36	2.76	14.55%
4	DT-PC-HLJMJ-2	3.96	2.6	3.07	15.21%
5	DT-PC-HLJMJ-3	4.51	2.04	2.33	12.39%
6	DT-PC-HLJMJ-4	4.41	2.04	2.46	17.07%
7	DT-PC-HLJMJ-5	3.13	2.07	2.34	11.54%
8	DT-PC-HLJMJ-6	3.93	2.01	3.09	34.88%
9	DT-PC-HLJMJ-7	4.15	2.07	2.48	16.66%
10	DT-PC-HLJMJ-8	6.45	1.91	2.57	25.92%
11	DT-YZ-LJDY-1	5.99	2.12	2.7	21.47%
12	DT-YZ-LJDY-2	2.81	1.99	2.93	32.08%
13	DT-YZ-LJDY-3	4.55	2.37	2.8	15.28%
14	DT-YG-SKBMJ-1	5.93	2.07	2.49	16.71%
15	DT-GL-SST	3.14	1.98	2.37	16.70%
16	DT-HY-HYWM-1	5.56	1.71	3.2	46.60%
17	DT-HY-HYWM-2	5.8	2.02	2.53	20.32%
18	DT-LQ-JSS	3.54	2.23	2.57	13.00%
19	SZ-SY-GWC-1	4.46	2.2	2.56	14.07%
20	SZ-SY-GWC-2	5.54	1.97	3.24	39.19%
21	SZ-SY-XGWCC	4.28	1.89	2.66	28.86%
22	SZ-YX-BLKB	3.82	1.83	2.21	17.09%
23	XZ-DX-YMG-2	4.46	1.66	2.47	32.94%
24	XZ-FS-ZBKCC-2	2.16	1.99	3.47	42.54%
25	XZ-FS-ZBKCC-3	2.37	2.16	2.99	28.00%

表 6-12　晋中地区古砖原构件孔隙率试验结果

序　号	编　号	试块体积（cm^3）	表观密度（g/cm^3）	密度（g/cm^3）	孔隙率（%）
1	TY-JY-JC-1	4.37	2.1	2.73	22.95%
2	TY-JY-JC-2	3.99	2.21	3.26	32.35%
3	TY-QX-QYWM	3.85	2.42	3.08	21.60%
4	TY-QX-HTM-1	3.34	2.07	3.54	41.63%
5	TY-QX-HTM-2	5.37	2.01	2.35	14.46%
6	TY-QX-XGCHM	3.73	2.15	3.26	34.13%
7	JZ-YC-PCSSS	5.49	2.15	2.55	15.78%
8	JZ-SY-LHS	3.32	1.9	3.18	40.20%
9	JZ-PY-HZSSS	2.42	2.23	2.51	11.15%
10	JZ-PY-MJ-1	3.08	2.11	2.45	13.88%
11	JZ-PY-MJ-2	7.28	2.07	2.92	28.94%
12	JZ-PY-MJ-4	4.97	2.03	2.77	26.69%
13	JZ-JX-JXWYM-1	5.32	1.99	2.56	22.26%
14	JZ-JX-JXWYM-2	2.13	3	3.49	14.04%
15	JZ-JX-JXWYM-3	3.35	2.66	3.39	21.42%
16	JZ-JX-LFCSMS	2.95	2.61	3.11	15.89%
17	JZ-JX-WLMYZ-1	1.74	3.39	3.67	17.57%
18	JZ-LS-WJDYMJ-1	2.6	2.73	3.40	19.69%
19	JZ-LS-WJDYMJ-2	2.35	2.8	3.48	19.57%
20	JZ-LS-JSCWSZC	2.44	3.48	4.03	13.64%
21	JZ-LS-CYA-1	4.74	2.57	2.96	13.07%
22	JZ-LS-CYA-2	3.12	2.69	3.23	16.71%

表 6-13　晋东南地区古砖原构件孔隙率试验结果

序　号	编　号	试块体积（cm^3）	表观密度（g/cm^3）	密度（g/cm^3）	孔隙率（%）
1	CZ-WX-FYY	5.05	2.3	2.72	15.42%
2	CZ-LC-TQWM-1	2.29	2.75	3.66	24.81%
3	CZ-LC-TQWM-2	1.96	2.09	2.53	17.38%
4	CZ-LC-CNDM	1.9	3.27	3.92	16.62%
5	CZ-XY-XYWLM	1.98	2.42	2.84	14.73%
6	CZ-PS-BGQSMM	4.37	2.1	2.95	18.22%
7	CZ-JQ-ZCFJM-1	5.06	2.33	2.84	17.82%
8	CZ-JQ-ZCFJM-2	4.24	2.45	2.95	16.90%
9	CZ-JQ-XLLXM-1	2.67	3.11	3.57	12.89%
10	CZ-CZ-CZYHG	4.03	2.51	3.42	26.61%
11	CZ-CZ-CCYHM	6.3	1.64	1.9	13.83%
12	JC-QS-DZGJZQ	1.37	3.02	3.57	15.40%
13	JC-GP-JNJDM	4.52	2.21	2.74	19.46%
14	JC-GP-DFWSG-1	5.07	2.45	2.76	11.27%
15	JC-GP-DFWSG-2	3.59	2.4	2.79	14.20%
16	JC-LC-CAS	2.33	2.62	2.94	10.88%
17	JC-ZZ-YHM-1	0.5	2.62	2.93	10.27%
18	JC-ZZ-YHM-2	2.75	2.33	2.66	12.28%
19	JC-ZZ-XZYHM	4.67	2.21	2.47	10.59%
20	JC-ZZ-BYCYHM	2.96	2.56	3.19	19.75%
21	JC-ZZ-DNSTDSC	2.13	1.78	2.09	14.81%
22	JC-ZZ-GDJDS	6.62	2.07	3.82	45.83%
23	JC-ZZ-FCGDM	2.4	2.59	3.16	18.04%

表 6-14 晋南地区古砖原构件孔隙率试验结果

序号	编号	试块体积（cm^3）	表观密度（g/cm^3）	密度（g/cm^3）	孔隙率（%）
1	LF-FX-FXZWC	3.47	2.33	2.67	12.66%
2	LF-FX-LJZQDMJ-1	3.12	2.05	3.69	44.47%
3	LF-FX-LJZQDMJ-2	2.59	2.28	2.73	16.40%
4	LF-FX-NJWQDMJ	2.95	2.34	2.87	18.34%
5	LF-XF-PJS-1	2.01	2.29	2.76	17.06%
6	LF-XF-PJS-2	4.01	2.15	2.83	24.07%
7	LF-XF-FCGJZQ-1	3.48	2.35	2.69	12.54%
8	LF-XF-FCGJZQ-2	2.21	2.26	2.85	20.56%
9	LF-XF-FCGJZQ-3	4.77	1.97	2.37	16.70%
10	LF-XF-FCGJZQ-4	3.81	2.13	2.43	12.47%
11	LF-XF-FYDGM-1	6.67	2.16	2.46	10.74%
12	LF-XF-FYDGM-2	3.9	2.23	2.67	16.55%
13	LF-XF-FYDGM-3	3.5	2.43	3.00	18.99%
14	LF-XF-BZCCM-1	3.7	2.19	2.88	23.83%
15	LF-XF-BZCCM-2	2.84	2.36	2.78	15.12%
16	LF-YC-FDGDM	5.14	2.24	2.51	10.76%
17	LF-HM-TTM	3.86	2.13	2.41	11.62%
18	YC-JS-CQ	4.64	1.94	2.71	28.44%
19	YC-YH-WSCST	3.17	2.68	2.98	10.06%
20	YC-1	4.81	1.91	2.56	25.21%
21	YC-2	3.22	2.11	2.62	19.57%
22	YC-3	4.5	2.31	3.16	26.91%
23	YC-4	3.24	2.35	2.7	13.17%
24	YC-YJ-PZGC	2.4	2.42	2.86	15.52%
25	YC-YJ-WGS	3.49	2.03	2.27	10.47%

通过分析数据可知，四个地区的试件取样大小比较均匀，试验求得表观密度与密度大部分分布在 2g/cm^3~3g/cm^3 之间，相比体积密度均有提高，其中晋东南地区的试件密度分布最为广泛，从 1.873g/cm^3 到 4.573g/cm^3，其余三个地区的试件密度分布都比较均匀。这种情况与古砖内部的孔隙有着直接的关系，也与每个地区的原材料、制作工艺等有所差异有关。

表观密度与孔隙率的关系曲线见下图（图 6–31、图 6–32、图 6–33、图 6–34、图 6–35）。

四个地区的表观密度和孔隙率之间均存在着显著的关系，随着表观密度不断增大，孔隙率不断减小。每块古砖原构件孔隙率及表观密度波动均较大。晋北地区孔隙率最小的古砖为大同市新荣区镇川堡村的清代条砖，孔隙率最大的古砖为大同市浑源县浑源文庙的明代条砖；晋中地区孔隙率最小的古砖为晋中市平遥县郝庄寿圣寺前殿的清代条砖，孔隙率最大的古砖为太原市清徐县狐突庙戏台的清代条砖；晋东南地区孔隙率最小的古砖为晋城市泽州县玉皇庙院内采集的清代条砖，孔隙率最大的古砖为晋城市泽州县高都景德寺院内采集的清代条砖；晋南地区孔隙率最小的古砖为临汾市汾西县真武祠基础的明代条砖，孔隙率最大的古砖为临汾市汾西县刘家庄清代民居院内采集的清代条砖。

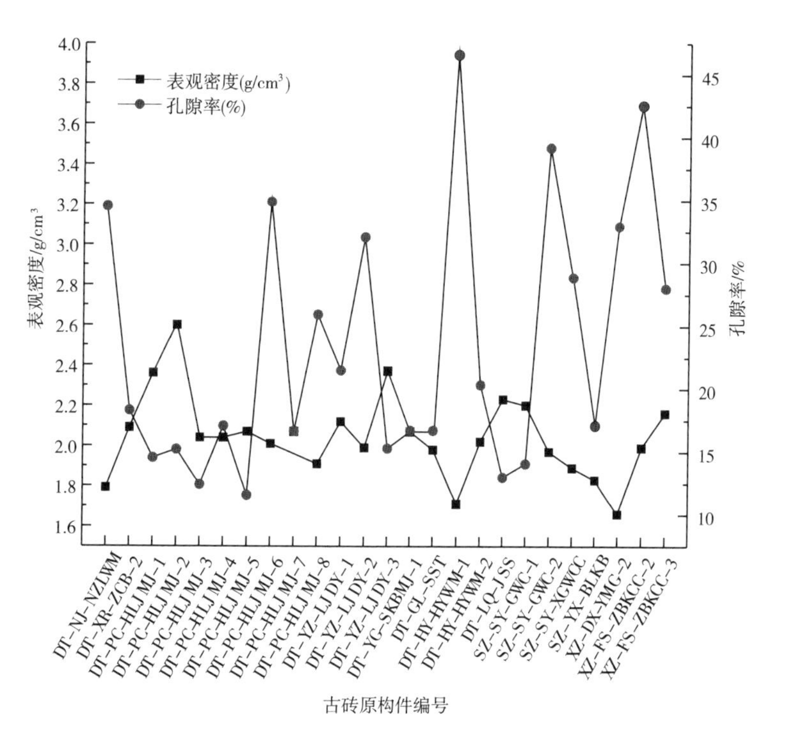

图 6–32　晋北地区古砖原构件表观密度与孔隙率关系图

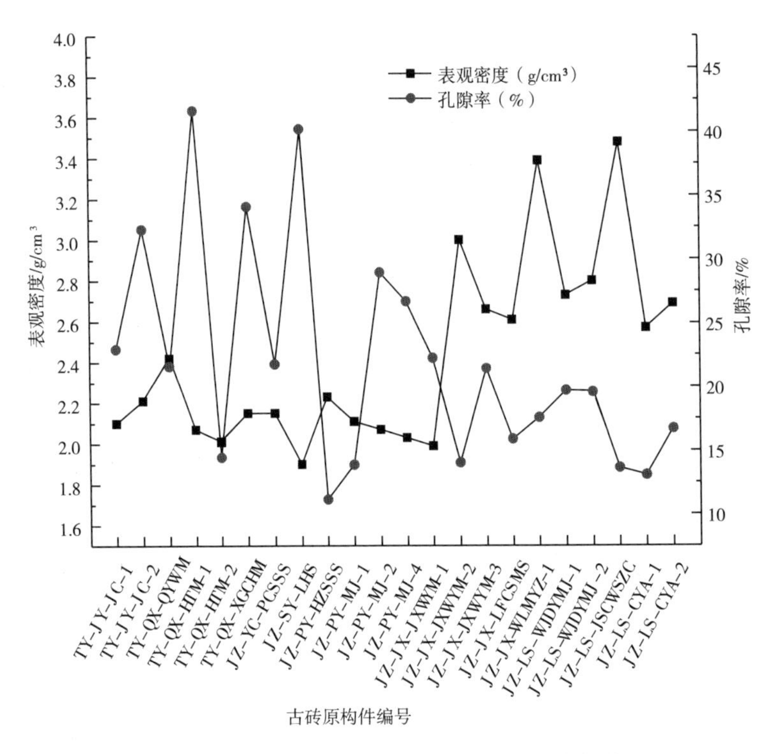

图 6–33　晋中地区古砖原构件表观密度与孔隙率关系图

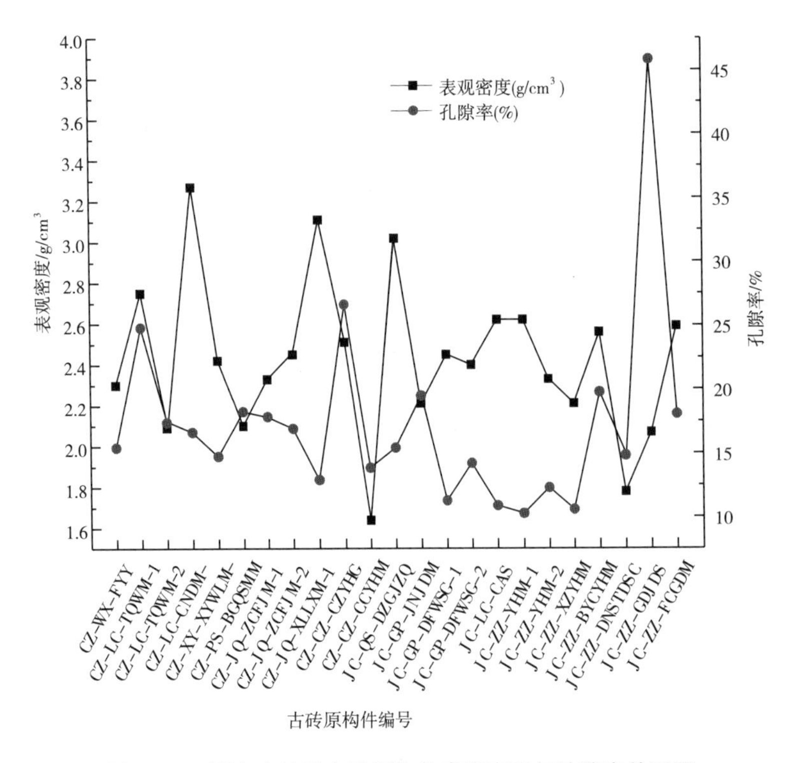

图 6–34　晋东南地区古砖原构件表观密度与孔隙率关系图

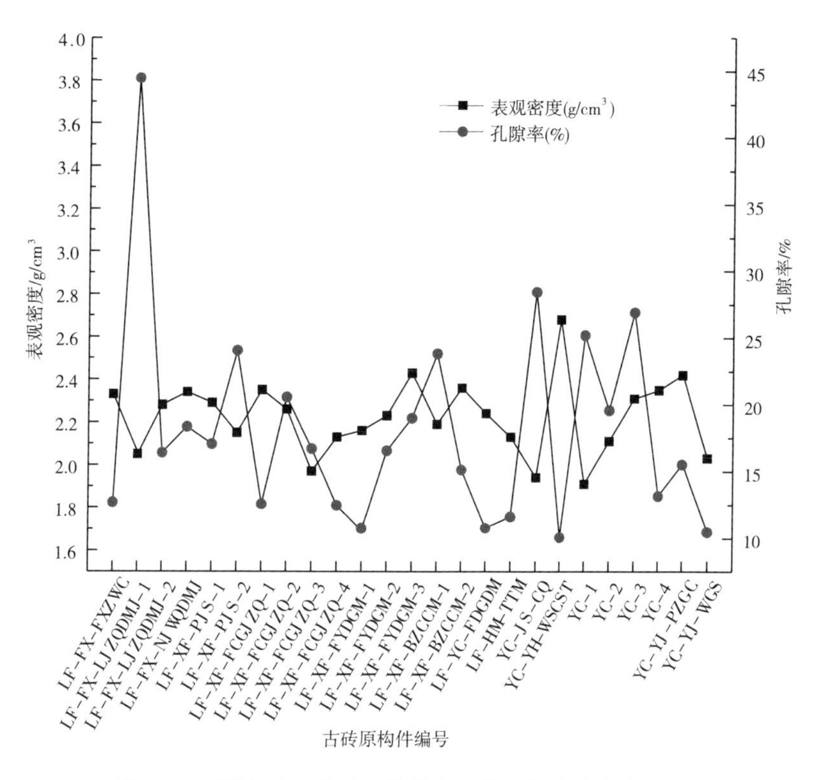

图 6-35　晋南地区古砖原构件表观密度与孔隙率关系图

四、力学性能

试验分别对四个地区（晋北地区、晋中地区、晋东南地区和晋南地区）共计 114 块古砖原构件进行了抗折、抗压试验，基本数据如下（表 6-15、表 6-16、表 6-17、表 6-18）。

表 6-15　晋北地区明清古砖原构件调查表

序号	样本编号	种　类	时　代	市	县 / 区	文保单位名称	位　置	长（mm）	宽（mm）	厚（mm）	重　量（kg）
1	DT-NJ-NZLWM	条　砖	清	大同市	南郊区	牛庄龙王庙	戏　台	303	118	57	5.77
2	DT-XR-ZCB-1	条　砖	明	大同市	新荣区	镇川堡村	镇川堡	310（残）	205	80	6.85
3	DT-XR-ZCB-2	条　砖	明	大同市	新荣区	镇川堡村	镇川堡	210（残）	205	83	5.45
4	DT-XR-ZCB-3	条　砖	清	大同市	新荣区	镇川堡村	镇川堡	265	135	50	2.75
5	DT-PC-HLJMJ-1	条　砖	清	大同市	平城区	欢乐街	民　居	287	143	51	4.3
6	DT-PC-HLJMJ-2	条　砖	清	大同市	平城区	欢乐街	民　居	310	130	58	4.35
7	DT-PC-HLJMJ-3	条　砖	清	大同市	平城区	欢乐街	民　居	275	130	52	3.3
8	DT-PC-HLJMJ-4	条　砖	清	大同市	平城区	欢乐街	民　居	290	120	59	3.5
9	DT-PC-HLJMJ-5	条　砖	清	大同市	平城区	欢乐街	民　居	287	132	50	3.95
10	DT-PC-HLJMJ-6	条　砖	清	大同市	平城区	欢乐街	民　居	280	131	49	3.05

续表

序号	样本编号	种类	时代	市	县/区	文保单位名称	位置	长（mm）	宽（mm）	厚（mm）	重量（kg）
11	DT-PC-HLJMJ-7	条砖	清	大同市	平城区	欢乐街	民居	308	150	54	4.3
12	DT-PC-HLJMJ-8	条砖	清	大同市	平城区	欢乐街	民居	305	120	56	3.5
13	DT-PC-HLJMJ-9	条砖	清	大同市	平城区	欢乐街	民居	324	130	68	5.3
14	DT-PC-HLJMJ-10	条砖	清	大同市	平城区	欢乐街	民居	325	118	69	4.7
15	DT-YZ-LJDY-1	条砖	清	大同市	云州区	落阵营村	吕家大院	291	153	48	3.8
16	DT-YZ-LJDY-2	条砖	清	大同市	云州区	落阵营村	吕家大院	293	152	50	3.65
17	DT-YZ-LJDY-3	条砖	清	大同市	云州区	落阵营村	吕家大院	292	153	48	3.7
18	DT-YG-YLS	条砖	清	大同市	阳高县	县城	云林寺	337	149	70	6.25
19	DT-GL-SST	条砖	清	大同市	广灵县	壶泉镇	水神堂	278	143	55	3
20	DT-HY-HYWM-1	条砖	明	大同市	浑源县	县城	浑源文庙	200（残）	185	63	3
21	DT-HY-HYWM-2	条砖	清	大同市	浑源县	县城	浑源文庙	303	140	61	4.2
22	DT-LQ-JSS-1	条砖	清	大同市	灵丘县	/	觉山寺	310	160	61	5.1
23	DT-LQ-JSS-2	方砖	现代	大同市	灵丘县	/	觉山寺	295	290	65	8.9
24	SZ-SC-CFS-1	方砖	清	朔州市	朔城区	东大街	崇福寺	271	271	48	3.2
25	SZ-SC-CFS-2	脊坐砖	清	朔州市	朔城区	东大街	崇福寺	218	215	42	3.5
26	SZ-SC-CFS-3	条砖	清	朔州市	朔城区	东大街	崇福寺	251	118	61	2.9
27	SZ-PL-JJHB	条砖	明	朔州市	平鲁区	将军会堡村	将军会堡	185（残）	150	61	2.6
28	SZ-SY-GWC-1	条砖	现代	朔州市	山阴县	旧广武村	广武城	412	205	77	10.45
29	SZ-SY-GWC-2	条砖	明	朔州市	山阴县	旧广武村	广武城	270（残）	182	89	5.45
30	SZ-SY-XGWCC-1	长城砖	明	朔州市	山阴县	张家庄乡	新广武长城	292（残）	210	91	8.25
31	SZ-SY-XGWCC-2	长城砖	明	朔州市	山阴县	张家庄乡	新广武长城	403	190	81	9.2
32	SZ-YX-BLKB	条砖	明	朔州市	应县	北楼口村	北楼口堡	235（残）	204	72	5
33	XZ-DX-YMG-1	长城砖	明	忻州市	代县	雁门关乡	雁门关	420	190	85	10.55
34	XZ-DX-YMG-2	长城砖	明	忻州市	代县	雁门关乡	雁门关	310（残）	195	95	7.85
35	DT-XR-DSB	条砖	现代	大同市	新荣区	/	得胜堡	385	192	90	11.05
36	XZ-FS-ZBKCC-1	长城砖	明	忻州市	繁峙县	/	竹帛口长城	490	217	100	17.35
37	XZ-FS-ZBKCC-2	长城砖	现代	忻州市	繁峙县	/	竹帛口长城	498	242	123	21.75
38	XZ-FS-ZBKCC-3	长城砖	现代	忻州市	繁峙县	/	竹帛口长城	498	234	120	22.05
39	DT-YG-SKBMJ-1	方砖	清	大同市	阳高县	守口堡村	民居	200（残）	262	54	3.1
40	DT-YG-SKBMJ-2	方砖	清	大同市	阳高县	守口堡村	民居	260	175(残)	50	2.75

表 6-16 晋中地区明清古砖原构件调查表

序号	样本编号	种类	时代	市	县 / 区	文保单位名称	采样位置	长（mm）	宽（mm）	厚（mm）	重量（kg）
1	TY-JY-JC-1	条砖	清	太原市	晋源区	晋祠	/	285	140	64	4.4
2	TY-JY-JC-2	条砖	清	太原市	晋源区	晋祠	奉圣寺	312	155	59	4.4
3	TY-QX-QYWM	方砖	清	太原市	清徐县	清源文庙	大成殿	372	372	68	15.1
4	TY-QX-HTM-1	条砖	清	太原市	清徐县	狐突庙	戏台	283（残）	140	55	3.3
5	TY-QX-HTM-2	条砖	清	太原市	清徐县	狐突庙	后院散落	295	138	56	3.55
6	TY-QX-XGCHM	条砖	明	太原市	清徐县	徐沟城隍庙	栖云楼	329	155	68	5.75
7	JZ-YC-PCSSS	条砖	明	晋中市	榆次区	蒲池寿圣寺	东配殿	310	150	64	5.2
8	JZ-SY-LHS	条砖	明	晋中市	寿阳县	罗汉寺	大殿	292	149	65	4.55
9	JZ-PY-HZSSS	条砖	清	晋中市	平遥县	郝庄寿圣寺	前殿	252	120	55	2.6
10	JZ-PY-MJ-1	条砖	明	晋中市	平遥县	/	当地民居	313	145	60	4.35
11	JZ-PY-MJ-2	条砖	明	晋中市	平遥县	/	当地民居	316	150	60	4.6
12	JZ-PY-MJ-3	条砖	清	晋中市	平遥县	/	当地民居	288	141	59	3.95
13	JZ-PY-MJ-4	条砖	清	晋中市	平遥县	/	当地民居	289	140	57	4.05
14	JZ-JX-JXWYM-1	条砖	清	晋中市	介休市	介休五岳庙	影壁	268	134	64	3.55
15	JZ-JX-JXWYM-2	条砖	清	晋中市	介休市	介休五岳庙	戏台	297	147	60	4.2
16	JZ-JX-JXWYM-3	方砖	清	晋中市	介休市	介休五岳庙	戏台	270	260	62	6.95
17	JZ-JX-LFCSMS	条砖	清	晋中市	介休市	龙凤村三明寺	寺内	279	140	61	3.6
18	JZ-JX-WLMYZ-1	条砖	明	晋中市	介休市	五龙庙遗址	建筑基础	154（残）	155	64	2.35
19	JZ-JX-WLMYZ-2	条砖	明	晋中市	介休市	五龙庙遗址	建筑基础	255（残）	158	67	3.4
20	JZ-JX-WLMYZ-3	方砖	明	晋中市	介休市	五龙庙遗址	建筑基础	287	244	62	6.1
21	JZ-LS-WJDYMJ-1	条砖	明	晋中市	灵石县	王家大院民居	院内	280	135	62	3.35
22	JZ-LS-WJDYMJ-2	方砖	明	晋中市	灵石县	王家大院民居	院内	248	245	60	5.8
23	JZ-LS-JSCWSZC	条砖	明	晋中市	灵石县	静升村王氏宗祠	院内	284	126	55	3
24	JZ-LS-CYA-1	条砖	清	晋中市	灵石县	朝阳庵	鼓楼	267（残）	138	61	3.35
25	JZ-LS-CYA-2	条砖	清	晋中市	灵石县	朝阳庵	鼓楼	280	137	61	3.5

表 6-17 晋东南明清古砖原构件调查表

序号	样品编号	种 类	时 代	市	县 / 区	文保单位名称	采样位置	长（mm）	宽（mm）	厚（mm）	重 量（kg）
1	CZ-WX-FYY	条 砖	明	长治市	武乡县	福源院	院内采集	307	153	62	4.35
2	CZ-LC-TQWM-1	条 砖	清	长治市	黎城县	天齐王庙	正 殿	278	138	66	4
3	CZ-LC-TQWM-2	望 砖	清	长治市	黎城县	天齐王庙	正 殿	195	181（残）	31	1.5
4	CZ-LC-CNDM	条 砖	明	长治市	黎城县	长宁大庙	院内采集	308	151	65	4.35
5	CZ-XY-XYWLM	条 砖	明	长治市	襄垣县	襄垣五龙庙	院内采集	371	185	74	7.3
6	CZ-PS-BGQSMM	条 砖	清	长治市	平顺县	北甘泉圣母庙	东配殿	268	129	63	3.5
7	CZ-JQ-ZCFJM-1	条 砖	明	长治市	郊 区	张村府君庙	院内采集	327	160	54	4.5
8	CZ-JQ-ZCFJM-2	方 砖	明	长治市	郊 区	张村府君庙	院内采集	261	260	61	8.85
9	CZ-JQ-XLLXM-1	条 砖	清	长治市	郊 区	小罗灵仙庙	院内采集	271	133	57	3.15
10	CZ-JQ-XLLXM-2	望 砖	清	长治市	郊 区	小罗灵仙庙	院内采集	191	157	28	1.25
11	CZ-CZ-CZYHG	条 砖	明	长治市	长治县	长治玉皇观	西廊房	290	143	80	5.3
12	CZ-CZ-CCYHM	条 砖	明	长治市	长治县	长治玉皇庙	院内采集	322	154	77	6.15
13	JC-QS-DZGJZQ	条 砖	明	晋城市	沁水县	窦庄古建筑群	/	279	140	76	4.6
14	JC-GP-JNJDM	条 砖	明	晋城市	高平市	建南济渎庙	院内采集	297	150	75	5.1
15	JC-GP-DFWSG-1	条 砖	明	晋城市	高平市	董峰万寿宫	院内采集	343	167	60	5.7
16	JC-GP-DFWSG-2	望 砖	明	晋城市	高平市	董峰万寿宫	院内采集	212（残）	195	35	2.05
17	JC-LC-CAS	条 砖	明	晋城市	陵川县	崇安寺	院内采集	314	154	75	5.4
18	JC-ZZ-YHM-1	条 砖	清	晋城市	泽州县	玉皇庙	院内采集	295	155	67	4.75
19	JC-ZZ-YHM-2	条 砖	清	晋城市	泽州县	玉皇庙	院内采集	270	133	67	4.2
20	JC-ZZ-XZYHM	条 砖	明	晋城市	泽州县	薛庄玉皇庙	院内采集	273	133	77	4.65
21	JC-ZZ-BYCYHM	条 砖	明	晋城市	泽州县	北义城玉皇庙	院内采集	265（残）	135	76	4.25
22	JC-ZZ-DNSTDSC	条 砖	清	晋城市	泽州县	大南社土地神祠	大殿墙面	265	131	63	3.4
23	JC-ZZ-GDJDS	条 砖	清	晋城市	泽州县	高都景德寺	院内采集	266	130	56	3.4
24	JC-ZZ-FCGDM	条 砖	清	晋城市	泽州县	府城关帝庙	院内采集	260	124	64	3.1

表 6-18　晋南明清古砖原构件调查表

序号	样本编号	种　类	时　代	市	县 / 区	文保单位名称	采样位置	长（mm）	宽（mm）	厚（mm）	重　量（kg）
1	LF-FX-FXZWC	条　砖	明	临汾市	汾西县	汾西真武祠	基础砖	295	139	67	3.8
2	LF-FX-LJZQDMJ-1	条　砖	清	临汾市	汾西县	刘家庄清代民居	院内采集	297	140	67	4.1
3	LF-FX-LJZQDMJ-2	条　砖	清	临汾市	汾西县	刘家庄清代民居	院内采集	300	140	66	4.4
4	LF-FX-NJWQDMJ	条　砖	清	临汾市	汾西县	牛家洼清代民居	院内采集	300	148	70	5.15
5	LF-XF-PJS-1	条　砖	明	临汾市	襄汾县	普净寺	院内采集	280	125	60	3.5
6	LF-XF-PJS-2	条　砖	明	临汾市	襄汾县	普净寺	院内采集	245（残）	125	55	2.35
7	LF-XF-FCGJZQ-1	条　砖	明	临汾市	襄汾县	汾城古建筑群	院内采集	360	125	63	4.15
8	LF-XF-FCGJZQ-2	条　砖	明	临汾市	襄汾县	汾城古建筑群	院内采集	280（残）	130	60	2.95
9	LF-XF-FCGJZQ-3	条　砖	明	临汾市	襄汾县	汾城古建筑群	院内采集	370	180	75	7.3
10	LF-XF-FCGJZQ-4	条　砖	明	临汾市	襄汾县	汾城古建筑群	院内采集	265	117	55	2.45
11	LF-XF-FYDGM-1	条　砖	清	临汾市	襄汾县	汾阴洞古庙	院内采集	295	122	56	3.4
12	LF-XF-FYDGM-2	条　砖	清	临汾市	襄汾县	汾阴洞古庙	院内采集	293	130	60	3.45
13	LF-XF-FYDGM-3	条　砖	清	临汾市	襄汾县	汾阴洞古庙	院内采集	295	127	60	3.7
14	LF-XF-BZCCM-1	条　砖	清	临汾市	襄汾县	北赵村城门	城　门	315	123	67	4.15
15	LF-XF-BZCCM-2	条　砖	清	临汾市	襄汾县	北赵村城门	城　门	307	125	67	4.1
16	LF-YC-FDGDM	条　砖	明	临汾市	翼城县	樊店关帝庙	献殿遗址	233	97	59	2.2
17	LF-HM-TTM	条　砖	明	临汾市	侯马市	台骀庙	娘娘殿基础	241	93	55	2.1
18	YC-JS-CQ	城墙砖	明	运城市	稷山县	/	城　墙	368	185	72	7.95
19	YC-YH-WSCST	条　砖	明	运城市	盐湖区	万寿禅师塔	/	302	152	58	4.3
20	YC-1	条　砖	明	运城市	/	/	/	335	150	80	6.8
21	YC-2	条　砖	明	运城市	/	/	/	340	154	80	6.6
22	YC-3	条　砖	清	运城市	/	/	/	312	118	58	3.35
23	YC-4	条　砖	清	运城市	/	/	/	314	120	57	3.2
24	YC-YJ-PZGC	条　砖	明	运城市	永济市	蒲州故城	城　墙	355	173	85	8.3
25	YC-YJ-WGS	条　砖	明	运城市	永济市	万固寺	院内采集	345	175	60	5.6

力学性能试验流程见下图（图6-35、图6-36、图6-37、图6-38、图6-39、图6-40、图6-41）。

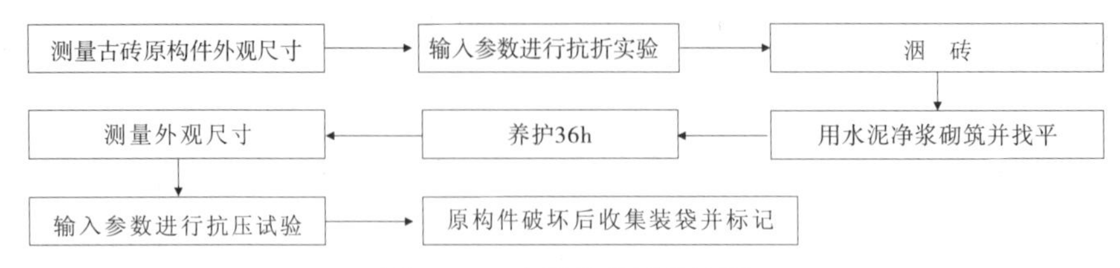

图6-35　力学性能试验流程

图6-36　原构件抗折试验断裂瞬间

图6-37　原构件断裂面

图6-38　水泥净浆找平

图6-39　原构件抗压试验

图6-40　原构件破坏瞬间

图6-41　原构件破坏后截面

试验结果参考国家标准《烧结普通砖》（GB/T 5101-1985）中烧结砖的抗折、抗压强度要求，各项试验结果见表 6-19。

表 6-19 烧结普通砖力学性能标准

砖的标号	抗压强度（MPa）		抗折强度（MPa）	
	五块平均值 ≥	单块最小值 ≥	五块平均值 ≥	单块最小值 ≥
200	19.62	13.73	3.92	2.55
150	14.72	9.81	3.04	1.98
100	9.81	5.89	2.26	1.28
75	7.36	4.41	1.77	1.08

注： 1. 由于采集的古砖原构件均独立，故以参考标准中单块最小值为主；

2. 由于 1985 年后的标准取消了烧结砖的抗折强度标准，故烧结砖强度等级以标号确定。

晋北地区古砖原构件共计 40 块，其中明代古砖原构件 11 块，抗折强度最大值为 5.5MPa，最小值为 0.77MPa，平均值为 2.67MPa。清代古砖原构件 24 块，抗折强度最大值为 5.39MPa，最小值为 1.64MPa，平均值为 2.52MPa。现代复制砖为 5 块，抗折强度最大值为 3.62MPa，最小值为 1.56MPa，平均值为 2.47MPa（图 6-42）。平均强度达到标号 150 强度等级，最大可达标号 200 强度等级。

晋北地区明代古砖原构件抗压强度最大值为 10.84MPa，最小值为 3.91MPa，平均值为 7.55MPa。清代古砖原构件抗压强度最大值为 11.43MPa，最小值为 5.12MPa，平均值为 7.86MPa。现代复制砖为 5 块，抗压强度最大值为 8.76MPa，最小值为 6.23MPa，平均值为 7.62MPa（图 6-43）。平均强度可达标号 100 强度等级，部分原构件抗压强度可达到烧结普通砖 MU10 强度等级。

晋中地区古砖原构件共计 25 块，其中明代古砖原构件 11 块，抗折强度最大值为 5.35MPa，最小值为 1.66MPa，平均值为 3.09MPa。清代古砖原构件 14 块，抗折强度最大值为 4.91MPa，最小值为 1.98MPa，平均值为 3.24MPa（图 6-44）。所有原构件都达到标号 100 强度等级，除明代 11 号古砖原构件外，均达到标号 150 强度等级，一半以上数量的古砖原构件达到标号 300 强度等级。

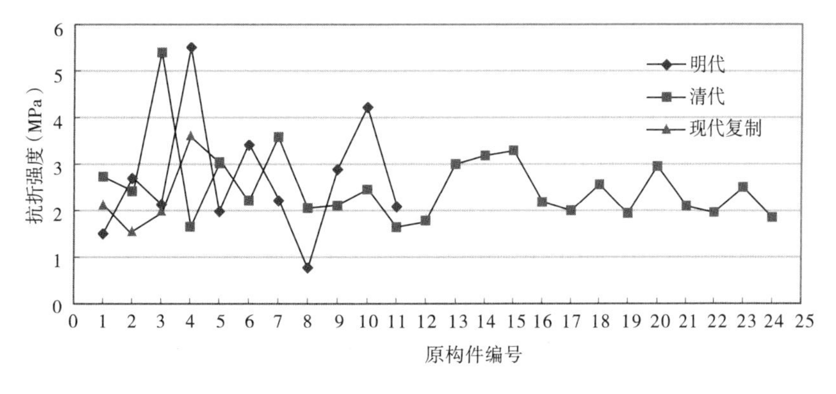

图 6-42 晋北地区古砖原构件抗折强度图

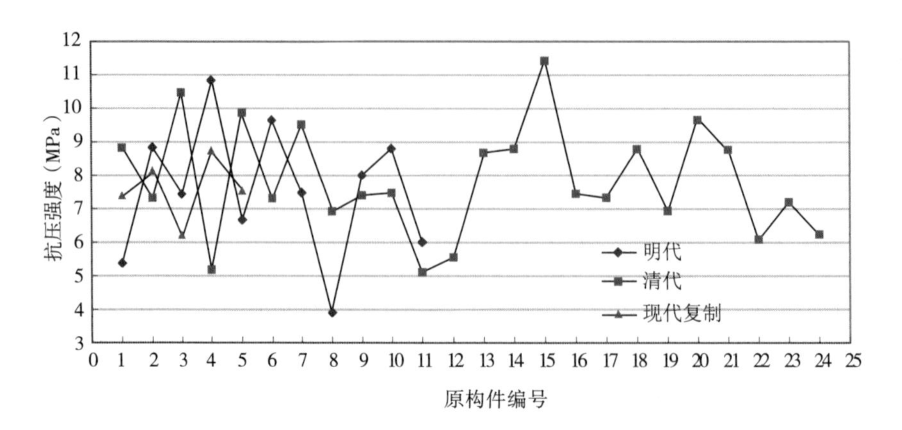

图 6-43 晋北地区古砖原构件抗压强度图

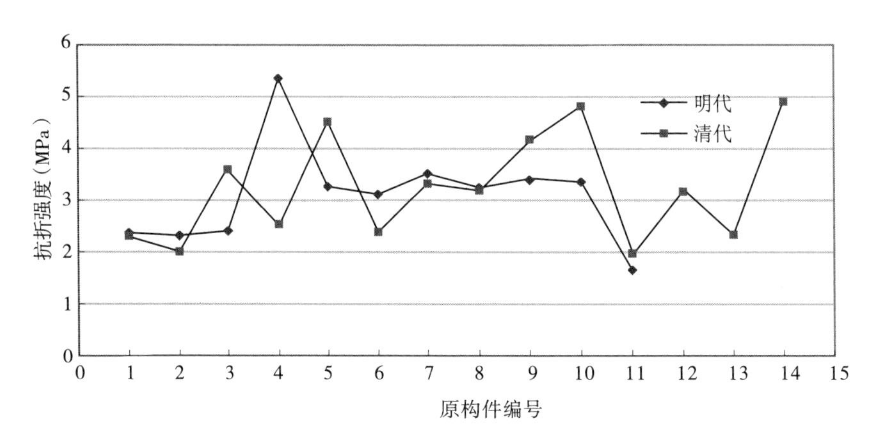

图 6-44 晋中地区古砖原构件抗折强度图

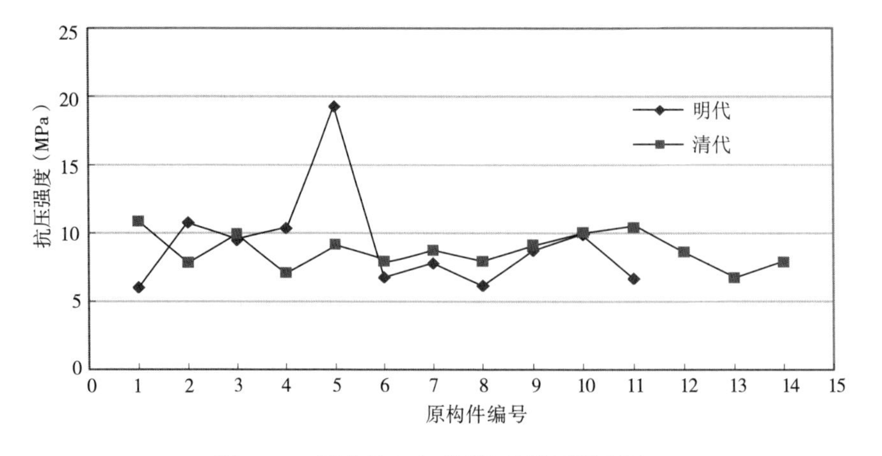

图 6-45 晋中地区古砖原构件抗压强度图

晋中地区明代古砖原构件抗压强度最大值为 19.27MPa，最小值为 6.01MPa，平均值为 9.26MPa。清代古砖原构件抗压强度最大值为 10.87MPa，最小值为 6.76MPa，平均值为 8.76MPa（图 6–45）。所有构件均满足标号 100 强度等级，最大值为明代 5 号古砖原构件，抗压强度等级接近烧结普通砖 MU20 强度等级。

晋东南地区古砖原构件共计 24 块，其中明代古砖原构件 14 块，抗折强度最大值为 6.63MPa，最小值为 1.44MPa，平均值为 2.66MPa。清代古砖原构件 10 块，抗折强度最大值为 4.06MPa，最小值为 1.29MPa，平均值为 2.25MPa（图 6–46）。所有构件均满足标号 100 强度等级，大部分满足标号 150 强度等级。

晋东南地区明代古砖原构件抗压强度最大值为 23.7MPa，最小值为 7.2MPa，平均值为 10.15MPa。清代古砖原构件抗压强度最大值为 12.61MPa，最小值为 6.85MPa，平均值为 9.90MPa（图 6–47）。所有构件均满足标号 100 强度等级，部分原构件满足现代 MU10 强度等级，明代 10 号古砖原构件满足烧结普通砖 MU20 强度等级。

晋南地区古砖原构件共计 25 块，其中明代古砖原构件 15 块，抗折强度最大值为 5.63MPa，最小值为 0.71MPa，平均值为 3.26MPa。清代古砖原构件 10 块，抗折强度最大值为 5.14MPa，最小值为 0.99MPa，平均值为 2.73MPa（图 6–48）。明代原构件抗折强度较为分散，最小值不能满足标号 75 强度等级，最大值满足标号 300 强度等级。清代原构件最小值不能满足标号 75 强度等级，其余均能满足标号 150 强度等级。

晋南地区明代古砖原构件抗压强度最大值为 16.78MPa，最小值为 4.93MPa，平均值为 10.51MPa。清代古砖原构件抗压强度最大值为 35.42MPa，最小值为 5.49MPa，平均值为 11.30MPa（图 6–49、图 6–50）。所有原构件均满足标号 75 强度等级，大部分原构件满足标号 150 强度等级，其中，清代 4 号古砖原构件强度最大，满足烧结普通砖 MU30 强度等级，明代部分砖满足 MU15 和 MU10 强度等级。

将每个地区的古砖原构件按体积密度由小到大排列，以体积密度为横轴，抗折、抗压强度为纵轴，绘制折线图（图 6–51、图 6–52、图 6–53、图 6–54）。

现分别以山西每个地区古砖的孔隙率为横轴，抗折、抗压强度为纵轴，绘制各地区古砖原构件孔隙率和力学强度关系图（图 6–55）。由图可知，四个地区的古砖原构件的孔隙率与力学强度总体呈现着良好的相关性，即随着古砖孔隙率的增大，抗折、抗压强度均呈现出减小的趋势，这一趋势在晋东南地区较为显著。由于古砖原构件各项性能的独立性较强，且受地域影响较大，故随着古砖孔隙率的增大，部分古砖原构件的力学性能呈现出波动情况。

我们对每个地区古砖的抗折、抗压强度进行了数据统计（表 6–20）。四个地区中，晋中地区的抗折强度平均值和晋南地区的抗压强度平均值最高，分别为 3.14MPa 和 10.01MPa。而数据的标准差和变异系数均能反映出一组数据的离散程度，如抗压强度中，晋东南地区和晋南地区的平均值虽然差距不大，但标准差却大不相同，可以看出晋东南地区的离散程度比晋南地区的离散程度要好很多，晋中地区和晋东南地区的抗压强度的离散程度最小，晋中地区的抗折强度的离散程度最小。

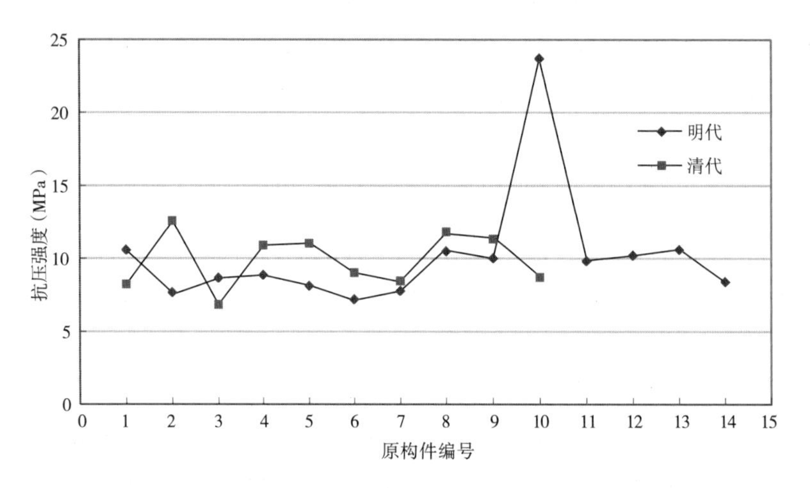

图 6–46　晋东南地区古砖原构件抗折强度图

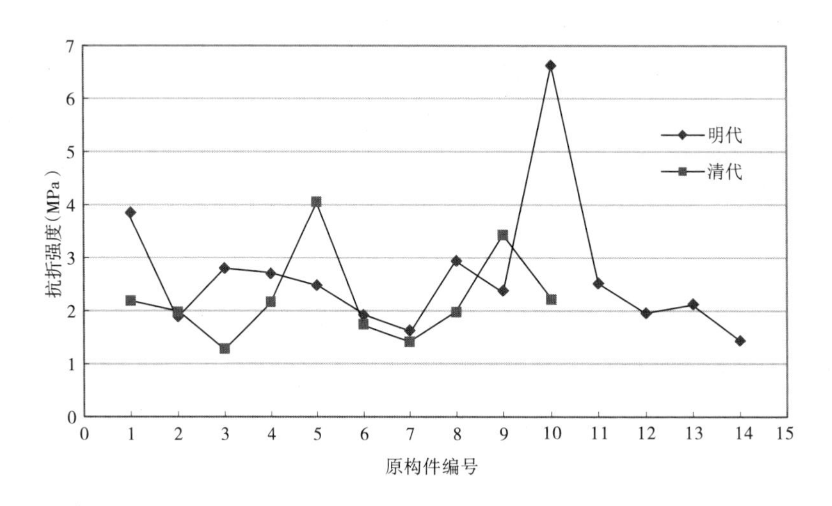

图 6–47　晋东南地区古砖原构件抗压强度图

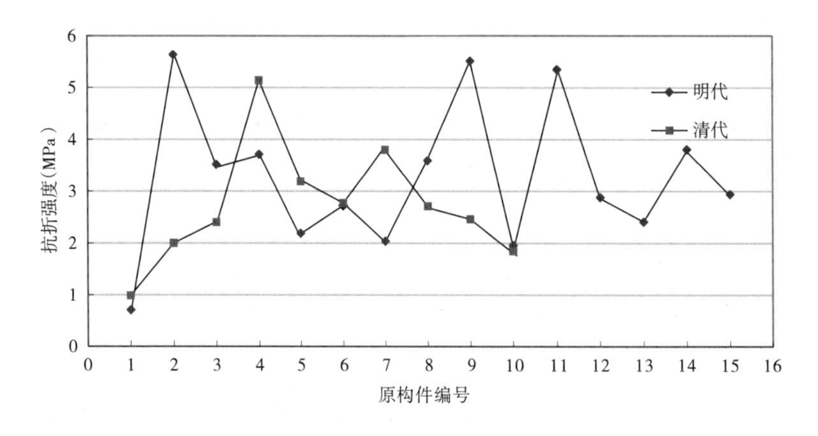

图 6–48　晋南地区古砖原构件抗折强度图

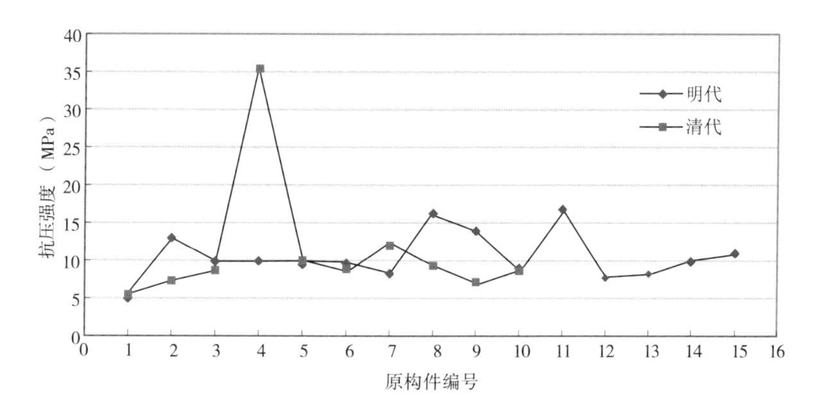

图 6-49　晋南地区古砖原构件抗压强度图

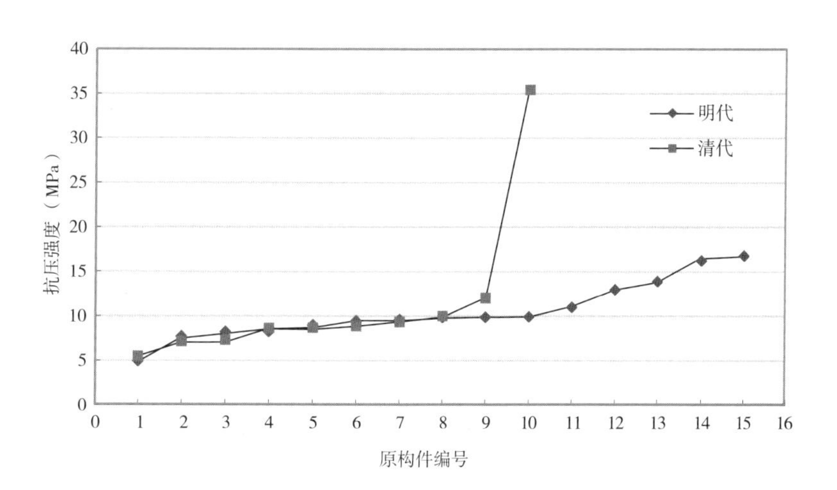

图 6-50　晋南地区古砖原构件抗压强度图（由小到大）

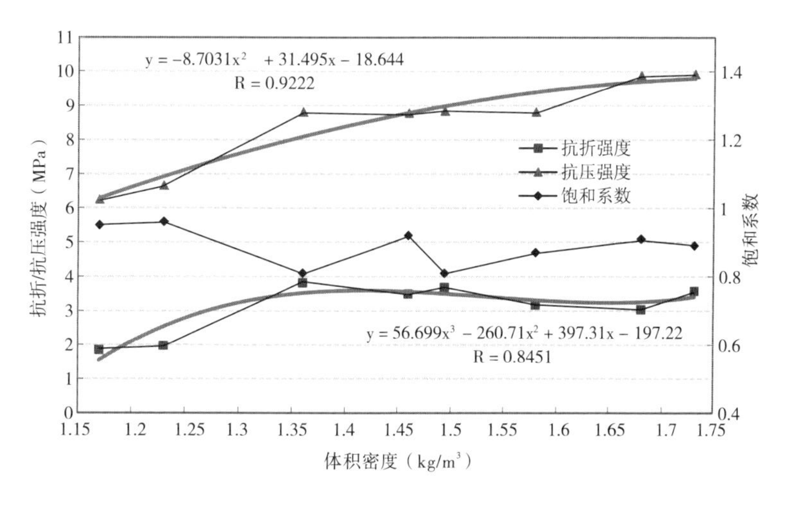

图 6-51　晋北地区古砖原构件试验结果图

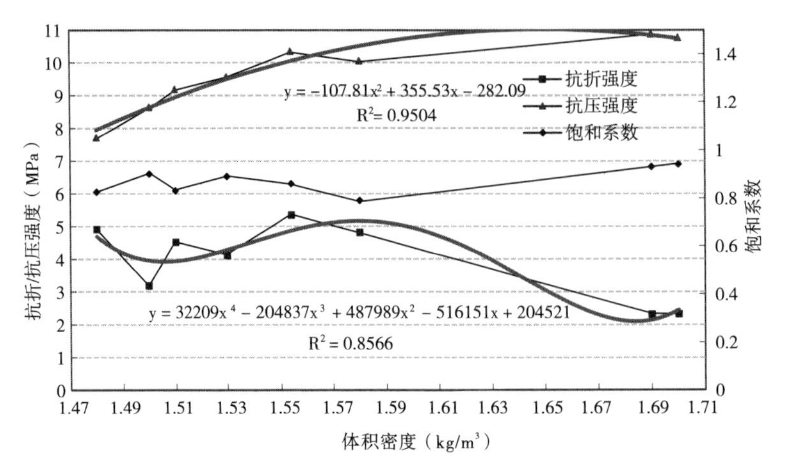

图 6-52 晋中地区古砖原构件试验结果图

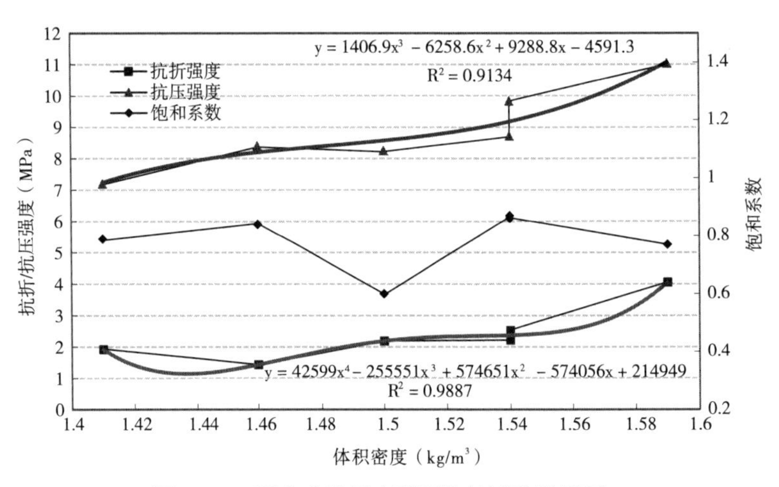

图 6-53 晋东南地区古砖原构件试验结果图

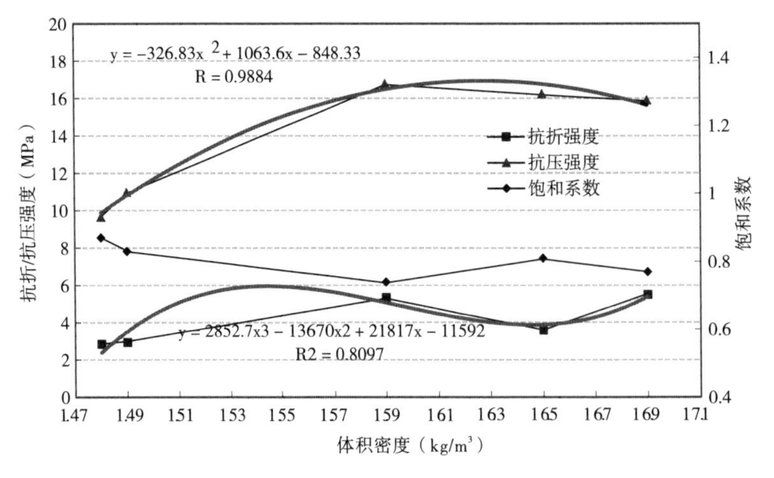

图 6-54 晋南地区古砖原构件试验结果图

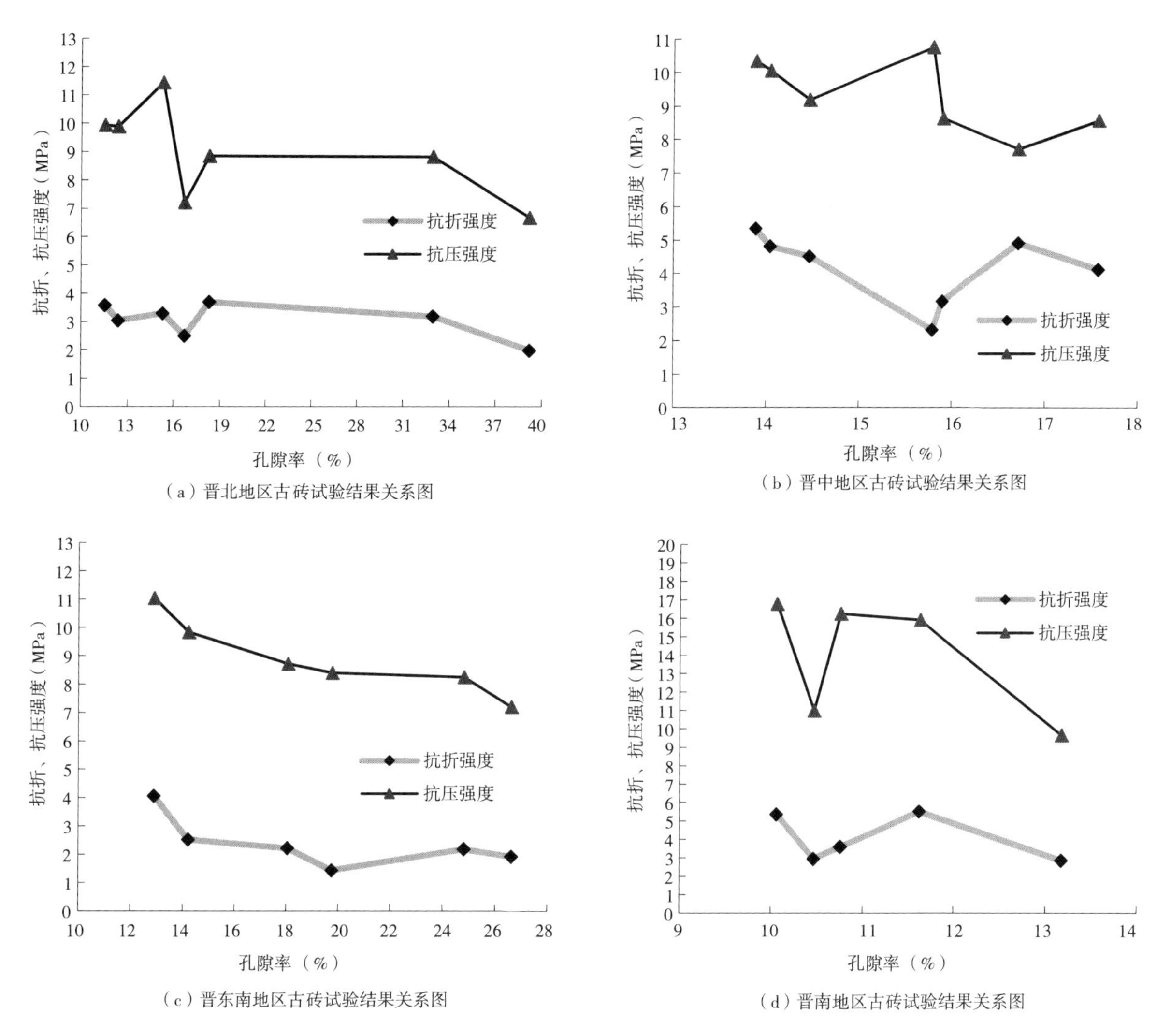

（a）晋北地区古砖试验结果关系图

（b）晋中地区古砖试验结果关系图

（c）晋东南地区古砖试验结果关系图

（d）晋南地区古砖试验结果关系图

图 6-55　各地区古砖原构件孔隙率和力学强度关系图

表 6-20　古砖原构件试验数据统计表

地　区	试　验	平均值（MPa）	标准差	标准值	变异系数
晋北地区	抗折强度	2.56	0.81	1.10	0.32
	抗压强度	7.74	1.46	5.11	0.19
晋中地区	抗折强度	3.14	0.86	1.60	0.27
	抗压强度	9.03	2.60	4.34	0.29
晋东南地区	抗折强度	2.36	0.71	1.08	0.30
	抗压强度	9.57	1.48	6.90	0.15
晋南地区	抗折强度	3.04	1.15	0.97	0.38
	抗压强度	10.01	2.76	5.04	0.28

第四节 古瓦试验结果与分析

一、古瓦原构件情况

古瓦原构件情况见表 6-21。

表 6-21 古瓦原构件情况表

序号	样本编号	种类	时代	市	县 / 区	文保单位名称	采样位置	长（mm）	宽（mm）	厚（mm）
1	DT-PC-HLJMJ-212	板瓦	清	大同市	平城区	欢乐街民居	院内采集	202	157/130	19
2	DT-GL-JXGMJJZQ-203	筒瓦	清	大同市	广灵县	涧西古民居建筑群	2 号院	202	110	17
3	DT-GL-SST-202	板瓦	清	大同市	广灵县	水神堂	文昌阁	210	147/120	18
4	SZ-SC-CFS-204	板瓦	清	朔州市	朔城区	崇福寺	钟鼓楼	211	136/121	15
5	SZ-SC-CFS-208	筒瓦	清	朔州市	朔城区	崇福寺	钟鼓楼	256	125	18
6	XZ-WT-FGS-208	板瓦	明	忻州市	五台县	佛光寺	东大殿	503	295/257	32
7	TY-QX-QYWM-204	板瓦	清	太原市	清徐县	清源文庙	院内散落	216	165/141	17
8	TY-QX-HTM-202	筒瓦	清	太原市	清徐县	狐突庙	后院散落	255	126	17
9	CZ-LC-XXZZZWM-205	筒瓦	明	长治市	黎城县	西下庄昭泽王庙	院内采集	292	144	23
10	CZ-JQ-ZCFJM-204	板瓦	明	长治市	郊区	张村府君庙	院内采集	328	250/217	25
11	CZ-JQ-XLLXM-208	板瓦	清	长治市	郊区	小罗灵仙庙	院内采集	360	205/185	18
12	JC-GP-JNJDM-206	筒瓦	明	晋城市	高平市	建南济渎庙	院内采集	325	145	22
13	JC-GP-DFWSG-204	板瓦	明	晋城市	高平市	董峰万寿宫	院内采集	305	205/165	20
14	LF-FX-SGM-202	筒瓦	清	临汾市	汾西县	三官庙	院内采集	225	118	20

二、体积尺寸

古瓦按种类分为板瓦和筒瓦两类。我们认为板瓦为四分之一的空心圆台，筒瓦为二分之一的空心圆柱，经过公式计算，古瓦原构件体积尺寸结果如下（表 6-22）：

表 6-22　古瓦原构件体积结果（单位：cm^3）

种类 \ 编号	1	2	3	4	5	6	7	8
板瓦	554.09	506.72	414.17	4526.79	574.61	1964.37	1311.02	1156.85
筒瓦	501.40	774.10	741.85	1275.84	1380.74	692.37		

由表可知，山西古瓦原构件体积差异较大。板瓦的体积总体分布在 414.17cm^3 ~ 4526.79cm^3 之间，体积最小的古瓦编号为 SZ-SC-CFS-1，是朔州市朔城区崇福寺钟、鼓楼的清代古板瓦；体积最大的古瓦编号为 XZ-WT-FGS，是忻州市五台县佛光寺东大殿的明代古板瓦。筒瓦的体积总体分布在 501.40cm^3~1380.74cm^3 之间，体积最小的古瓦编号为 DT-GL-JXGMJJZQ，是大同市广灵县涧西古民居建筑群 2 号院的清代古筒瓦；体积最大的古瓦编号为 JC-GP-JNJDM，是晋城市高平市建南济渎庙院内采集的明代古筒瓦。

三、外观质量

参考《屋面瓦试验方法》（GB/T 36584-2018）中外观质量部分，分别检测古瓦原构件的各项尺寸、砂眼、起包、裂纹、色差、分层等。试验结果如下（表 6-23）：

表 6-23　古瓦原构件尺寸测量结果

分类	编号	长度（mm）	宽度（mm）	厚度（mm）	瓦高（mm）	砂　眼	起　包	裂　纹	色　差	分层
板瓦	1	200	154/126	19	39/46	无	无	无	内侧有约 100mm × 200mm 的区域呈黄色，外侧有两块区域呈黄色	无
	2	210	140/120	14	43/39	无	无	无	内侧中部呈黑色	无
	3	212	136/122	16	35/46	几乎没有	无	内侧有长约 30mm~40mm 裂痕	无	无
	4	499	295/263	32	87/71	内侧有少许小孔	无	无	外侧整体为黑色，内侧为灰色	无
	5	216	163/141	17	46/49	无	无	内侧窄边底部有 80mm 裂缝	内侧中部呈黑色	无
	6	326	246/220	22	69/58	内侧有小孔	无	无	无	无
	7	358	197/180	15	51/50	无	无	无	外侧宽边有约 150mm × 200mm 的白色区域	无
	8	300	205/163	20	57/47	外侧有少许针眼状小孔	无	无	无	无

续表

分类	编号	长度（mm）	宽度（mm）	厚度（mm）	瓦高（mm）	砂 眼	起 包	裂 纹	色 差	分层
筒瓦	1	254	124	20	61	内侧表面有针眼状小孔	无	无	内侧中部呈黄色	无
	2	250	123	18	60	外侧有小孔	无	无	内侧中部呈黄色	无
	3	289	138	20	76	无	无	无	内侧大部分面积呈黄色	无
	4	349	144	24	76	外侧有直径5mm 的小孔	无	无	内侧为黄白色	无
	5	223	118	19	60	几乎没有	无	无	无	无

古瓦原构件的外观质量较好，无明显破损情况。每一片瓦的尺寸均不一样，大小相差较大。板瓦中体积最大的可达 4526.79cm^3，最小的仅为 414.17cm^3。筒瓦中体积最大的可达 1380.74 cm^3，最小的为 501.40 cm^3。砂眼、裂纹较少，灰浆较多，部分试件有色差，偏棕黄色而非青瓦，无分层，无起包。

四、雨淋试验

古瓦原构件试验过程见图 6–56 至图 6–68。

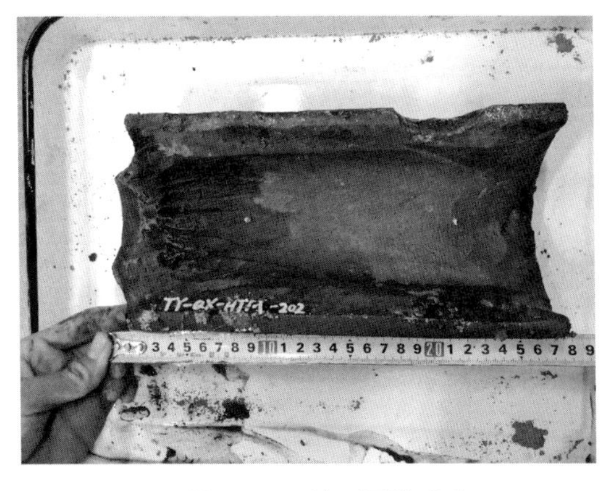

图 6–56　筒瓦雨淋试验

图 6–57　筒瓦雨淋试验

图 6–58　板瓦雨淋试验

图 6–59　板瓦雨淋试验

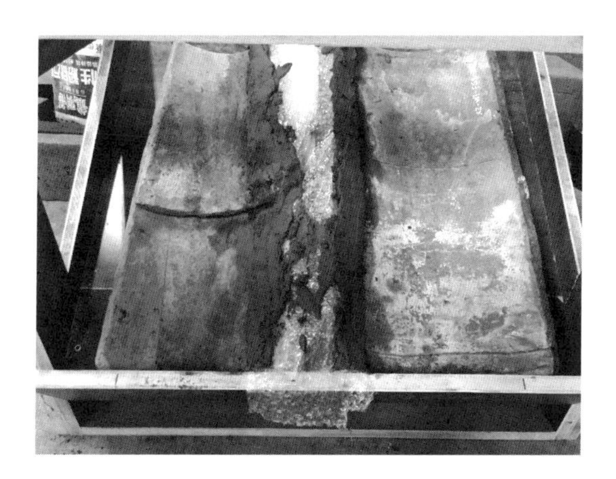

6–60　水泥净浆封堵孔隙

6–61　雨淋试验过程

图 6–62　瓦片排放顺序

图 6–63　雨淋试验后的筒瓦正面

图 6 -64 测量瓦大边弦长

图 6-65 测量缺陷长度

图 6-66 测量瓦高

图 6-67 测量瓦厚

图 6-68 测量瓦长

试验结果（表 6-24）为板瓦的润湿比例明显大于筒瓦。板瓦中，润湿比例在 50% 以下的仅有 1 片，编号为 CZ-JQ-XLLXM，为长治市郊区小罗灵仙庙院内采集的清代板瓦；润湿比例在 50%~70% 的瓦有 3 片，占总体数量的 37.5%；共有 4 片板瓦润湿比例高达 95% 以上，其中有 3 片的润湿比例为 100%。筒瓦中有 33.3% 数量的瓦片润湿比例在 50% 以下，并且筒瓦最小的润湿比例仅为 23%，编号为 CZ-LC-XXZZZWM，为长治市黎城县西下庄昭泽王庙院内采集的明代筒瓦，满足现代屋面瓦的标准（＜ 25%）。试验结果表明，随着时间的推移，古瓦原构件的抗渗性逐渐降低。

表 6-24　古瓦原构件雨淋试验结果

种　类	序　号	编　号	润湿比例（%）
板　瓦	1	DT-PC-HLJMJ	70%
	2	DT-GL-SST	100%
	3	SZ-SC-CFS-1	100%
	4	XZ-WT-FGS	98%
	5	TY-QX-QYWM	100%
	6	CZ-JQ-ZCFJM	51%
	7	CZ-JQ-XLLXM	48%
	8	JC-GP-DFWSG	67%
筒　瓦	1	DT-GL-JXGMJJZQ	100%
	2	SZ-SC-CFS-2	47%
	3	TY-QX-HTM	55%
	4	CZ-LC-XXZZZWM	23%
	5	JC-GP-JNJDM	100%
	6	LF-FX-SGM	100%

五、抗弯性能试验

由于古瓦原构件的尺寸都比较大，且不作主要承重结构，现挑 2 片板瓦原构件作为代表进行抗弯试验。其中第一片编号为 DT-GL-SST，为大同市广灵县水神堂文昌阁采集的清代板瓦，第二片编号为 CZ-JQ-XLLXM，为长治市郊区小罗灵仙庙院内采集的清代板瓦。两块古瓦原构件的抗弯荷载分别为 1200N 和 2060N，均远大于《文物建筑基本维修材料·青瓦》（WW/T 0050-2014）、《烧结瓦》（GB T 21149-2007）所规定的青瓦的抗弯强度标准值（850N）。这些瓦虽然有着几百年的历史，但抗弯强度较高，证明手工制瓦工艺仍有着不可替代的特性。抗弯试验如下（图 6-69、图 6-70）：

图 6- 69　抗弯试验

图 6-70　破坏后的瓦件

第五节　古砖成分及微结构

一、试验方案

（一）甄选砖样

选择有代表性的砖样，用于测定化学成分及微观结构，为后期仿制砖原材料的甄选提供依据。

（二）古砖分类的原则

古砖的来源广泛，且数量众多，不仅包含明、清两代，而且涉及山西省的各个市，所以可以按照时代和地市进行划分，划分结果见表 6–25。

表 6-25　古砖分类的结果

<table>
<tr><th>序　号</th><th>区　域</th><th>市　名</th><th>时　代</th><th>古砖件数</th><th>市小计</th><th>区域小计</th><th>共　计</th></tr>
<tr><td rowspan="5">1</td><td rowspan="5">晋　北</td><td rowspan="2">大　同</td><td>明</td><td>3</td><td rowspan="2">24</td><td rowspan="5">35</td><td rowspan="17">109</td></tr>
<tr><td>清</td><td>21</td></tr>
<tr><td rowspan="2">朔　州</td><td>明</td><td>5</td><td rowspan="2">8</td></tr>
<tr><td>清</td><td>3</td></tr>
<tr><td>忻　州</td><td>明</td><td>3</td><td>3</td></tr>
<tr><td rowspan="4">2</td><td rowspan="4">晋　中</td><td rowspan="2">太　原</td><td>明</td><td>1</td><td rowspan="2">6</td><td rowspan="4">25</td></tr>
<tr><td>清</td><td>5</td></tr>
<tr><td rowspan="2">晋　中</td><td>明</td><td>10</td><td rowspan="2">19</td></tr>
<tr><td>清</td><td>9</td></tr>
<tr><td rowspan="4">3</td><td rowspan="4">晋东南</td><td rowspan="2">长　治</td><td>明</td><td>7</td><td rowspan="2">12</td><td rowspan="4">24</td></tr>
<tr><td>清</td><td>5</td></tr>
<tr><td rowspan="2">晋　城</td><td>明</td><td>7</td><td rowspan="2">12</td></tr>
<tr><td>清</td><td>5</td></tr>
<tr><td rowspan="4">4</td><td rowspan="4">晋　南</td><td rowspan="2">临　汾</td><td>明</td><td>9</td><td rowspan="2">17</td><td rowspan="4">25</td></tr>
<tr><td>清</td><td>8</td></tr>
<tr><td rowspan="2">运　城</td><td>明</td><td>6</td><td rowspan="2">8</td></tr>
<tr><td>清</td><td>2</td></tr>
</table>

二、确定所检测砖样的原则

古砖信息包含种类、保护级别、地点、文保单位名称、采样位置等。检测砖样物相成分旨在研究不同时代、不同地区的古砖的化学成分与其物理力学性能的关系。现按如下原则确定所检测砖样：

1. 按时代

每个区域均有明代和清代的砖样，制砖工艺和强度等方面均不同，因此两个时代的砖样都要选。

2. 按数量

研究是为现存古建筑的古砖仿制提供依据，优先从区域内砖样最多的市选取砖样，若两个市砖样数量相同，则从古建筑数量多的市进行选择。

3. 按保护级别

保护级别分为 7 类，分别是国保、省保、市保、县保、区保、三普点（第三次全国文物普查保护对象）和无保护级别，选择时按国保、省保、市保、县保、区保、三普点和无保护级别顺序甄选，若上一个等级没有，则选下一级的砖样，以此规则继续甄选，直至选出砖样。

4. 按种类

总样品 114 块，包含条砖 93 块、长城砖 7 块、城墙砖 1 块、望砖 3 块、方砖 9 块和脊坐砖 1 块，优先选择条砖和长城砖作为实验试样。

5. 按强度

同地域、同时代的古砖不止一块，且强度存在一定的离散性，甄选时，选择中低强度（8MPa~10MPa）的砖样作为检测对象，因仿制砖需要超过中低强度。

综合上述五个原则，选定做微观检测分析的砖样结果见表 6–26、表 6–27，选定做成分检测分析的各区域砖样见表 6–28、表 6–29。

表 6–26　各区域做微观分析的明代古砖

区　域	样本编号	种　类	保护级别	样本来源				
				市	县 / 区	地　点	文保单位	采样位置
晋　北	XZ–DX–YMG–102	长城砖	国　保	忻　州	代　县	雁门关	雁门关	城　墙
晋　中	TY–QX–XGCHM–102	条　砖	省　保	太　原	清　徐	徐沟镇	城隍庙	
晋东南	CZ–CZ–CZYHG–102	条　砖	国　保	长　治	长　治	南宋村	长治玉皇观	西廊房前檐墙
晋　南	LF–XF–FCGJZQ–108	条　砖	国　保	临　汾	襄　汾	汾城镇	汾城古建筑群	院内采集

表 6–27　各区域做微观分析的清代古砖

区　域	样本编号	种　类	保护级别	样本来源				
				市	县 / 区	地　点	文保单位	采样位置
晋　北	DT–YG–YLS–102	条　砖	国　保	大　同	阳高县	县　城	云林寺	院内采集
晋　中	TY–JY–JC–104	条　砖	国　保	太　原	晋源区		晋　祠	奉圣寺大殿
晋东南	CZ–PS–BGQSMM–102	条　砖	国　保	长　治	平顺县	北甘泉村	北甘泉圣母庙	东配殿墙面
晋　南	LF–XF–FYDGM–102	条　砖	县　保	临　汾	襄汾县	北赵村	汾阴洞古庙	院内采集

表 6-28 各区域做成分分析的明代古砖

区域	样本编号	种类	保护级别	样本来源				
				市	县/区	地点	文保单位	采样位置
晋北	XZ-DX-YMG-102	长城砖	国保	忻州	代县	雁门关乡	雁门关	城墙
	SZ-SC-CFS-102	方砖	国保	朔州	朔城区	东大街	崇福寺	钟、鼓楼
	DT-YG-YLS-102	条砖	国保	大同	阳高县	县城	云林寺	院内采集
晋中	TY-QX-XGCHM-102	条砖	省保	太原	清徐县	徐沟镇	城隍庙	
	TY-QX-HTM-104	条砖	国保	太原	清徐县	西马峪村	狐突庙	后院散落
	JZ-JX-JXWYM-102	条砖	国保	晋中	介休市	城内东大街草市巷	介休五岳庙	影壁
晋东南	CZ-CZ-CZYHG-102	条砖	国保	长治	长治县	南宋村	长治玉皇观	西廊房前檐墙
	CZ-LC-XCTQWM-102	条砖	国保	长治	黎城县	辛村	辛村天齐王庙	正殿
	JC-ZZ-YHM-102	条砖	国保	晋城	泽州县	金村镇府城村	玉皇庙	院内采集
晋南	LF-XF-FCGJZQ-108	条砖	国保	临汾	襄汾县	汾城镇	汾城古建筑群	院内采集
	LF-FX-NJWQDMJ-102	条砖		临汾	汾西县	牛家洼村	牛家洼民居	院内采集
	YC-104	条砖		运城				采集

表 6-29 各区域做成分分析的清代古砖

区域	样本编号	种类	保护级别	样本来源				
				市	县/区	地点	文保单位	采样位置
晋北	DT-YG-YLS-102	条砖	国保	大同	阳高县	县城	云林寺	院内采集
	DT-HY-HYWM-103	条砖	国保	大同	浑源县	县城	浑源文庙	院内采集
	SZ-SY-XGWCC-101	长城砖	省保	朔州	山阴县	张家庄乡	新广武长城	长城墙体
晋中	TY-JY-JC-104	条砖	国保	太原	晋源区		晋祠	奉圣寺大殿
	JZ-PY-MJ-101	条砖		晋中	平遥县	朝杰古建		当地民居收集
	JZ-LS-WJDYMJ-104	方砖	国保	晋中	灵石县	静升村	王家大院	院内采集
晋东南	CZ-PS-BGQSMM-102	条砖	国保	长治	平顺县	北甘泉村	北甘泉圣母庙	东配殿墙面
	CZ-XY-XYWLM-102	条砖	国保	长治	襄垣县		襄垣五龙庙	院内采集
	JC-ZZ-BYCYHM-105	条砖	国保	晋城	泽州县		北义城玉皇庙	晋城市
晋南	LF-XF-FYDGM-102	条砖	县保	临汾	襄汾县	北赵村	汾阴洞古庙	院内采集
	YC-102	条砖		运城				采集
	YC-YJ-PZGC-102	城墙条砖	国保	运城	永济市		蒲州故城	城墙

三、古砖试验试件设计

取出各区域相应的砖样，按区域和时代进行标记，切割、钻取得到压汞（微观分析）试件；取出各区域相应的砖样，磨碎得到成分分析试样。

钻芯取压汞试件，试件尺寸为 ϕ13mm×13mm。采用内径为 ϕ13mm 的钢钻头，边钻芯边喷水降温，直至完成取芯（图 6–71a）。由于实验对含水率和尺寸有严格要求，在试验前必须将压汞试件在烘干箱中于 100℃ ±5℃下烘至恒重，人工修整，使压汞试件高度为 13mm（图 6–71b）。

成分分析包括氧化物分析和物相分析，试验样品均需要研磨成粉末状（图 6–72a）。古砖抗压破坏后尺寸小的碎块强度不高，可采用人工磨碎的方法，取 50g 的古砖碎块，取样时的碎块需从砖的多个空间位置获取，研磨砖样碎块至更细颗粒，通过 80μm 的标准方孔筛（图 6–72b）获得古砖成分分析试样（图 6–72c），多次研磨和过筛，直至获取 30g 的古砖试样。

（a）取芯机

（b）压汞试件

图 6–71 压汞试件取芯

（a）研磨工具

（b）80μm 的标准方孔筛

（c）成分分析试样

图 6–72 成分分析取样

四、试验方法

本试验所涉及的主要仪器有美国麦克仪器 AutoPore IV 9520，日本岛津公司生产的岛津 XRF-1800，德国生产的布鲁克 D8 达芬奇 X 射线衍射仪。

（一）压汞仪

本试验所采用的压汞仪为美国麦克仪器 AutoPore IV 9520（图 6-73），可测量孔径范围 0.003μm~1100μm，4 个低压站及 2 个高压站，最高压力可选 33000psia 或者 60000psia 两种型号，安静的高压产生系统。

（二）XRF 仪器

本试验所采用的 XRF 仪器为日本岛津公司生产的 X 射线荧光光谱分析仪器，型号为岛津 XRF-1800（图 6-74），用作古砖氧化物成分分析，主要参数如下：

1.X 射线发生器

a. 靶材：Rh

b. 电压（Kv）：40

c. 电流（Ma）：70

d. 滤光片：无

2. 检测器系统

检测器：FPC PHA；（PHA 低值：22；PHA 高值：80）

狭缝：标准

气氛：真空

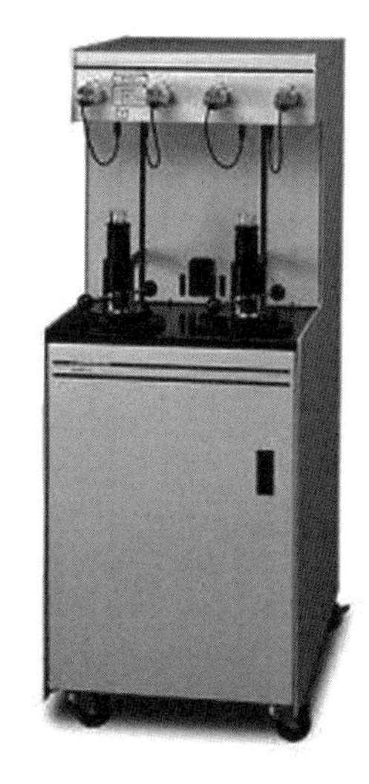

图 6-73　AutoPore IV 9520 压汞仪

图 6-74　岛津 XRF-1800

（三）XRD仪器

本试验所采用的XRD仪器为德国生产的布鲁克D8达芬奇X射线衍射仪，简称布鲁克D8 Advance（图6-75），用作古砖的物相分析，主要参数如下：

X射线发生器最大输出功率：≥3kW

射线光管：Cu靶，陶瓷X光管，2.2kW

测角仪：q/q立式测角仪

2q转动范围：-100° ≤2q≤168°

测角仪半径：≥200mm，测角圆直径可连续改变

可读最小步长：0.0001°

角度重现性：0.0001°

最高定位速度：≥1200° /min

探测器包含子探测器个数：>150个

图6-75　XRD衍射仪

（四）XRF和XRD试验

压汞试验按照试验仪器操作规程及《压汞法和气体吸附法测定固体材料孔径分布和孔隙度》（GB/T 21650.1-2008）进行操作。具体步骤为：选择膨胀计、膨胀计装样、抽真空、向样品膨胀计注汞、低压和高压测量等。本次测试中汞的接触角为130° ，测量孔隙的范围为：6nm~1mm。

XRF试验操作时结合岛津扫描型X射线荧光光谱仪说明书（P/N305-32004-01）、《耐火材料X射线荧光光谱化学分析熔铸玻璃片法》（GB/T 21114-2007）和《陶瓷材料及制品化学分析方法》（GB/T 4734-1996）。

XRD试验操作详见《转靶多晶体X射线衍射方法通则》（JY/T 009-1996），设置步长值0.02° / step，扫描速度0.4s/step，角度范围为10° ~80° 。

五、古砖成分及微结构分析

（一）古砖化学成分分析

1. 同时代不同区域的古砖化学成分对比

各区域明代和清代古砖经由XRF分析，所得化学（氧化物）成分种类主要包括SiO_2、Al_2O_3、CaO、Fe_2O_3等，相应含量见表6-26、表6-27。

表 6-26 各区域明代古砖氧化物分析结果（单位：%）

	SiO_2	Al_2O_3	CaO	Fe_2O_3	MgO	L.O.I
晋 北	66.46	13.14	8.13	5.19	3.40	1.85
晋 中	68.14	12.38	5.53	5.13	2.11	2.60
晋东南	64.78	15.96	1.33	6.38	2.62	1.22
晋 南	68.53	13.42	4.89	5.55	4.29	1.84

表 6-27 各区域清代古砖氧化物分析结果（单位：%）

	SiO_2	Al_2O_3	CaO	Fe_2O_3	MgO	L.O.I
晋 北	64.91	13.96	6.95	4.76	2.13	1.75
晋 中	63.86	14.87	6.46	4.98	2.17	1.30
晋东南	58.03	13.59	7.92	5.01	2.34	8.00
晋 南	62.27	14.67	9.80	5.40	2.50	0.38

（1）明代古砖化学成分分析

根据各区域明代古砖化学成分及含量可知（图 6-76），不同区域明代古砖的化学成分的种类是一致的，包含 SiO_2、Al_2O_3、CaO、Fe_2O_3 等 5 种主要化学成分。四个区域的古砖中，SiO_2 含量均在 50% 以上，说明 SiO_2 是古砖的主要组成成分。区域不同，SiO_2 含量会有不同的变化，晋南最高，其次为晋中、晋北，晋东南最低。明代古砖中化学成分含量占第二的是 Al_2O_3，晋东南最高，占 15.96%，其他三个区域接近，占 13% 左右。CaO 是排于 Al_2O_3 之后的化学成分，晋北最高，为 8.13%，晋东南最低，为 1.33%，各个区域相差比较大。再者是砖内重要的化学成分，即与古砖颜色息息相关的铁元素，以 Fe_2O_3 存在，各个区域非常接近，占 5.5% 左右。明代古砖中的 MgO 均低于 5%，属于低含量化学成分，但与泛霜相关。在烧失量方面，均在 3% 以下，晋中最高，晋东南最低。

（2）清代古砖化学成分分析

不同区域清代古砖的化学成分的种类是一致的（图 6-77），包含 SiO_2、Al_2O_3、CaO、Fe_2O_3 等 5 种化学成分。四个区域的古砖中，SiO_2 含量均在 50% 以上，说明 SiO_2 是古砖的主要组成成分。区域不同，SiO_2 含量会有不同的变化，晋北最高，其次为晋中与晋南，晋东南最低。清代古砖中化学成分含量占第二的是 Al_2O_3，各个区域非常接近，占 14% 左右。CaO 是排于 Al_2O_3 之后的化学成分，晋南最高，晋中最低。再者是砖内重要的化学成分，即与古砖颜色息息相关的铁元素，以 Fe_2O_3 存在，各个区域非常接近，占 5% 左右。清代古砖中的 MgO 均低于 3%，属于低含量化学成分，但与泛霜相关，表明泛霜能力接近。在烧失量方面，晋东南为 8%，其余均在 2% 以下，应为晋东南古砖中的某些成分在试验时释放出 CO_2 和 H_2O 等所致。

2. 同区域不同时代的古砖化学成分对比

各区域不同时代古砖的主要化学成分及含量有所不同。

根据晋北明、清两代古砖化学成分及含量可知（图 6–78），晋北明、清两代古砖的化学成分 SiO_2、Al_2O_3、CaO、Fe_2O_3、MgO 和烧失量分别相差 1.55%、–0.82%、1.18%、0.43%、1.27% 和 0.10%，两代古砖的各化学成分差值的绝对值均低于 1.6%，相差较小，表明制造晋北明、清两代古砖的原材料接近，属于同一区域。

根据晋中明、清两代古砖化学成分及含量可知（图 6–79），晋中明、清两代古砖的化学成分 SiO_2、Al_2O_3、CaO、Fe_2O_3、MgO 和烧失量分别相差 4.28%、–2.49%、–0.93%、0.15%、–0.06% 和 1.30%，两代古砖的各化学成分差值的绝对值均低于 5%，表明制造晋中明、清两代古砖的原材料接近，属于同一区域。

根据晋东南明、清两代古砖化学成分及含量可知（图 6–80），晋东南明、清两代古砖的化学成分 SiO_2、Al_2O_3、CaO、Fe_2O_3、MgO 和烧失量分别相差 6.75%、2.37%、–6.59%、1.37%、0.28% 和 –6.78%，两代古砖中 Al_2O_3、Fe_2O_3 和 MgO 差值的绝对值均低于 5%，而 SiO_2、CaO 和烧失量差值的绝对值均高于 5%，表明制造晋东南明、清两代古砖的原材料有一定的不同，该区域土样随不同空间位置有一些变化。

根据晋南明、清两代古砖化学成分及含量可知（图 6–81），晋南明、清两代古砖的化学成分 SiO_2、Al_2O_3、CaO、Fe_2O_3、MgO 和烧失量分别相差 6.26%、–1.25%、–4.91%、0.15%、1.79% 和 1.46%，两代古砖中 Al_2O_3 差值的绝对值略高于 5%，而其他化学成分差值的绝对值均低于 5%，表明制造晋南明、清两代古砖的原材料接近，属于同一区域。

通过对各区域明、清两代古砖化学成分进行对比、分析，可知晋北、晋中和晋南不同时代古砖化学成分相差不大，可以采集同一种土样作为制砖原料，而晋东南明、清两代古砖化学成分差值不可忽略，在仿制明、清古砖取原料土时要注意区别。

（二）古砖物相成分分析

物相成分分析采用 XRD 仪器。由于半定量分析误差大，所以对古砖砖样中的主要物相进行定性分析。各区域古砖物相 XRD 谱图中各峰对应的物相，用同样的数字表示同一种矿物。

晋北明代和清代古砖的物相成分分析结果（图 6–82）为：不论是晋北的清代古砖，还是明代古砖，它们所含的物相种类都是一样的，均有以下 8 种，分别是：SiO_2（石英）、$CaCO_3$（方解石）、K（AlFeLi）（SiO_3Al）O_{10}（OH）F（多硅锂云母 –1M）、$MgMnSiO_6$（直锰辉石）、$Ca_{0.2}$（Al，Mg）$_2Si_4O_{10}$（OH）$_2$·$4H_2O$（蒙脱石 –15）、Ca_2（Mn^{+2}，Fe^{+2}）（PO_4）$_2$·$2H_2O$（磷钙锰石）、$CaCu^{+2}Si_4O_{10}$（水硅钙铜矿）、$Fe_8Zr_2Ti_3Si_3O_{24}$（静海石）。同时，同时代的相同物相含量接近；古砖的相同物相的含量，明代古砖均大于清代古砖。

晋中明代和清代古砖的物相成分有所不同（图 6–83）。晋中明代和清代的古砖都含有以下 5 种物相：SiO_2（石英）、Na（Si_3Al）O_8（钠长石）、$C_4H_{12}AlNO_{12}Si_5$（铝硅氮氨石）、K_2Ca_5（SO_4）$_6$·H_2O（斜水钙钾矾）、（Fe，Mg）（Cr，Fe）$_2O_4$（四方铬铁矿）。不同的是，晋中的清代古砖还含

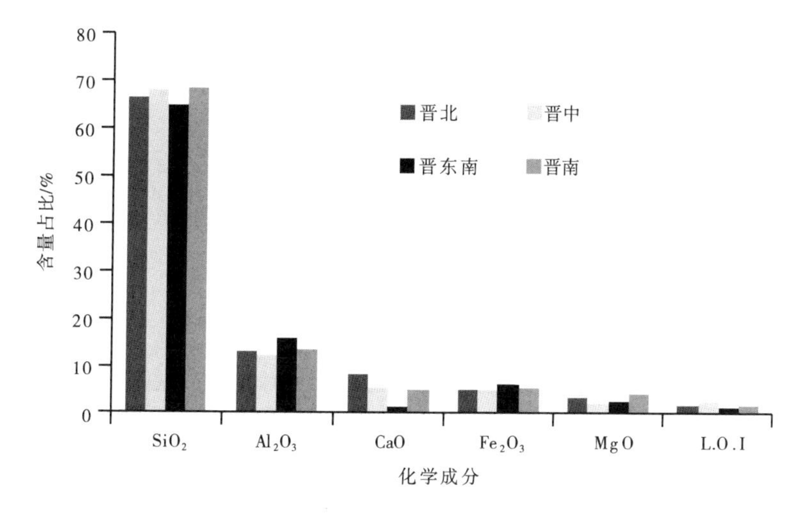

图 6-76　各区域明代古砖化学成分及含量

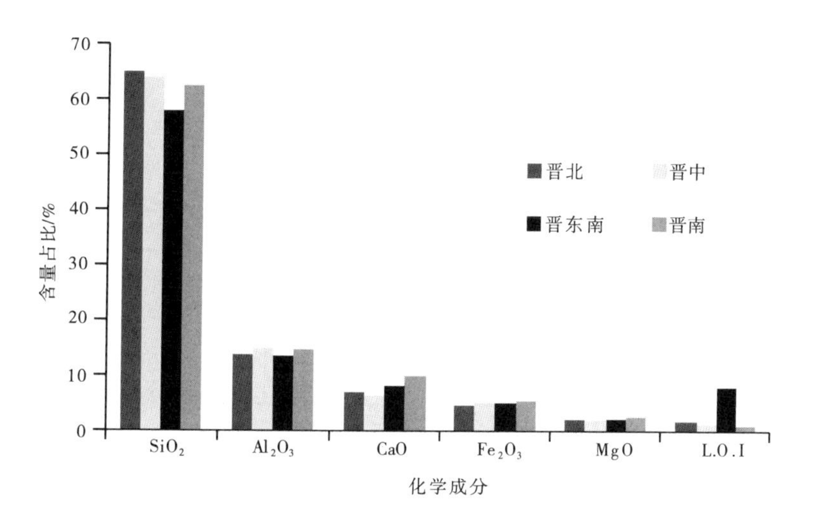

图 6-77　各区域清代古砖化学成分及含量

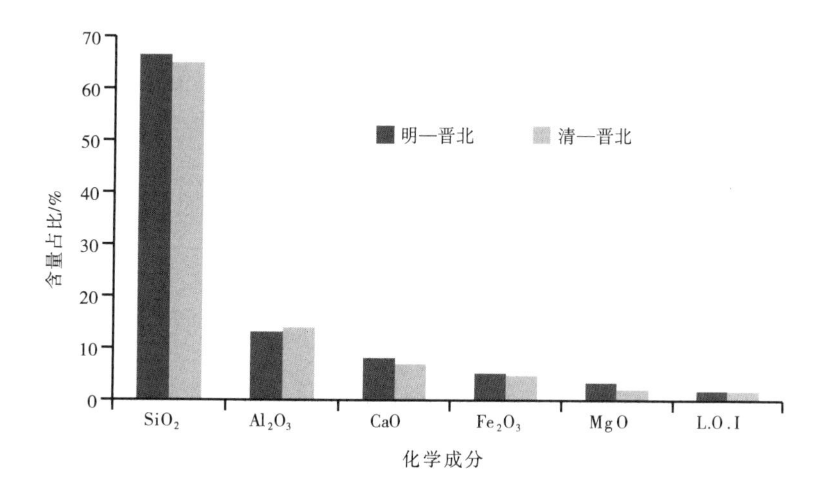

图 6-78　晋北明、清古砖化学成分及含量

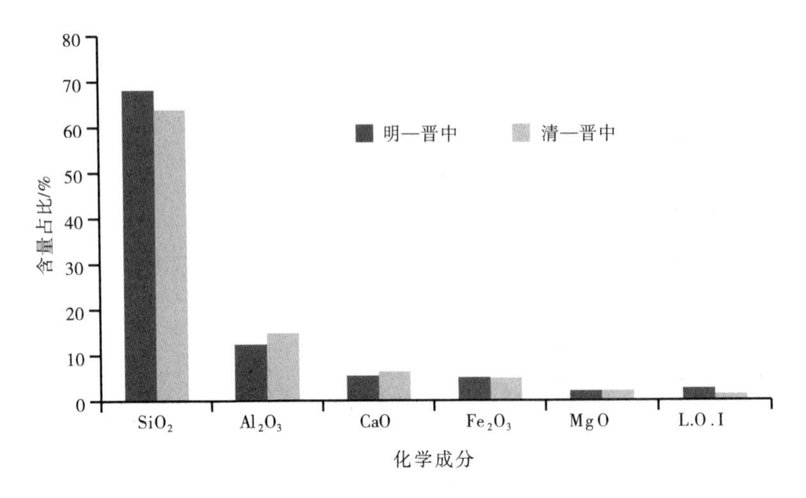

图 6-79　晋中明、清古砖化学成分及含量

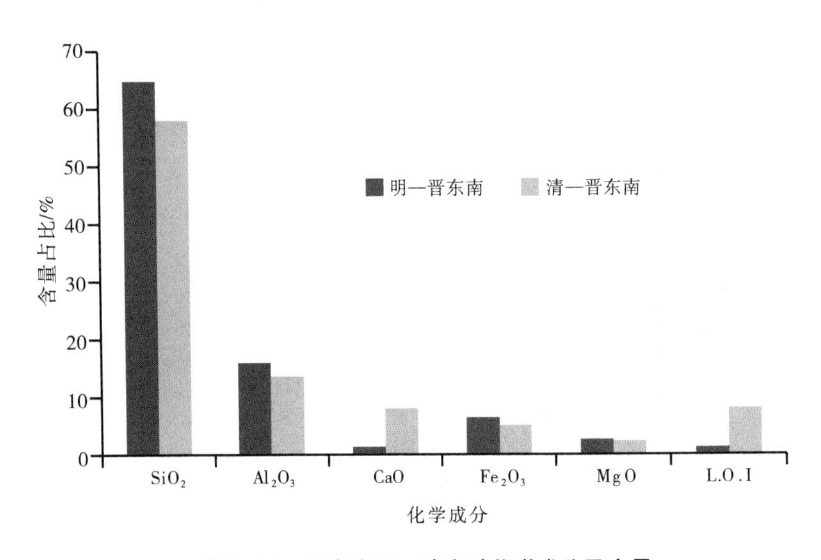

图 6-80　晋东南明、清古砖化学成分及含量

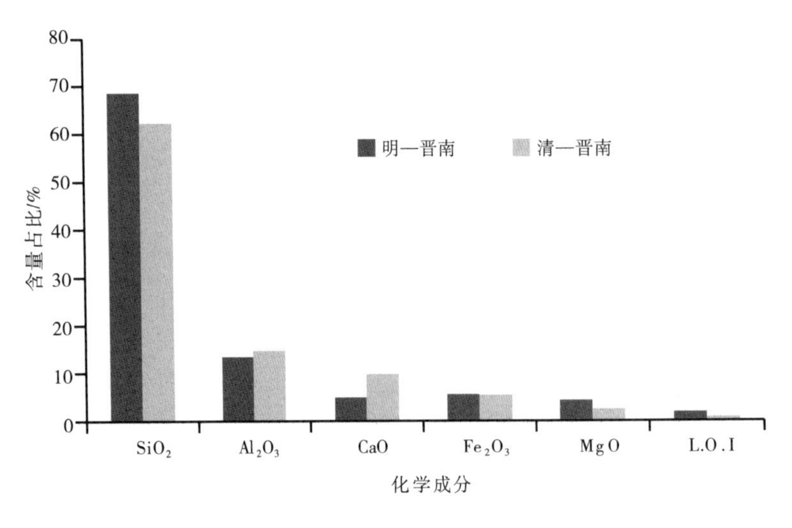

图 6-81　晋南明、清古砖化学成分及含量

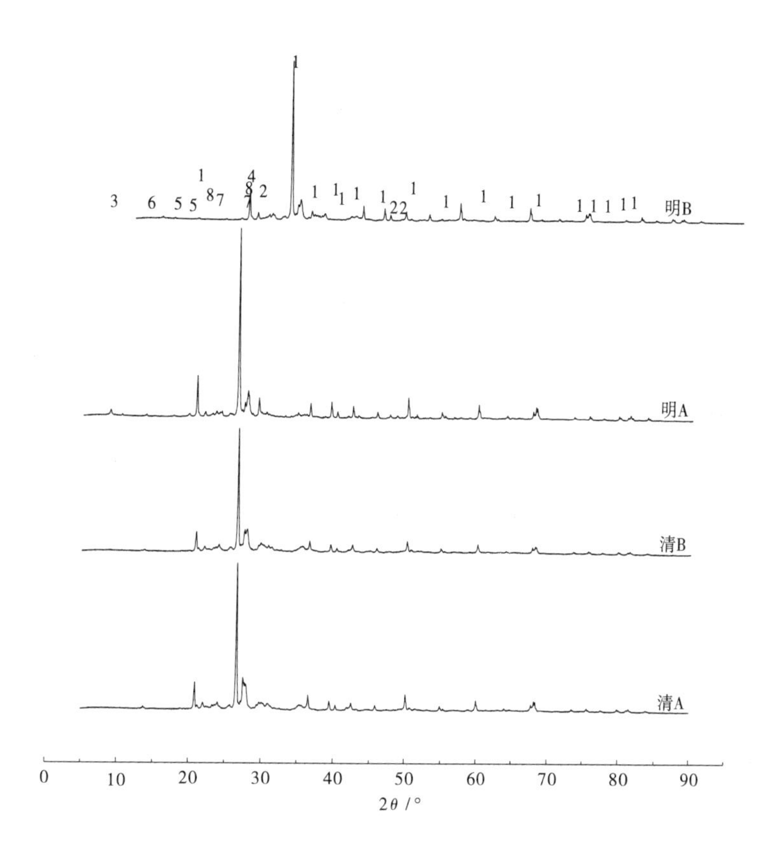

图 6-82　晋北古砖砖样 XRD 谱图

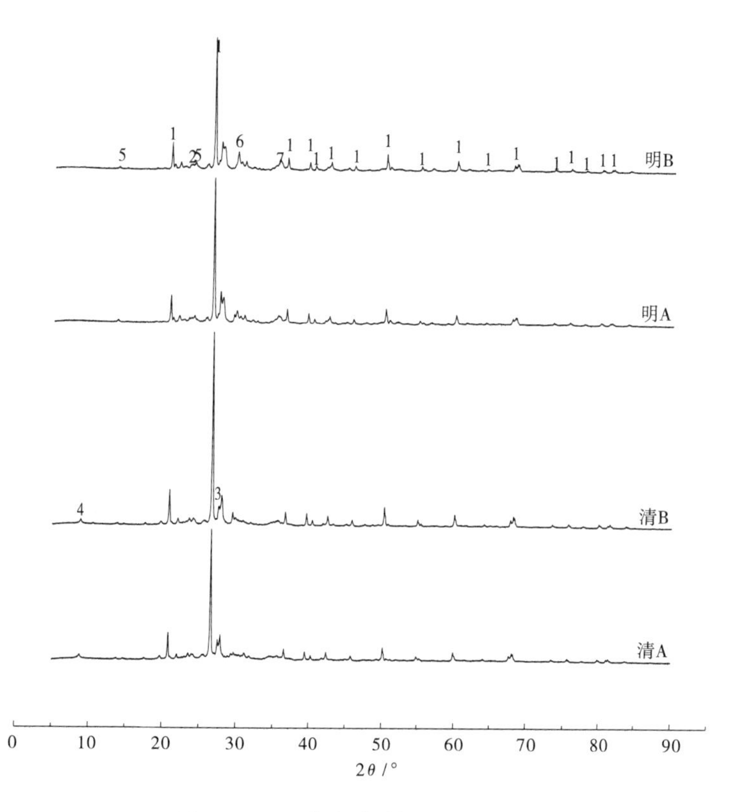

图 6-83　晋中古砖砖样 XRD 谱图

有 3—$KAlSi_3O_8$（微斜长石）和 4—$KAl_2SiO_{10}(OH)_2$（白云母 -1M），说明晋中明代和清代古砖的原材料有些差别。同时，同时代的相同物相含量接近；古砖相同物相的含量，明代古砖均大于清代古砖。

相较于晋北的古砖而言，晋中的古砖所含的物相种类比晋北的古砖少一种，除了都含石英外，剩余的其他物相均不一样，说明晋中和晋北的古砖原材料——土的差异是确实存在的。

不论是清代还是明代，晋东南的古砖所含的物相几乎都是一样的（图 6-84），均有以下 8 种，分别是：SiO_2（石英）、$Na(Si_3Al)O_8$（钠长石）、$KAlSi_3O_8$（微斜长石）、$KAl_2Si_3AlO_{10}(OH)_2$（白云母 -1M）、$NaAlSi_3O_8$（钠长石 -ordered）、$(K, Na)(Al, Mg, Fe)_2(Si_{3.1}Al_{0.9})O_{10}(OH)_2$（白云母 -3T）、$Ca_7(Si_6O_{18})(CO_3)\cdot 2H_2O$（碳硅钙石）、$Mn^{+2}Al_6Si_4O_{17}(OH)_2$（锰镁云母）。不同的是，晋东南清代的古砖比明代的古砖多了一种物相成分，即 $(Ca, K, Na)_8Si1_6O_{40}\cdot 11H_2O$（纤硅碱钙石）。

晋东南古砖与晋北古砖物相组成相比，除了均含二氧化硅外，其他几乎没有一样的；与晋中古砖物相组成相比，均含有石英、钠长石、微斜长石、白云母 -1M。这说明晋中与晋北的古砖物相组成差异较大，晋北和晋东南差异较小。

不论是晋南的清代古砖，还是晋南的明代古砖，它们所含的物相是一样的（图 6-85），均包含以下 6 种：SiO_2（石英）、$Na(Si_3Al)O_8$（钠长石）、$(Na, K)(Si_3Al)O_8$（透长石）、$Ca(Ti, Mg, Al)(Si, Al)_2O_6$（斜辉石）、$Mg(PO_4)_2$（磷镁石）、$CaZrTi_2O_7$（钙钛锆石）。

晋南古砖相比于晋北古砖，相同的只有石英；相比于晋中和晋东南古砖，相同的除了石英，还有钠长石。这表明不同区域的古砖的物相成分种类有一定的差异，主要成分均是石英，但是其他的物相随地域和时代不同有所区别。总体而言，不论是哪个区域和哪个时代的古砖，物相成分均含有石英（SiO_2），与 XRF 中测出的结果是一致的。

对山西省明、清两代四个区域的古砖进行综合分析，可知：①同区域不同时代的古砖的物相基本一致；②不论时代和区域，古砖均含有石英，与 XRF 结果一致；③不同区域，物相有所不同，结合各区域土样的 XRD 分析，结果基本一致。

（三）古砖微结构分析

压汞测试技术作为研究孔隙特征和分布的主要手段之一，被广泛用于多孔材料的孔隙研究中。汞是一种非浸润且无反应的液体，由于毛细现象，汞在进入孔隙时，表面张力阻止液体浸入，但在施加压力后，汞可借助压力，克服阻力，从而侵入孔隙。因此，根据所施加的压力即可量度孔径的大小。假定孔是圆柱形的，压力 P 和孔径的关系可用 Washburn 方程获得：

$$D=\frac{-4\sigma\cos\theta}{P}$$

式中：D —多孔体的孔隙直径（m）；

σ—汞的表面张力（N/m）；

θ —汞和水泥浆体孔表面之间的接触角；

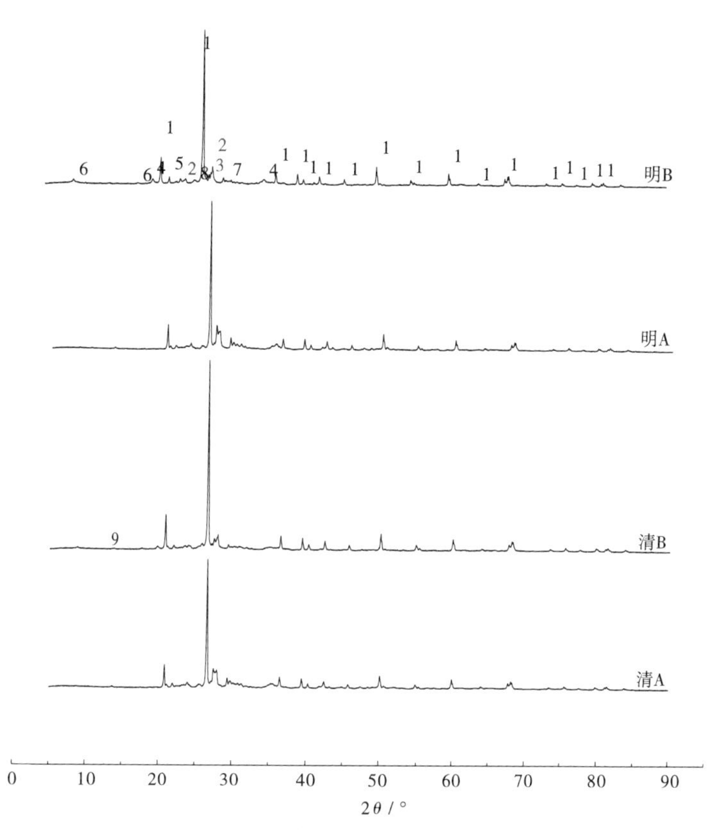

图 6-84　晋东南古砖砖样 XRD 谱图

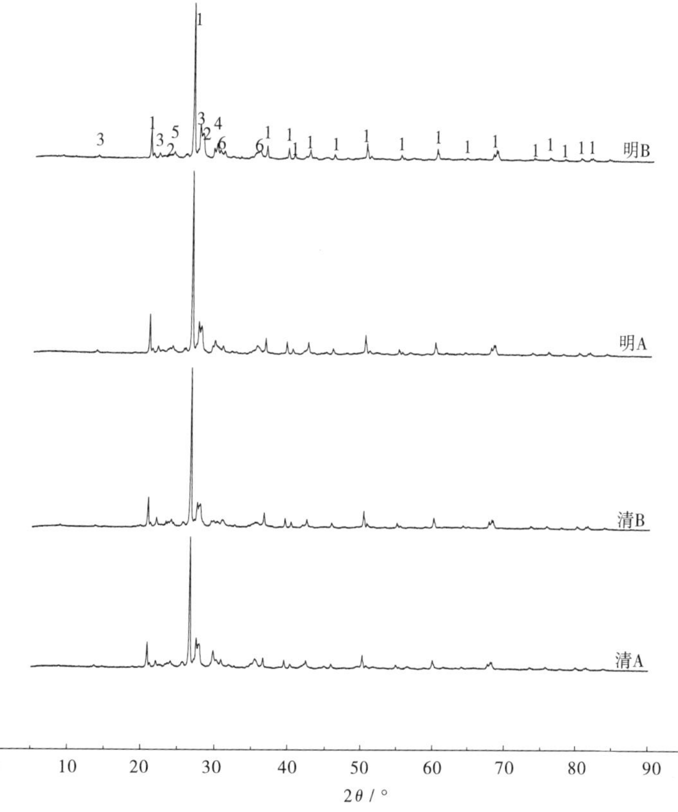

图 6-85　晋南古砖砖样 XRD 谱图

P —压入水银的压力（N/m^2）。

从 Washburn 方程可知，压力的增加使得汞逐步进入更细小狭窄的孔道，从而实现对连续孔径的测量。

古砖压汞试样检测结果包括汞压力、孔径、孔径总体积、孔径增加体积等。古砖试样具体结果见各表。

明代砖样包括晋北、晋中、晋东南和晋南四个区域的砖样，压汞检测结果见附录 C 中表 1—表 4。

清代砖样包括晋北、晋中、晋东南和晋南四个区域的砖样，压汞检测结果见附录 C 中表 5—表 8。

1. 孔结构参数分析

孔结构概念包含孔隙的孔隙率、孔径尺寸与级配、孔形貌、孔分布等方面的内容。通过压汞试验，我们得出不同区域古砖的孔结构参数结果（表 6–28、表 6–29）。

表 6–28　山西各区域明代古砖的孔结构参数

地　区	比表面积（m^2/g）	孔隙率（%）
晋　北	3.287	37.25
晋　中	1.575	33.04
晋东南	1.307	34.95
晋　南	1.855	42.98

表 6–29　山西各区域清代古砖的孔结构参数

地　区	比表面积（m^2/g）	孔隙率（%）
晋　北	1.65	38.13
晋　中	2.122	40.62
晋东南	2.251	41.87
晋　南	0.456	33.78

2. 孔隙率

山西不同区域明、清两代古砖孔隙率分布如图所示（图 6–86）。

山西各区域的明代古砖中，孔隙率最低的区域是晋中、最高的区域是晋南，分别为 33.04% 和 42.98%。晋北、晋东南和晋南的明代古砖分别比晋中明代古砖的孔隙率高 4.21%、1.91% 和 9.94%。结果表明，在区域上，明代古砖的孔隙率，山西中部最低，向南北两侧逐渐增加，呈凹形分布。

山西各区域的清代古砖中，孔隙率最高的区域是晋东南、最低的区域是晋南，分别为 41.87% 和 33.78%。晋北、晋中和晋南的清代古砖分别比晋东南清代古砖的孔隙低 3.74%、1.25% 和 8.09%。结果表明，在区域上，清代古砖的孔隙率，晋东南最高，向南北两侧逐渐降低，呈凸形分布。

同地域明、清两代古砖的孔隙率是有差异的。明代的古砖相较于清代的古砖，孔隙率在晋北、晋中、晋东南和晋南四个区域分别相差 –0.88%、–7.58%、–6.92% 和 9.20%。结果表明，同区域不同时代的古砖的孔隙率均存在差异，除晋南清代古砖比明代古砖的孔隙率低外，其余区域的清代古砖的孔隙率均比明代的高。

3. 孔比表面积

山西不同区域明、清两代古砖的孔比表面积分布如图所示（图 6-87），现从三方面分析孔比表面积变化。

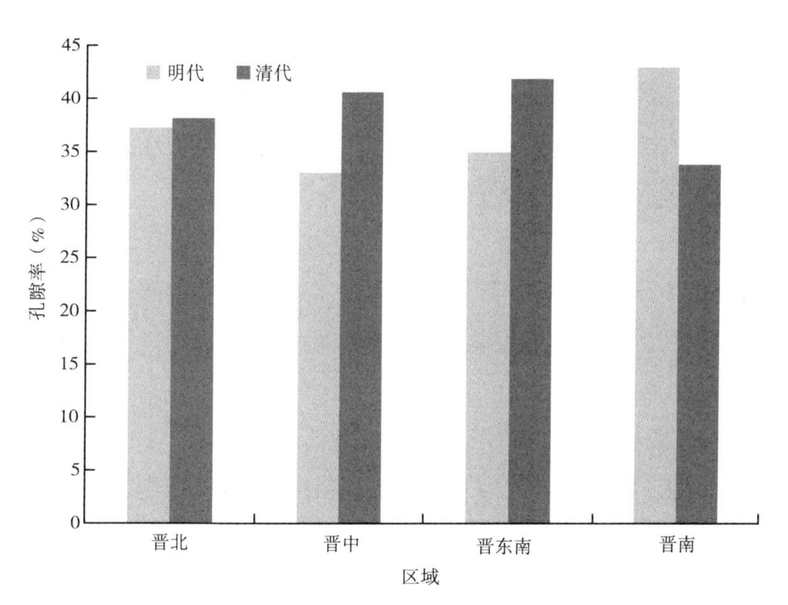

图 6-86　山西不同区域明、清古砖的孔隙率分布图

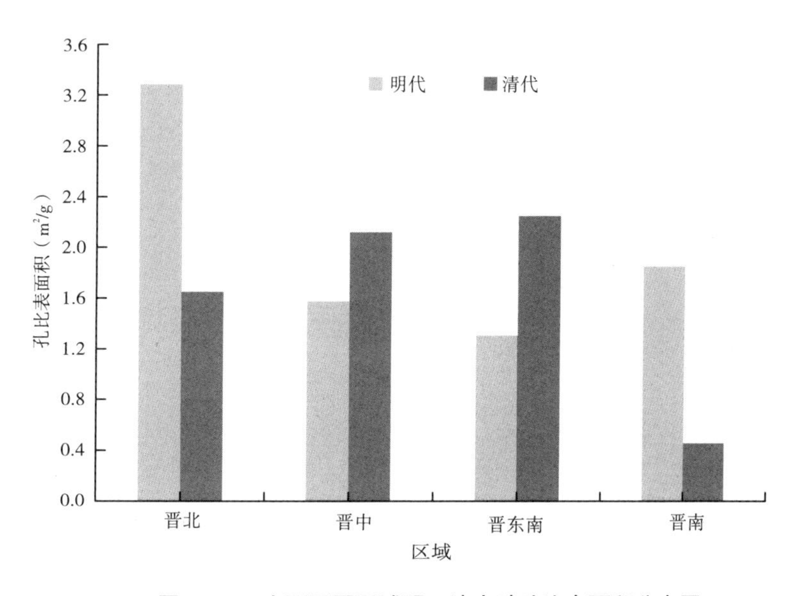

图 6-87　山西不同区域明、清古砖孔比表面积分布图

山西各区域的明代古砖中，孔比表面积最高的区域是晋北，最低的区域是晋东南，分别为 3.287m²/g 和 1.307m²/g。晋北、晋中和晋南的明代古砖分别比晋东南的明代古砖的孔比表面积高 151.49%、20.50% 和 41.93%。结果表明，在区域上，明代古砖的孔比表面积，晋东南最低，向南北逐渐升高，呈凹形分布。

山西各区域的清代古砖中，孔比表面积最高的区域是晋东南，最低的区域是晋南，分别为 2.251m²/g 和 0.456m²/g。晋北、晋中和晋东南的清代古砖分别比晋南的清代古砖的孔比表面积高 261.84%、365.35% 和 393.64%。结果表明，在区域上，清代古砖的孔比表面积，晋东南最高，向南北两侧逐渐升高，呈凸形分布。

同地域明清时代古砖的孔比表面积是有差异的。明代的古砖相较于清代的古砖，孔比表面积在晋北、晋中、晋东南和晋南四个区域分别相差 1.637m²/g、–0.547m²/g、0.944m²/g 和 1.399m²/g。结果表明，同区域不同时代古砖的孔比表面积均存在差异，晋中相差较小，以晋中为中心，其余区域的明、清两代古砖的孔比表面积差的绝对值越来越大。

4. 孔径分布

最可几孔径代表材料中分布最多孔隙对应的孔径，在孔隙分布的研究中有重要意义。除最可几孔径孔隙外，有些孔径的孔隙分布比最可几孔径数量略少，对材料的性能也有较大影响，具有研究的重要性。

（1）各区域明代古砖孔径分析

晋北明代古砖的最可几孔径是 3.03611μm，1μm~10μm 的孔径分布较多，但分布离散，有 6 个峰值孔径，对应的孔隙数量上相差比较大；0.1μm~1μm 的孔径分布比较均匀，总体孔隙数量比较多；在 100μm~1000μm 的孔径也有一定的分布；峰值为 11.77363μm 左右的孔径也有相当的孔

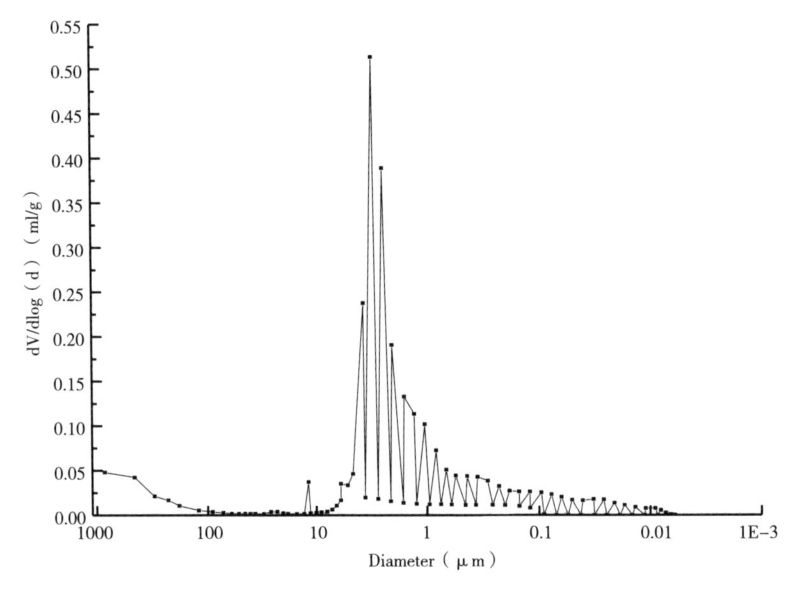

图 6–88　晋北明代古砖孔径分布

隙数量（图 6–88）。

晋中明代古砖的最可几孔径是 3.04428 μm，0.1 μm~10 μm 的孔径分布较多，但在孔径分布上略显离散；0.1 μm~1 μm 的总体孔隙数量比较多，0.1 μm~1 μm 的孔径的孔隙数量呈线性增加；100 μm~1000 μm 的孔径也有一定的分布，500 μm 的孔径的孔隙较多；峰值为 11.3627 μm 左右的孔径也有相当的孔隙数量（图 6–89）。

晋东南明代古砖的最可几孔径是 3.03383 μm，0.1 μm~10 μm 的孔径分布较多，1 μm 左右的孔径的数量较为均匀；100 μm~1000 μm 的孔径也有一定的分布，500 μm 以上孔径的孔隙较多；峰值

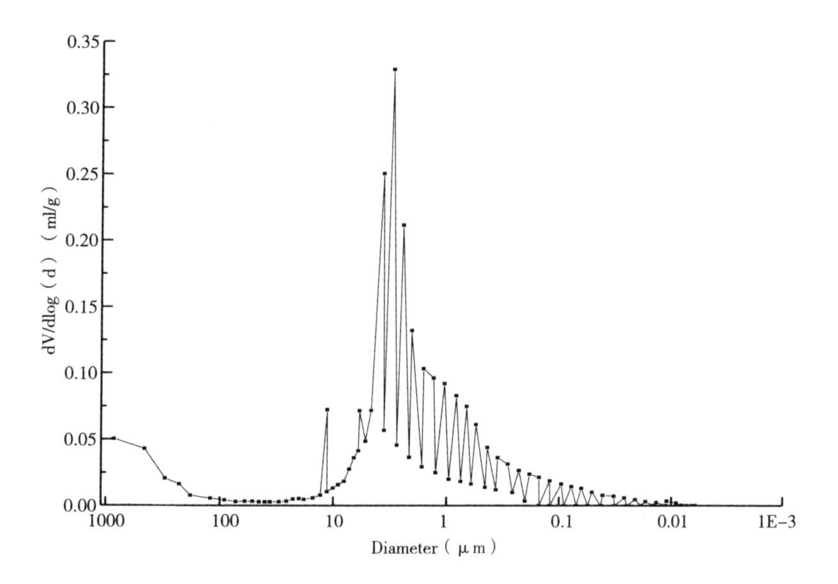

图 6–89 晋中明代古砖孔径分布

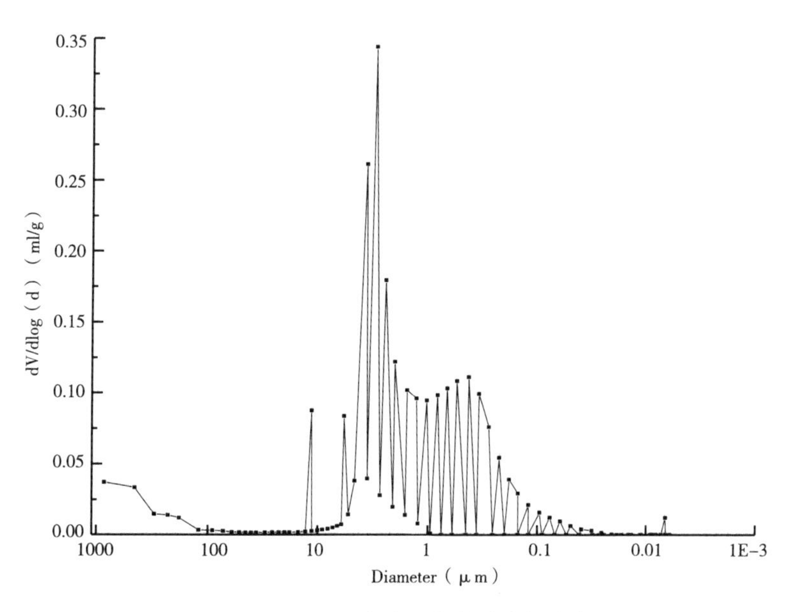

图 6–90 晋东南明代古砖孔径分布

为 11.5606 μm 左右的孔径也有相当的孔隙数量（图 6–90）。

晋南明代古砖的最可几孔径是 2.00722 μm，1 μm 左右的孔径分布较多；0.1 μm~1 μm 的孔径的孔隙数量大致呈线性增加；100 μm~1000 μm 的孔径也有一定的分布，500 μm 的孔径的孔隙较多；峰值为 11.11067 μm 左右的孔径也有相当的孔隙数量（图 6–91）。

综合分析山西各区域明代古砖的孔径分布可知，晋北、晋中和晋东南明代古砖的最可几孔径都集中在 3.03 μm 左右，晋南明代古砖的最可几孔径比其他区域小约 1 μm；各区域，1 μm~10 μm 的孔径分布较多，其次是 500 μm 之上的孔径；各区域峰值约为 11.5 μm 相邻小区间内的孔径分布也占相当的量。

（2）各区域清代古砖孔径分析

晋北清代古砖的最可几孔径是 2.03001 μm，1 μm~10 μm 范围内的孔径分布较多，但分布离散，有 6 个峰值孔径，对应的孔隙数量相差比较大；0.1 μm~1 μm 的孔径的孔隙数量大致呈线性增加，总体孔隙数量比较多；100 μm~1000 μm 的孔径也有一定的分布，500 μm 以上孔径较多；峰值为 11.43809 μm 左右的孔径也有相当的孔隙数量（图 6–92）。

晋中清代古砖的最可几孔径是 2.41623 μm，1 μm~10 μm 的孔径分布较多，但在孔径分布上略显离散；0.1 μm~1 μm 的总体孔隙数量比较多，0.1 μm~1 μm 的孔径的孔隙数量大致呈线性增加；100 μm~1000 μm 的孔径也有一定的分布，500 μm 的孔径的孔隙较多；峰值为 11.73558 μm 左右的孔径也有相当的孔隙数量（图 6–93）。

晋东南清代古砖的最可几孔径是 2.43214 μm，1 μm~10 μm 的孔径分布较多，但在孔径分布上略显离散；0.1 μm~1 μm 的总体孔隙数量比较多，0.1 μm~1 μm 的孔径的孔隙数量大致呈线性增加；100 μm~1000 μm 的孔径也有一定的分布，相对于其他区域较少；峰值为 11.39034 μm 左右的孔径也

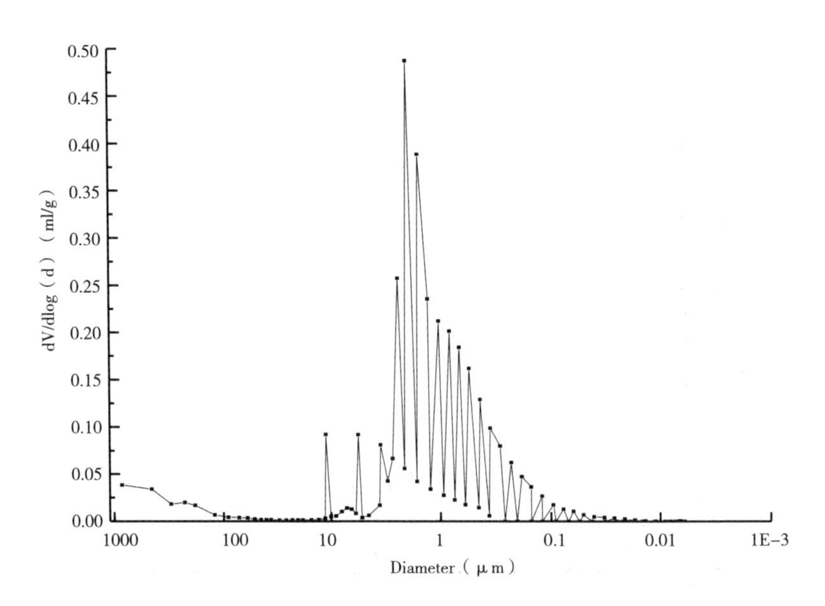

图 6–91　晋南明代古砖孔径分布

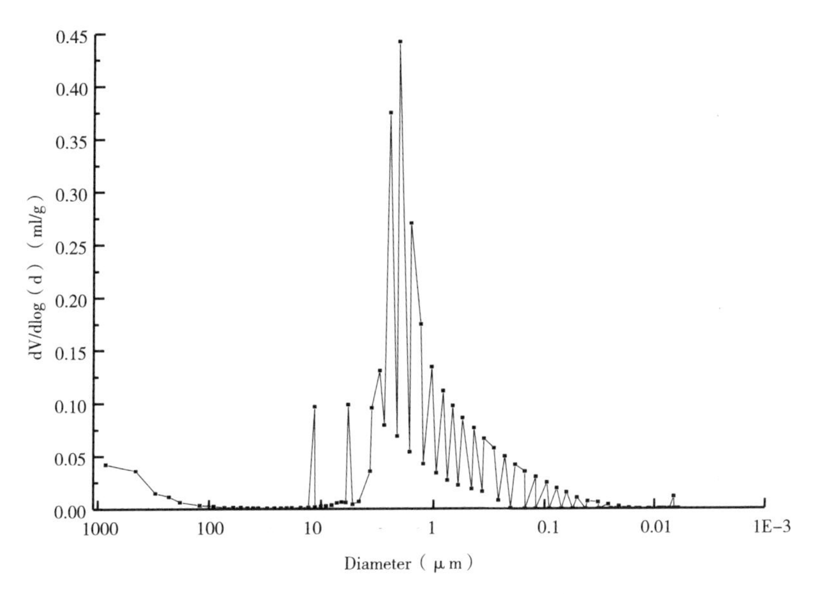

图 6–92　晋北清代古砖孔径分布

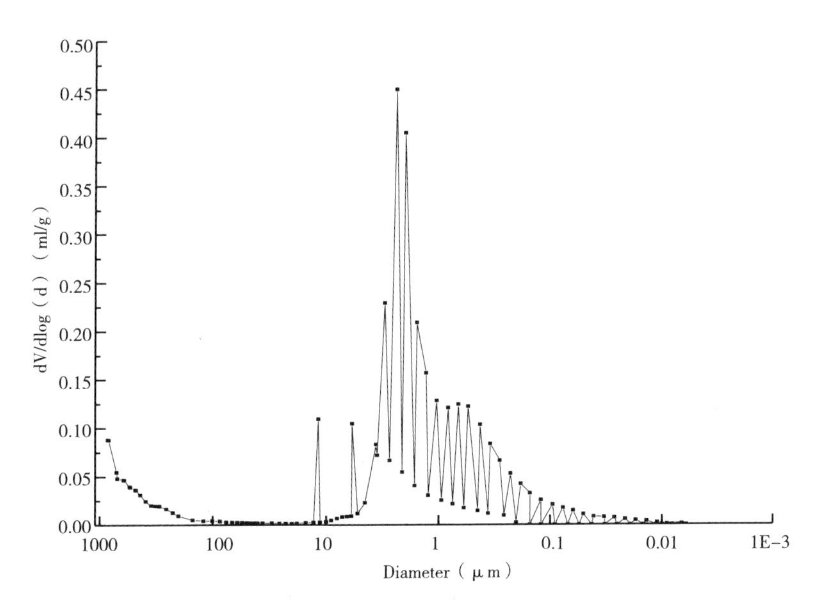

图 6–93　晋中清代古砖孔径分布

有相当的孔隙数量（图 6–94）。

晋南清代古砖的最可几孔径是 3.03611μm，1μm~10μm 的孔径分布最多；0.1μm~1μm 的孔隙数量分布较多，0.1μm~1μm 的孔径的孔隙数量大致呈线性增加；100μm~1000μm 的孔径也有一定的分布；峰值为 11.77363μm 左右的孔径也有相当的孔隙数量（图 6–95）。

综合分析山西各区域清代古砖的孔径分布可知，晋北、晋中和晋东南清代古砖的最可几孔径都集中在 2.2μm 左右，晋南清代古砖的最可几孔径比其他区域约大 1μm；各区域 1μm~10μm 的孔径分布较多，其次是 500μm 之上的孔径；各区域峰值约为 11.5μm 相邻小区间内的孔径分布也占

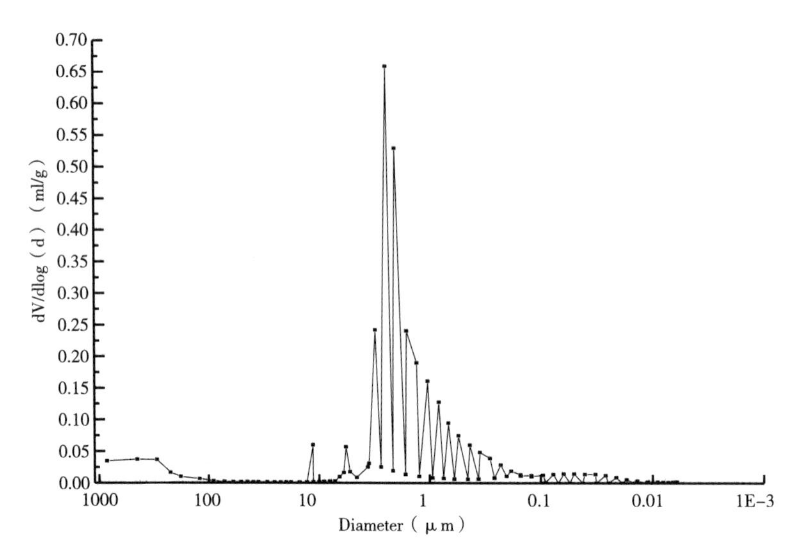

图 6-94　晋东南清代古砖孔径分布

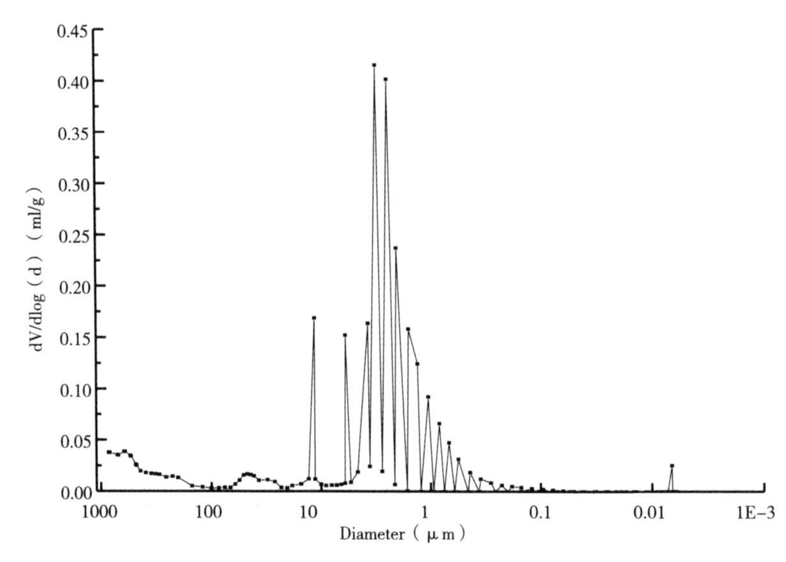

图 6-95　晋南清代古砖孔径分布

相当的量。

对比山西各区域明、清两代古砖的孔径分布，可知，晋北、晋中和晋东南明、清两代古砖的最可几孔径都比较集中，这三个区域的明代古砖的最可几孔径比清代古砖的最可几孔径大0.8μm左右，晋南区域的古砖与其他区域的古砖最可几孔径相差不大，差的绝对值约为1μm。各区域明、清两代的古砖，1μm~10μm的孔径分布较多，其次是500μm之上的孔径；各区域明、清两代的古砖，峰值约为11.5μm相邻小区间内的孔径分布也占相当的量。

第六节　小　结

一、古砖原构件物理力学性能试验研究结论

（一）古砖原构件物理性能

1. 吸水性能

通过试验并结合《文物建筑维修基本材料・青砖》（WW/T0049-2014）的相关规定，我们研究了山西省明清时期古砖原构件的吸水性能，发现古砖原构件大部分可以满足标准中吸水率不大于18% 的要求，均不满足体积密度不小于 $1.9g/cm^3$ 的要求。这可能是古代制砖工艺所限，加上历经几百年时间的使用，有一定程度的风化而导致的。饱和系数与古砖抗冻性密切相关，从而影响其抗风化性能。饱和系数越低，古砖的抗冻性能越好，抗风化性能越强。试件为明清时期的古砖，经历了足够多次的自然抗冻性试验，如今仍能测得其有较低的饱和系数，证明其有着良好的抗冻性能。试验所示抗冻性能较好的古砖原构件同样有着较好的力学性能，饱和系数越小，力学强度越高。

2. 体积密度

每个地区的古砖原构件的各项性能均有着区域的独特性。晋北地区古砖的体积密度为 $1170kg/m^3$ ~$1840kg/m^3$，较为离散，饱和系数均较大，分布在 81.12%~96.44% 之间；晋东南地区古砖的体积密度最集中，为 $1410kg/m^3$~$1590kg/m^3$，饱和系数均较低，分布在 60.09%~87.36% 之间，力学性能也均较低；晋南和晋中地区的古砖体积密度较为集中，分别分布在 $1483kg/m^3$~$1691kg/m^3$ 和 $1400 kg/m^3$~$1700kg/m^3$ 之间。这与地域的原材料有着一定的关系。

3. 孔隙率

四个地区的古砖原构件孔隙率均分布在 0%~50% 之间，较为均匀。其中，晋北地区的古砖孔隙率相比之下最高，分布最为离散，分布在 4.55%~46.6% 之间，平均值为 22.27%；晋东南和晋南地区的古砖孔隙率较小，分别分布在 0%~30% 和 0%~25% 之间，平均值分别为 11.1% 和 15.71%。

（二）古砖原构件力学性能

1. 抗压强度

山西省明清古砖抗压强度最小的原构件，编号为 SZ-YX-BLKB-101，是采集于朔州市应县明代堡墙的条砖，抗压强度为 3.91MPa；抗压强度最大的古砖原构件，编号为 LF-XF-FYDGM-102，是采集于临汾市襄汾县的清代条砖，抗压强度为35.42MPa。抗压强度大多分布在5MPa~10MPa之间，平均抗压强度为9.18MPa。

2. 抗折强度

山西省明清古砖抗折强度最小的原构件，编号为LF-FX-FXZWC-102，是采集于临汾市汾西县的明代条砖，抗折强度为0.71MPa；抗折强度最大的古砖原构件，编号为JC-GP-DFWSG-102，是采集于晋城高平市的明代条砖，抗折强度为6.63MPa。抗折强度大多分布在1.5MPa~3.5MPa之间，平均抗折强度为2.79MPa。

我们将每个地区的古砖原构件均重新按照时代分类并编号，通过分类比对发现，虽然时代不同，但古砖抗折、抗压强度受时代的影响不明显。明代抗折强度分布在0.71MPa~6.63MPa之间，抗压强度分布在3.91MPa~23.7MPa之间。清代抗折强度分布在0.99MPa~5.39MPa之间，抗压强度分布在5.12MPa~35.42MPa之间。甚至一部分时代较早的明代古砖原构件抗压强度能满足普通烧结砖MU20强度等级。

综上所述，山西四个地区的古砖原构件从开始使用至今，均保存着良好的外观形态，种类、尺寸、质量、观感各不相同，受古代制砖工艺所限，且均为手工制作，故每一块古砖原构件都是不可复制的，加上种类繁多，没有统一标准，这就导致了部分试验结果离散性较大。同时，每个地区的古砖原构件都会受到地区的影响（原材料、制砖工艺等），从而显示出本地区独有的一些特性，如晋北地区的古砖尺寸均较大，晋中地区的古砖饱和系数较大，晋东南地区和晋南地区的古砖体积密度最为集中，且孔隙率均较小。

通过进行古砖原构件的吸水性能和物理力学性能等相关试验，我们将试验结果根据时代、地区、种类进行分类对比，确定不同条件下影响古砖原构件各项性能的各种因素，并对比现代普通烧结砖与青砖的相关标准，可以为今后仿古砖以及古建筑的修缮工作提供更好的理论基础和数据支撑。

二、古砖成分及微观结构试验研究结论

不论哪个区域和哪个朝代的古砖，其所含氧化物均主要为SiO_2、Al_2O_3、CaO、Fe_2O_3和MgO，SiO_2和Al_2O_3含量排于前两位，其中SiO_2含量均大于50%，Al_2O_3在13%左右。在古砖的物相上，同朝代古砖相近，不同区域的古砖有所差别。

同朝代不同区域的古砖孔隙率，明代时，山西中部最低，向南北两侧逐渐增加，呈凹形分布；清代时，晋东南最高，向南北两侧逐渐降低，呈凸形分布。同区域不同朝代的古砖孔隙率，晋北的古砖比较接近，其余区域差值均在10%以内。

同朝代不同区域古砖的最可几孔径，晋北、晋中、晋东南明代的均比清代的大1μm左右，而晋南明、清两代古砖均和同代其他区域差1μm左右。

三、古瓦原构件物理力学性能试验研究结论

1. 外观质量

试验中，古瓦种类以板瓦和筒瓦为主，所属朝代以清代居多，大小不一，体积分布较离散，板瓦总体分布在 414.17cm^3~4526.79cm^3 之间，筒瓦总体分布在 501.4cm^3~1380.74cm^3 之间。所有古瓦外观质量情况均良好，没有明显破损、起包、砂眼等，表明古代制瓦工艺精良。

2. 抗渗性能

古瓦总体的淋水实验结果并不理想，大部分不满足现代屋面瓦标准要求（润湿面积＜25%），其中板瓦的润湿比例整体大于筒瓦。随着时间的推移，古瓦的抗渗性能逐渐降低。

3. 力学性能

古瓦不作为建筑物的主要承重构件，我们对尺寸接近于现代屋面瓦的古瓦进行了抗弯试验，抗弯强度均在 1200N 及以上，试验结果均远大于现代屋面瓦标准（850N）。

综上所述，古代瓦虽然有着几百年的历史，但其外观质量良好，抗弯强度较高，这与其制作工艺有着密不可分的关系，证明手工制瓦工艺仍有着不可替代的特性。

第七章

仿制砖瓦性能分析

第一节　土样分析

烧制砖和瓦的原料并不相同，因为砖和瓦成型对塑性的要求是不同的。无论是砖的长、宽，还是高，各项尺寸均在瓦厚度的3倍以上，同时砖的模具是平放于地上的，而瓦的模具是立着的，所以制作古砖对原料土的塑性要求更高，要求黄土与胶泥的比例为1∶2，而瓦与之相反。

一、土样的成分检测及分析

用于仿制砖的土样来自各区域中生产古砖较多的地方，目前收集到晋北、晋南和晋中三个区域的土样（表7–1、表7–2）。

表7–1　仿制砖的土样来源

序　号	区　域	土样来源地	土样种类
1	晋　北	忻州市五台县东冶镇北街村	胶泥1和胶泥2、黏土
2	晋　南	运城市万荣县	黏　土
3	晋　中	吕梁市交城县段村	黏　土

表7–2　晋北、晋南、晋中土样主要化学成分及含量

土　样	SiO_2	Al_2O_3	CaO	Fe_2O_3	MgO	L.O.I
晋北土	64.7%	12.42%	4.06%	4.72%	3.69%	2.31%
晋南土	58.59%	11.63%	6.13%	7.2%	3.93%	9.78%
晋中土	62.37%	12.75%	4.06%	5.07%	3.69%	9.34%

晋北、晋南、晋中三个区域土样的化学成分主要有SiO_2、Al_2O_3、CaO、Fe_2O_3和MgO五种。各化学成分含量由高到低为：SiO_2、Al_2O_3、Fe_2O_3、CaO和MgO。其中SiO_2的含量，晋北最高，晋中其次，晋南最低；Al_2O_3的含量，三个区域接近，占12%左右；Fe_2O_3和CaO的含量，晋南最高，晋北和晋中接近；在烧失量方面，晋中和晋南接近，在9.5%左右，晋北低至2.31%（图7–1）。

各区域土样的化学成分均和区域内明、清古砖的化学成分有差异。晋北、晋中土样与晋北、晋中明清两代古砖的化学成分差异均不大（在2%以内），晋南土样与晋南明清两代古砖的化学成分差异有些大（明代在10%内，清代在4%内）。在要求不高的情况下，仿制砖的土可以用尽量接近

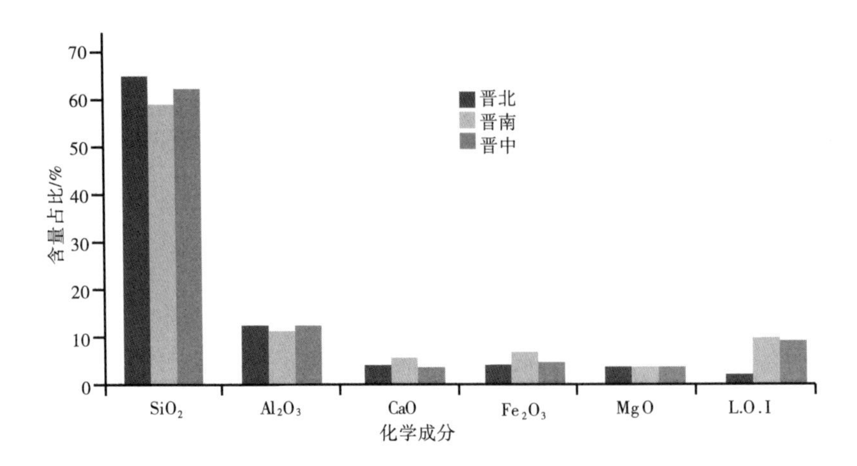

图 7-1　晋北、晋南、晋中三区域土样化学成分

的，而不必考虑地域。

二、土样的物相成分分析

土样物相成分的分析方法与砖样物相成分的分析方法一致。晋北、晋南和晋东南土的 XRD 图谱分析见图 7-2。

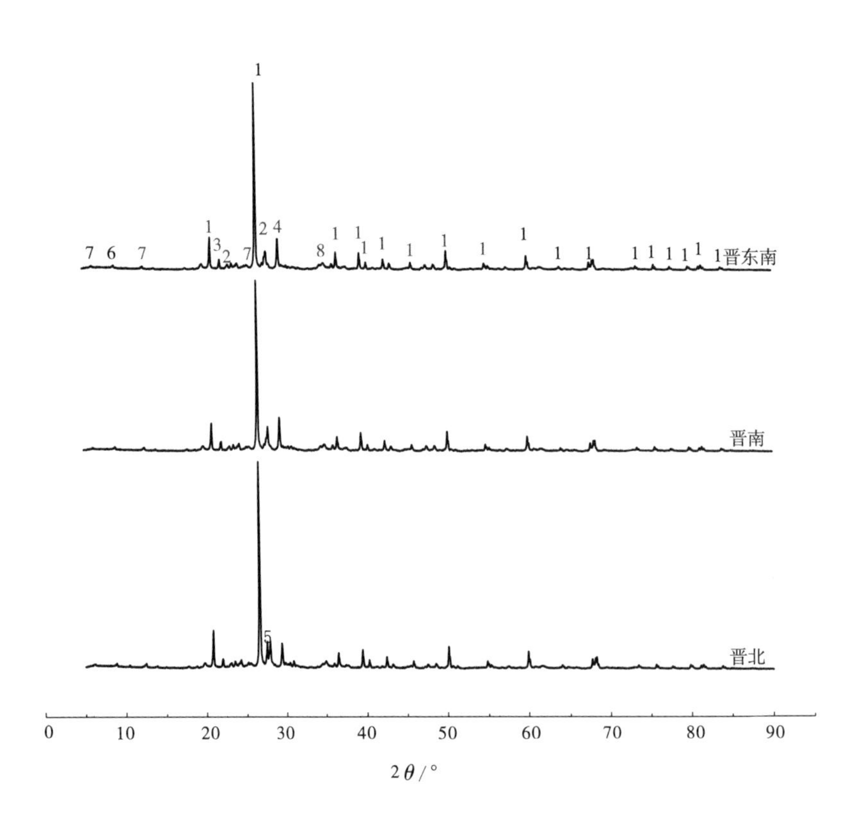

图 7-2　晋东南、晋南、晋北土样的 XRD 谱图

晋东南、晋南和晋北三个区域的土样包含的物相成分基本一致，均含有近10种物相，分别为：SiO_2（石英）、$Na(Si_3Al)O_8$（钠长石）、（Na，K）$(Si_3Al)O_8$（透长石）、$CaCO_3$（方解石）、$CaAl_{18}(PO_4)_{12}(OH)_{20}\cdot 28H_2O$、（Fe，Al，Mg）$_6$（Si，Al）$_4O_{10}(OH)_8$（鲕绿泥石）、$MnFe_2O_4$（锰铁尖晶石）。不同的是，晋北的土样中还含有 $CaTiO(SiO_4)$（榍石）这种物相，不含钠长石。

对比相应地区古砖样的XRD图谱，可发现土样和古砖同样的物相是石英、钠长石、透辉石，但是古砖中还有其他不同的物相，原因可能有二：一是土壤随着时间发生了变化；二是在烧制过程中，砖中的多种化学成分发生了化学反应，导致了变化。

第二节　成砖物理性能检测

目前市场流行的仿古砖分为两大类：一是纯古法制作；二是制坯工艺采用古法，但烧制采用现代工艺。本实验采集运城市万荣通化六毋敬义仿制建材销售点的梭式窑砖样和鑫盛古建北阳琉璃工艺厂的隧道窑砖样，与忻州市五台县东冶镇北街村古砖生产厂采用古法工艺制作的砖样本进行对比分析与研究。

为方便命名和记录、分析，在忻州市五台县东冶镇北街村古砖生产厂制作的砖，简称晋北梭式窑改良的古砖；在运城市万荣通化六毋敬义仿制建材销售点制作的砖，简称晋南梭式窑仿制的古砖；在运城市鑫盛古建北阳琉璃工艺厂制作的砖，简称晋南隧道窑仿制的古砖。

对仿制的古砖所进行的系列试验，包括吸水性能试验和物理力学性能试验。其中物理力学性能试验包括尺寸偏差、外观质量、强度、抗风化性能和泛霜等。

一、尺寸偏差

对晋南梭式窑仿制的古砖、隧道窑仿制的古砖和晋北梭式窑改良的古砖全部进行尺寸测量（图7-3），测量时精确到0.5mm，取平均值时，精确到1mm，具体测量方法见国家标准《烧结普通砖》（GB/T 5101-1985）。

（一）晋南仿制砖的尺寸偏差分析

晋南梭式窑仿制的古砖共计18块，随机选取10块进行测试，各块仿制古砖长、宽、高三方向的测量统计结果如下（表7-3、表7-4）。

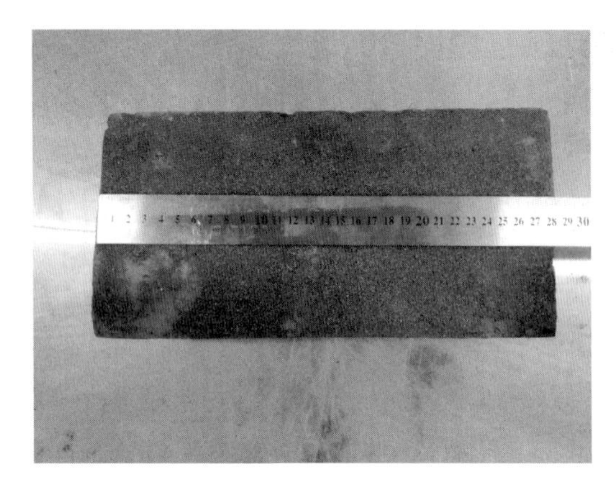

图 7–3　尺寸测量

表 7–3　晋南梭式窑仿制的古砖尺寸测量统计（单位：mm）

编　号	长	宽	高	编　号	长	宽	高
1	287.0	138.5	70.0	6	285.5	134.0	69.0
	285.0	140.0	69.5		285.0	135.5	68.5
2	280.5	139.0	68.5	7	288.0	136.5	65.5
	284.5	138.5	69.0		290.5	135.0	65.0
3	282.5	133.5	64.5	8	281.5	139.0	68.5
	284.0	133.0	65.0		289.5	138.0	61.5
4	284.5	134.5	69.5	9	285.0	138.0	67.5
	281.5	135.5	68.0		287.5	137.0	66.0
5	282.0	134.5	68.0	10	284.0	136.0	68.0
	286.5	135.5	68.0		283.0	137.5	67.5

表 7–4　晋南梭式窑仿制的古砖尺寸取值表（单位：mm）

编　号	长	宽	高	编　号	长	宽	高
1	286	139	70	6	285	135	69
2	283	139	69	7	289	136	65
3	283	133	65	8	286	139	65
4	283	135	69	9	286	138	67
5	284	135	68	10	284	137	68

晋南梭式窑仿制的古砖尺寸偏差分析结果（长度、宽度和高度）如下（表 7–5）。国家标准《烧结普通砖》（GB/T 5101–1985）无尺寸偏差评级情况，不适合参考；国家标准《烧结普通砖》（GB/T 5101–2003）尺寸偏差中涉及评级，分为三等级（优等品、一等品和合格品），可作为参考的依据。

表 7–5　晋南梭式窑仿制的古砖尺寸偏差分析（单位：mm）

砖的尺寸	样本平均偏差	样本极差	评　级
285	-0.1	6	一等品
135	1.2	6	
65	2.5	5	

晋南隧道窑仿制的古砖共计 19 块，随机选取 10 块测试，对各块仿制古砖的长、宽、高的测量统计结果如下（表 7–6、表 7–7）。

表 7–6　晋南隧道窑仿制的古砖尺寸测量统计（单位：mm）

编　号	长	宽	高	编　号	长	宽	高
1	287.5	140.5	64.5	6	279.0	137.5	61.0
	280.5	141.0	65.5		283.5	138.0	61.0
2	280.5	138.5	60.5	7	281.0	141.0	66.0
	279.0	139.0	61.0		283.5	143.0	65.0
3	280.5	139.5	60.0	8	281.0	140.0	62.0
	279.5	135.5	60.5		284.5	139.5	62.0
4	280.0	140.0	60.0	9	278.5	137.0	60.0
	280.5	139.5	60.0		283.0	138.0	61.0
5	280.0	139.0	59.5	10	284.5	143.5	63.0
	279.0	136.0	60.5		286.5	141.5	62.5

表 7–7　晋南隧道窑仿制的古砖尺寸取值表（单位：mm）

编　号	长	宽	高	编　号	长	宽	高
1	284	141	65	6	281	138	61
2	280	139	61	7	282	142	66
3	280	138	60	8	283	140	62
4	280	140	60	9	281	138	61
5	280	138	60	10	286	143	63

对仿制砖的长度、宽度和高度分析如下（表 7–8）。国家标准《烧结普通砖》（GB/T 5101–1985）无尺寸偏差评级情况，而国家标准《烧结普通砖》（GB/T 5101–2003）尺寸偏差中涉及评级，分为三等级（优等品、一等品和合格品），可作为参考依据。

表 7–8　晋南隧道窑仿制的古砖尺寸评级（单位：mm）

砖的尺寸	样本平均偏差	样本极差	评　级
280	0.8	6	一等品
140	0 ~ 0.4	5	
60	1.8	5	

（二）晋北梭式窑改良砖的尺寸偏差分析

晋北梭式窑改良的古砖共计 15 块，随机选取 10 块测试，各块仿制古砖长、宽、高的测量统计结果如下（表 7–9、表 7–10）：

表 7–9　晋北梭式窑仿制的古砖尺寸测量统计（单位：mm）

编　号	长	宽	高	编　号	长	宽	高
1	301.5	145.0	64.0	6	298.5	149.0	64.0
	301.5	147.5	65.0		301.5	147.5	63.0
2	298.5	146.5	62.5	7	300.0	143.0	64.0
	295.5	144.5	63.5		298.5	145.5	63.0
3	299.5	144.5	64.0	8	294.5	146.0	65.5
	299.0	143.0	64.5		297.5	148.0	61.0
4	301.5	148.0	65.0	9	300.0	146.0	65.0
	303.5	148.5	64.5		301.0	145.5	64.5
5	302.5	148.5	63.5	10	301.0	147.0	63.0
	301.0	147.5	65.0		305.5	142.5	64.0

表 7–10 晋北梭式窑改良的古砖尺寸取值表（单位：mm）

编　号	长	宽	高	编　号	长	宽	高
1	302	146	65	6	300	148	64
2	297	146	63	7	299	144	64
3	299	144	64	8	296	147	63
4	303	148	65	9	301	146	65
5	302	148	64	10	303	145	64

晋北梭式窑改良的古砖尺寸偏差分析结果（长度、宽度和高度）如下（表 7–11）。国家标准《烧结普通砖》（GB/T 5101–1985）无尺寸偏差评级情况，不适合参考；国家标准《烧结普通砖》（GB/T 5101–2003）尺寸偏差中涉及评级，分为三等级（优等品、一等品和合格品），可作为参考依据。

表 7–11 晋北梭式窑改良的古砖尺寸偏差分析（单位：mm）

砖的尺寸	样本平均偏差	样本极差	评　级
300	0.2	7	一等品
145	1.2	4	
65	–0.9	2	

二、外观质量

外观质量包括两条面高差、弯曲、杂质凸出高度、缺棱掉角、裂纹长度、完整面个数和颜色七个方面（图 7–4、图 7–5、图 7–6、图 7–7）。国家标准《烧结普通砖》（GB/T 5101–1985）无外观质量评级情况，不适合参考；国家标准《烧结普通砖》（GB/T 5101–2003）外观质量中涉及评级，分为三等级（优等品、一等品和合格品），可作为参考依据。晋南梭式窑烧制的砖的尺寸测量结果如下（表 7–12）。

图 7–4 高差检测

图 7–5 颜色检测

图 7–6 裂纹检测

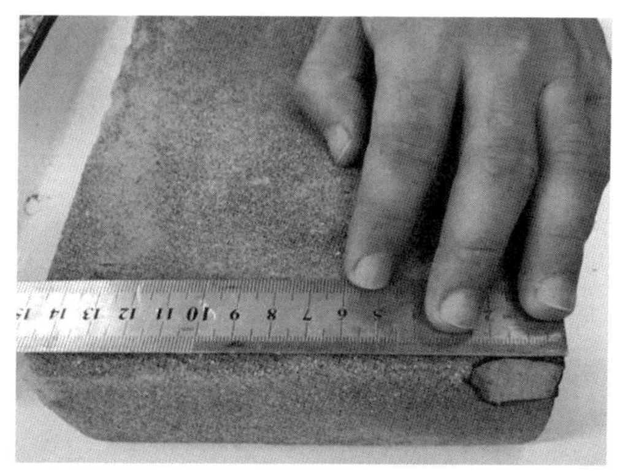

图 7–7 掉角检测

表 7-12 晋南梭式窑仿制砖的外观质量评定（单位：mm）

编　号	条面高差	弯　曲	杂质凸出高度	缺棱掉角	裂纹长度	完整面个数	颜　色	评　级
1	0.5	1	0	无	0	二条面和二顶面	基本一致	优　等
2	0.5	0	0	无	0	二条面和二顶面		优　等
3	0	3	0	30 × 25 × 10	0	一条面和一顶面		一　等
4	0.5	2.5	0	7 × 4 × 18	0	二条面和二顶面		一　等
5	1	0	0	无	0	二条面和二顶面		优　等
6	3	0	0	19 × 20 × 29	b80	一条面和一顶面	基本一致	一　等
7	0.5	1	0	无	0	二条面和二顶面		优　等
8	1.5	0	0	无	0	二条面和二顶面		优　等
9	0.5	0	0	无	0	二条面和二顶面		优　等
10	2	6	0	15 × 30 × 30	0	一条面和一顶面		不合格

注：裂纹长度一项分为 a 和 b 两类，a 表示大面上宽度方向及其延伸至条面的长度，b 表示大面上长度方向及其延伸至顶面的长度或者条顶面上水平裂纹的长度。

检测的晋南梭式窑仿制砖，在外观质量上，优等品占 60%，一等品占 30%，不合格品占 10%，总体可判定这批晋南梭式窑仿制的古砖的外观质量等级为合格。

晋南隧道窑仿制砖的尺寸测量结果如下（表 7-13）。

表 7-13 晋南隧道窑仿制砖的外观质量评定（单位：mm）

编　号	条面高差	弯　曲	杂质凸出高度	缺棱掉角	裂纹长度	完整面个数	颜　色	评　级
1	0.5	0	0	无	0	二条面和二顶面	基本一致	优　等
2	0.5	0	0	无	0	二条面和二顶面		优　等
3	0.5	2	0	无	0	二条面和二顶面		优　等
4	3	0	0	无	b15	二条面和二顶面		一　等
5	0.5	0	0	无	a30、b30	二条面和二顶面		优　等
6	1	0	0	无	0	二条面和二顶面		优　等
7	2	0	0	无	b11	二条面和二顶面		优　等
8	1	0	0	无	b3	二条面和二顶面		优　等
9	1	0	0	无	0	二条面和二顶面		优　等
10	1.5	0	0	无	0	二条面和二顶面		优　等

注：裂纹长度一项分为 a 和 b 两类，a 表示大面上宽度方向及其延伸至条面的长度，b 表示大面上长度方向及其延伸至顶面的长度或者条顶面上水平裂纹的长度。

检测的晋南隧道窑仿制砖，在外观质量上，优等品占 90%，一等品占 10%，总体可判定这批晋南隧道窑仿制的古砖的外观质量等级属于一等。

晋北梭式窑改良的古砖尺寸测量结果如下（表 7–14）。

表 7–14　晋北梭式窑改良砖的外观质量评定（单位：mm）

编　号	条面高差	弯　曲	杂质凸出高度	缺棱掉角	裂纹长度	完整面个数	颜　色	评　级
1	0.5	0	0	无	0	二条面和二顶面	基本一致	优　等
2	0.5	0	0	无	0	二条面和二顶面		优　等
3	0.5	2	0	无	0	二条面和二顶面		优　等
4	3	0	0	无	b15	二条面和二顶面		一　等
5	0.5	0	0	无	a30、b30	二条面和二顶面		优　等
6	1	0	0	无	0	二条面和二顶面		优　等
7	2	0	0	无	b11	二条面和二顶面		优　等
8	1	0	0	无	b3	二条面和二顶面		优　等
9	1	0	0	无	0	二条面和二顶面		优　等
10	1.5	0	0	无	0	二条面和二顶面		优　等

注：裂纹长度一项分为 a 和 b 两类，a 表示大面上宽度方向及其延伸至条面的长度，b 表示大面上长度方向及其延伸至顶面的长度或者条顶面上水平裂纹的长度。

检测的晋北梭式窑改良砖，在外观质量上，优等品占 90%，一等品占 10%，总体可判定这批晋北梭式窑改良的古砖的外观质量等级属于一等。

三、抗风化性能

由于山西省属于风化区中的严重风化区，所以不仅要对仿制的古砖进行吸水率和饱和系数试验，而且需要进一步进行冻融试验。

（一）吸水率试验

进行抗风化性能试验时，对晋南梭式窑、隧道窑和晋北梭式窑（改良）所仿制出来的古砖，均随机选择 3 个样本进行试验（图 7–8），吸水率的试验结果如下（表 7–15、表 7–16、表 7–17）。

图 7–8　吸水率试验

表 7-15　晋南梭式窑仿制的古砖的吸水率试验结果（单位：%）

编　号	24h 吸水率	5h 沸煮吸水率	饱和系数
1	23.5	28.0	83.7
2	19.8	24.1	81.9
3	20.2	23.8	85.4
均　值	21	25	84

表 7-16　晋南隧道窑仿制的古砖的吸水率试验结果（单位：%）

编　号	24h 吸水率	5h 沸煮吸水率	饱和系数
1	23.8	29.2	81.4
2	21.2	26.0	81.3
3	20.2	23.8	81.0
均　值	22	27	81

表 7-17　晋北梭式窑改良的古砖的吸水率试验结果（单位：%）

编　号	24h 吸水率	5h 沸煮吸水率	饱和系数
1	17.9	25.5	70.3
2	17.8	26.2	67.8
3	18.1	25.0	72.5
均　值	18	26	70

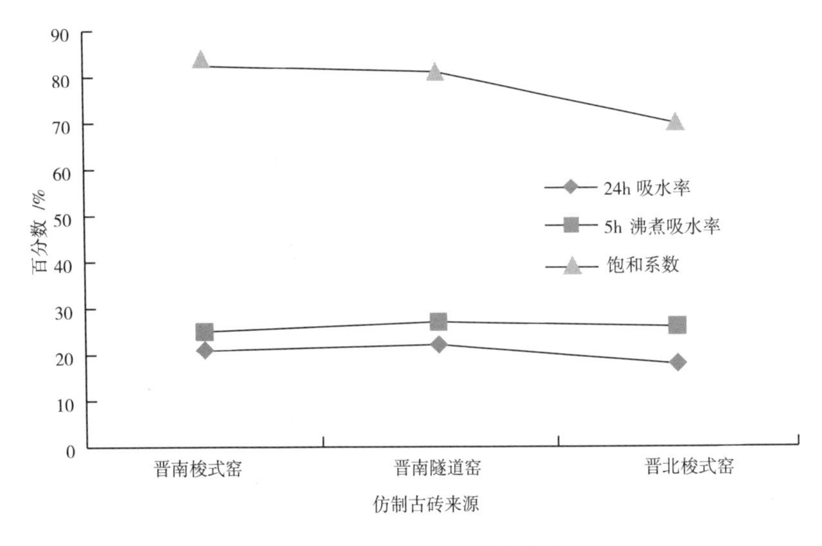

图 7-9　仿制砖的吸水性能检验

晋南梭式窑、隧道窑和晋北梭式窑（改良）所仿制出来的古砖的24h吸水率、5h沸煮吸水率和饱和系数均有差别（图7–9）。仿制砖的24h吸水率，晋南隧道窑>晋南梭式窑>晋北梭式窑（改良）；仿制砖的5h沸煮吸水率，晋南隧道窑>晋北梭式窑（改良）>晋南梭式窑，均大于国家标准《烧结普通砖》（GB 5101–2003）要求的20%；仿制砖的饱和系数，晋南梭式窑>晋南隧道窑>晋北梭式窑（改良），均小于国家标准《烧结普通砖》（GB/T 5101–2003）要求的88%。

（二）冻融试验

进行抗风化性能试验时，对晋南梭式窑、隧道窑和晋北梭式窑（改良）所仿制出来的古砖，均随机选择3个样本进行冻融试验，试验内容包括外观结果、质量损失和强度损失（图7–10、图7–11、

图7–10　混凝土快速冻融试验机

图7–11　砖试样置入冷冻机

图7–12　密封后的砖试样

图7–13　一次冷冻后的砖试样

图 7–12、图 7–13）。

冻融试验操作步骤参考《砌墙砖试验方法》（GB/T 2542–2012），试验冻融仪器采用混凝土快速冻融试验机，制冷的温度范围为 –25℃ ~ 0℃，满足砖冻融试验要求的 –20℃ ~ –15℃。

经预试验，得出满足试验要求的操作：将系统中的低温设置为 –20℃，当冷却液温度达到 –20℃时，将试验机停止运行，将做冻融试验的古砖置入可严实密封的自封袋（防止冻融试验中的试样受冷却液的影响，封装时尽量排出空气），试验机中的冷却液可保持 3 小时内处在 –20℃ ~ –18℃的范围内；在冷冻 3 小时后取出砖试样，置入水中，让砖试样消融大于 2 小时；从水中取出砖试样，将表面水拭去后再封装，然后置入冻融仪器中冷冻 3 小时，如此循环 15 次。在冻融循环的过程中，仅出现了冻裂、剥落和掉角现象，现将冻融时外观试验结果统计如下（表 7–18）。

表 7–18　冻融试验结果统计表

仿制砖来源	编　号	5 次冻融后破坏情况			10 次冻融后破坏情况			15 次冻融后破坏情况		
		冻　裂	剥　落	掉　角	冻　裂	剥　落	掉　角	冻　裂	剥　落	掉　角
晋南梭式窑	1	无	轻　微	无	存　在	存　在	有	存　在	存　在	有
	2	无	轻　微	无	存　在	存　在	无	存　在	存　在	无
	3	无	无	无	存　在	存　在	无	存　在	存　在	无
晋南隧道窑	1	未出现以上冻融破坏现象								
	2									
	3									
晋北梭式窑（改良）	1	未出现以上冻融破坏现象								
	2									
	3									

晋南梭式窑仿制的古砖中，样本 1 在第 10 次冻融循环时的外观如图 7–14，第 15 次冻融循环时的外观破碎成两块，附带很多碎屑（图 7–15、图 7–17）。样本 2 在冻融 10 次时，大面上出现了贯穿裂缝；在冻融 12 次时，沿裂缝分成两半，内部也出现很多分层现象（图 7–16）。晋南梭式窑砖样本 1、2 冻融循环后的剥落情况如图 7–18。样本 3 在第 10 次冻融循环时的外观如图 7–19、图 7–20，冻融剥落如图 7–21。

晋南梭式窑仿制古砖的抗冻性远差于晋南隧道窑和晋北梭式窑（改良）所仿制出来的古砖，换言之，就是耐久性差。

质量损失是评定抗冻性的一个重要指标，试验是在完成 15 次冻融循环后，将冻融的仿制砖置入烘箱内，设置温度（100 ± 5）℃，开启开关，烘至恒重。从晋南梭式窑仿制古砖冻融试验后的剥落、冻裂情况可知，质量损失情况远大于规定的 2%，所以试验已无意义。其余两个区域仿制古砖的冻融试样质量损失见表 7–19。

图 7-14　晋南梭式窑仿制古砖
样本 1 第 10 次冻融后的外观

图 7-15　晋南梭式窑仿制古砖
样本 1 第 15 次冻融后的的外观

图 7-16　晋南梭式窑仿制古砖
样本 2 第 12 次冻融后的外观

图 7-17　晋南梭式窑仿制古砖
样本 1 冻融剥落碎屑

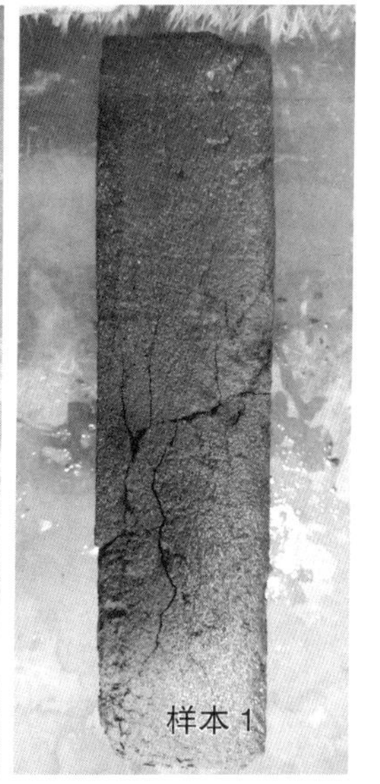

图 7- 18　晋南梭式窑仿制古砖样本 1、2 第 10 次冻融后的外观

图 7-19　晋南梭式窑仿制古砖样本 3 第 10 次冻融后正面

图 7-20　晋南梭式窑仿制古砖样本 3 第 10 次冻融后侧面

图 7-21　晋南梭式窑仿制古砖样本 3 冻融碎屑

表 7-19　冻融试验质量损失情况表

仿制砖来源	编　号	原始烘干质量（g）	冻融 15 次后烘干质量（g）	质量损失率（%）	质量平均损失率（%）
晋南隧道窑	1	4270	4260	0.23	0.22
	2	4140	4140	0	
	3	3540	3525	0.42	
晋北梭式窑（改良）	1	4420	4410	0.23	0.27
	2	4445	4430	0.34	
	3	4440	4430	0.23	

晋南隧道窑仿制的古砖和晋北梭式窑改良的古砖质量平均损失率均不大于 0.3%，晋北梭式窑改良的古砖比晋南隧道窑仿制的古砖的质量损失率大 0.05%，但两者均远小于规范《烧结普通砖》（GB 5101-2017）中规定的 2%，符合要求。

强度损失是评定抗冻性的另一个重要指标，反映砖的耐久性。试验是在完成 15 次冻融循环后，将冻融的仿制砖置入烘箱内，设置温度（100 ± 5）℃，开启开关，烘至恒重，然后按照测抗折强度和抗压强度的步骤操作。从晋南梭式窑仿制古砖冻融试验后的剥落、冻裂情况可知，质量损失情况远大于规定的 2%，所以再试验无意义。其余两个区域仿制古砖的冻融试样强度及强度损失见表 7-20、表 7-21。

表 7–20　冻融试验抗折强度损失情况表

仿制砖来源	编　号	平均原始抗折强度（MPa）	冻融后抗折强度（MPa）	抗折强度损失率（%）	平均抗折强度损失率（%）
晋南隧道窑	1	3.66	2.85	22.1	20.8
	2		3.06	16.3	
	3		2.79	23.9	
晋北梭式窑（改良）	1	3.17	3.15	0.6	4.8
	2		3.05	3.8	
	3		2.85	10.1	

以平均值作为原始（未冻融时）砖的抗折强度，实验表明，平均抗折强度损失，晋南隧道窑为20.8%、晋北梭式窑（改良）为4.8%，改良后的砖较市场上一般仿制砖抗冻融能力强。

表 7–21　冻融试验抗压强度损失情况表

仿制砖来源	编　号	平均原始抗压强度（MPa）	冻融后抗压强度（MPa）	抗压强度损失率（%）	平均抗压强度损失率（%）
晋南隧道窑	1	12.3	11.8	4.1	10.2
	2		12.1	1.6	
	3		9.25	24.8	
晋北梭式窑（改良）	1	9.31	8.1	13.0	14.8
	2		7.4	20.5	
	3		8.3	10.8	

以平均值作为原始（未冻融时）砖的抗压强度，实验表明，晋南隧道窑与晋北梭式窑（改良）的砖平均抗压强度损失率均不大于15%。两产地的砖抗冻融能力相当。

四、泛霜

泛霜是指黏土原料中的可溶性盐类随着砖内水分蒸发而在砖表面产生的盐析现象，一般为白色粉末，常在砖表面形成絮团状斑点。

试验用具：101型电热鼓风干燥烘箱、耐腐蚀的浅盘（容水深度为25mm~35mm）、桶装纯净水（图7–22、图7–23）。

试验步骤：用透明材料完全覆盖试验试样和浅盘，中间部位开大于试样宽度、高度或宽度尺寸为5mm~10mm的孔，用来保持湿度。清理试样的表面，然后用烘箱将仿制砖置于鼓风干燥箱中干燥24小时（100℃ ±5℃），冷却至常温；将砖置于耐腐蚀的浅盘中，加蒸馏水，前两天，水面均

图 7-22　泛霜试验图

图 7-23　准备工具

需保持高度不低于 20mm，保持环境温度为 16℃ ~32℃，相对湿度为 35% ~ 60%；前两天，保持液面符合要求，第三天至第七天，无需再加水；第七天时，取出试样，在同条件下放置四天，然后用烘箱将仿制砖烘干（100℃ ±5℃），冷却至常温；记录泛霜程度，以其中泛霜最重的评定。

泛霜程度有四类。

无泛霜：试样表面的盐析几乎看不到。

轻微泛霜：试样表面出现一层细小且明显的霜膜，但试样表面仍然清晰。

中等泛霜：试样部分表面或棱角出现明显霜层。

严重泛霜：试样表面出现起砖粉、掉屑及脱皮现象。

对晋北梭式窑（改良）砖样、晋南梭式窑砖样和晋南隧道窑砖样进行泛霜试验（烘干后）（图 7-24、7-25、图 7-26），鉴别泛霜程度，可发现晋北梭式窑（改良）砖和晋南梭式窑仿制的古砖几乎无泛霜现象，也无掉屑现象，而晋南隧道窑仿制的古砖可以看出明显的泛白现象，属于轻微泛霜。

五、体积密度

体积密度试验使用的主要仪器为 101 型电热鼓风干燥箱、分度值为 5g 的台秤、分度值为 0.5mm 的钢尺。晋南梭式窑、晋南隧道窑和晋北梭式窑（改良）仿制的古砖的体积密度，均随机取 5 块完整的砖进行试验，试验结果见表 7-22。

图 7-24　晋北梭式窑（改良）砖样

图 7-25　晋南梭式窑砖样

图 7-26　晋南隧道窑砖样

表 7-22　晋南、晋北仿制砖的体积密度（单位：kg/m³）

仿制砖来源	编　号	体积密度	平均体积密度（剔除最大值后）
晋南梭式窑	1	1495	1545
	2	1565	
	3	1669	
	4	1542	
	5	1579	
晋南隧道窑	1	1523	1535
	2	1573	
	3	1493	
	4	1550	
	5	1641	
晋北梭式窑（改良）	1	1648	1544
	2	1546	
	3	1520	
	4	1546	
	5	1564	

不同来源的仿制古砖的体积密度均有一个较大的值，远大于其他体积密度的值，所以在计算平均值时将其当坏值去掉，求其余 4 个值的平均值，作为评定体积密度的指标。由结果可看出，晋南梭式窑和晋北梭式窑改良出来的古砖的体积密度大致一样，均大于晋南隧道窑的体积密度。与山西各区域明、清两代古砖的密度处于 1400kg/m^3~1700kg/m^3 之间对比，仿制的古砖的体积密度更为均匀。

六、孔隙率

砖样密度的试验方法为排液法，采用煤油，所用仪器为精密天平（图 7–27），选用已测定体积密度的砖样，从中甄选体积密度接近的 3 块作为该窑炉仿制的样品，孔隙率试验结果见表 7–23。

图 7–27　精密天平

表 7–23　孔隙率试验结果

仿制砖来源	编　号	表观密度（kg/m^3）	密度（kg/m^3）	孔隙率（%）	平均孔隙率（%）
晋南梭式窑	1	1573	2508	37.3	38.0
	2	1545	2472	37.5	
	3	1583	2605	39.2	
晋南隧道窑	1	1523	2400	36.5	29.9
	2	1573	2086	24.6	
	3	1550	2174	28.7	
晋北梭式窑（改良）	1	1550	2304	32.7	27.8
	2	1523	1986	23.3	
	3	1549	2131	27.3	

由统计结果可知，晋南梭式窑所仿制的古砖的平均孔隙率大于晋南隧道窑和晋北梭式窑（改良）所仿制的古砖的平均孔隙率，约大10%；晋南隧道窑和晋北梭式窑（改良）所仿制的古砖的平均孔隙率接近，约差2%。

结合冻融情况来看，晋南隧道窑和晋北梭式窑（改良）所仿制出的古砖的抗冻性较好，质量几乎不受损失，而晋南梭式窑仿制的古砖的抗冻融情况最差，不仅出现剥落、掉角现象，而且冻裂成两块，内部也有分层现象。对比各自对应的孔隙率，可知晋南隧道窑和晋北梭式窑（改良）所仿制的古砖的孔隙率较好，而晋南梭式窑仿制的古砖的孔隙率太大，抗冻性差。

七、强度检测

强度测试内容分为抗折强度测试和抗压强度测试。评定强度时，参考国家标准《烧结普通砖》（GB/T5101-1985）中烧结砖的抗折、抗压强度要求（表7-24）。

表7-24　烧结普通砖力学性能标准

砖的标号	抗压强度（MPa）		抗折强度（MPa）	
	5块平均值不小于	单块最小值不小于	5块平均值不小于	单块最小值不小于
200	19.62	13.73	3.92	2.55
150	14.72	9.81	3.04	1.98
100	9.81	5.89	2.26	1.28
75	7.36	4.41	1.77	1.08

（一）抗折强度试验

抗折强度试验（图7-28）是从晋南梭式窑、隧道窑和晋北梭式窑（改良）所仿制出来的古砖中均随机选择10个样本进行试验，试验结果如下（表7-25）。

图7-28　抗折强度试验

表 7–25　晋南、晋北仿制砖的抗折强度试验结果（单位：MPa）

来　源	编　号	抗折强度	来　源	编　号	抗折强度	来　源	编　号	抗折强度
晋南梭式窑	1	4.4	晋南隧道窑	1	1.7	晋北梭式窑（改良）	1	2.4
	2	2.2		2	4.6		2	1.8
	3	1.4		3	1.8		3	4.5
	4	2.2		4	2.4		4	2.6
	5	1.8		5	3.7		5	3.3
	6	1.7		6	5.0		6	3.6
	7	2.9		7	4.6		7	2.7
	8	1.6		8	6.2		8	3.8
	9	3.8		9	2.3		9	4.2
	10	5.3		10	4.3		10	2.8

晋南梭式窑仿制出来的古砖的抗折强度，最低值为 1.4MPa，最高值为 5.3MPa，大部分仿制砖的抗折强度集中在 2MPa 左右，抗折强度平均值为 2.73MPa（图 7–29）。

晋南隧道窑仿制出来的古砖的抗折强度，最低值为 1.7MPa，最高值为 6.2MPa，大部分仿制砖的抗折强度集中在 2MPa 左右，抗折强度平均值为 3.66MPa（图 7–30）。

晋北梭式窑改良出来的古砖的抗折强度，最低值为 1.8MPa，最高值为 4.5MPa，大部分仿制砖的抗折强度集中在 3MPa 左右，抗折强度平均值为 3.17MPa（图 7–31）。

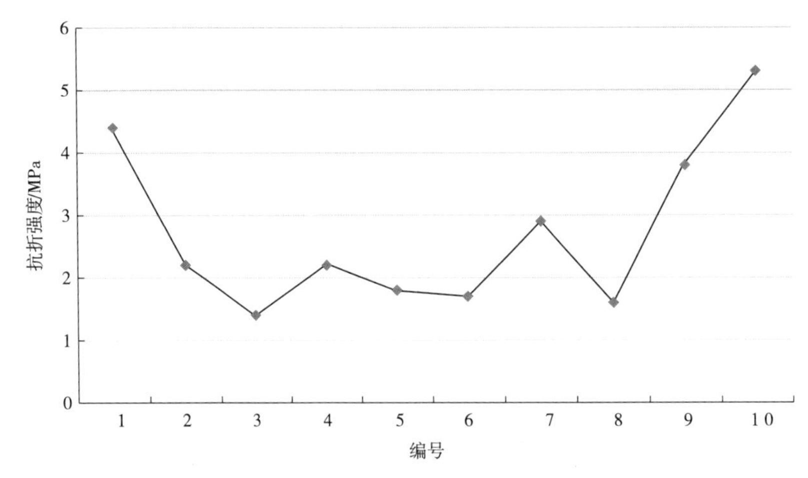

图 7–29　晋南梭式窑仿制砖的抗折强度变化分布图

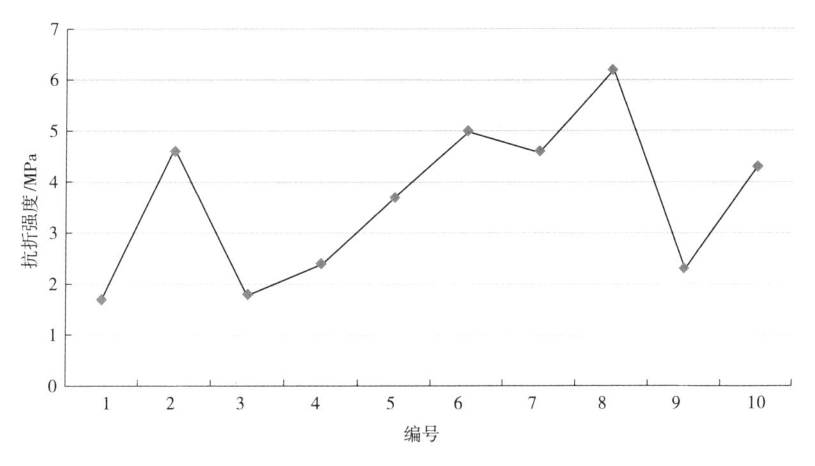

图 7-30　晋南隧道窑仿制砖的抗折强度变化分布图

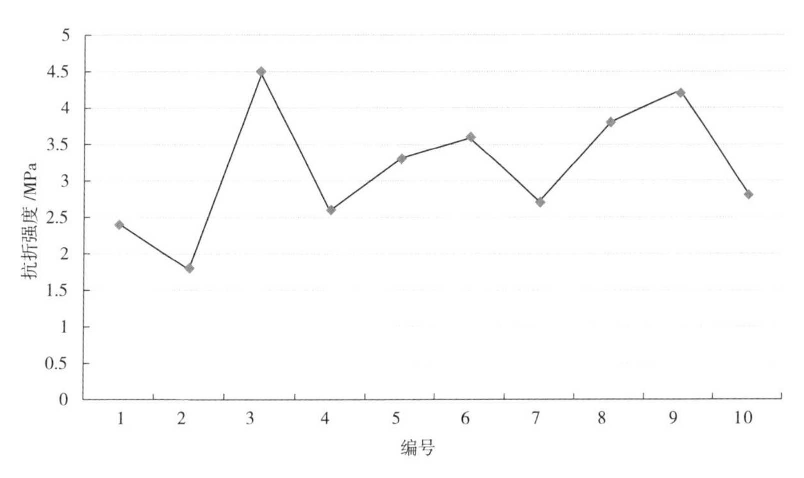

图 7-31　晋北梭式窑改良砖的抗折强度变化分布图

（二）抗压强度试验

抗压强度试验（图 7-32）是从晋南梭式窑、隧道窑和晋北梭式窑（改良）所仿制出来的古砖中均随机选择 10 个样本进行试验，试验结果如下（表 7-26）。

图 7–32　抗压强度试验

表 7–26　晋南、晋北仿制砖的抗压强度试验结果（单位：MPa）

来　源	编　号	抗压强度	来　源	编　号	抗压强度	来　源	编　号	抗压强度
晋南梭式窑	1	4.6	晋南隧道窑	1	10.3	晋北梭式窑（改良）	1	9.1
	2	12.6		2	10.7		2	10.4
	3	8.5		3	12.0		3	7.5
	4	5.1		4	13.0		4	12.2
	5	5.7		5	9.7		5	9.3
	6	7.6		6	15.9		6	8.0
	7	7.7		7	11.7		7	9.1
	8	6.3		8	11.7		8	9.2
	9	10.0		9	17.4		9	8.5
	10	6.6		10	10.7		10	9.8

晋南梭式窑仿制出来的古砖的抗压强度，最低值为 4.6MPa，最高值为 12.6MPa，大部分仿制砖的抗压强度集中在 6.5MPa 左右，抗压强度平均值为 7.47MPa（图 7–33）。

晋南隧道窑仿制出来的古砖的抗压强度，最低值为 9.7MPa，最高值为 17.4MPa，大部分仿制砖的抗压强度集中在 11MPa 左右，抗压强度平均值为 12.31MPa（图 7–34）。

晋北梭式窑改良出来的古砖的抗压强度，最低值为 7.5MPa，最高值为 12.2MPa，大部分仿制砖的抗压强度集中在 9MPa 左右，抗压强度平均值为 9.31MPa（图 7–35）。

综合抗折强度与抗压强度，对仿制的砖进行强度评定，评定结果见表 7–27。

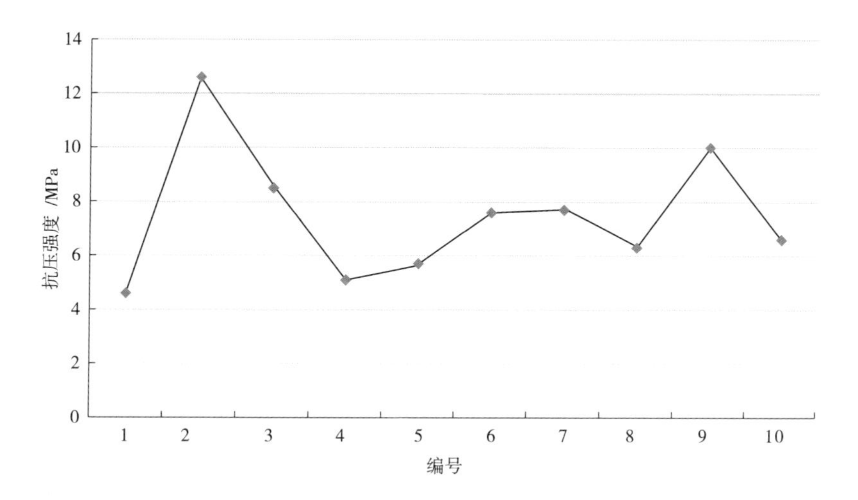

图 7–33　晋南梭式窑仿制砖的抗压强度变化分布图

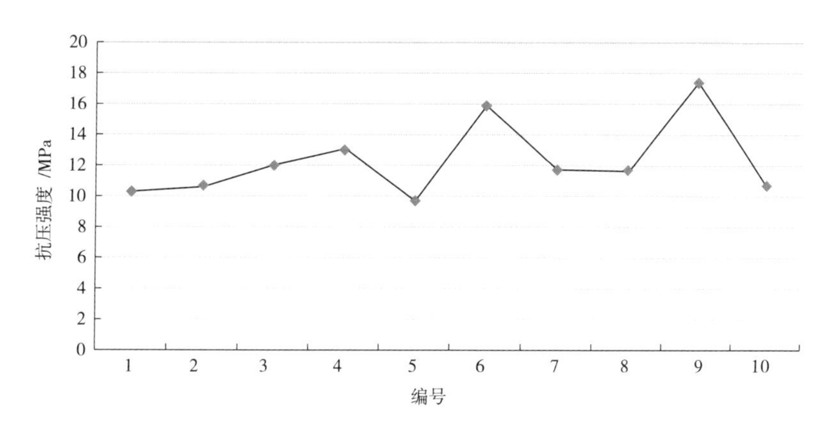

图 7–34　晋南隧道窑仿制砖的抗压强度变化分布图

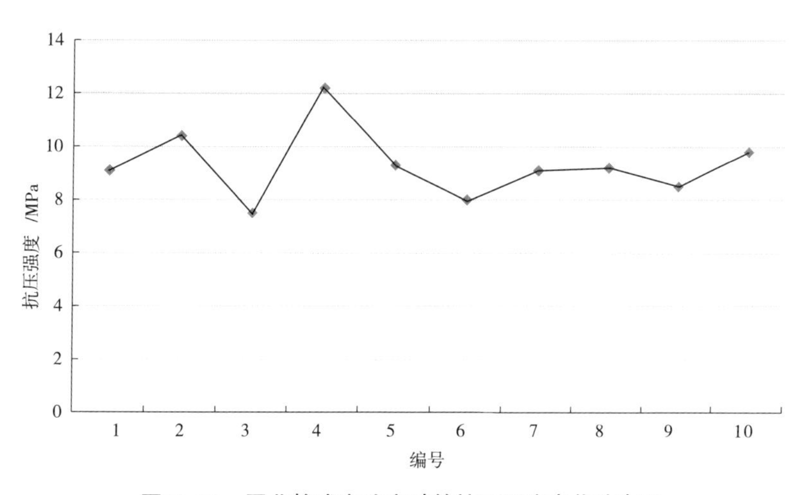

图 7–35　晋北梭式窑改良砖的抗压强度变化分布图

表 7-27　晋南、晋北仿制砖的强度评定表

仿制砖来源	抗压强度（MPa）		抗折强度（MPa）		强度评定
	平均值	单块最小值	平均值	单块最小值	
晋南梭式窑	7.47	4.6	2.73	1.4	75
晋南隧道窑	12.31	9.7	3.66	1.7	100
晋北梭式窑（改良）	9.31	7.5	3.17	1.8	75

第三节　微结构分析

试验随机取样，制作压汞试件。

一、孔结构参数分析

通过对晋南古砖与晋南隧道窑仿制砖孔结构参数进行对比可知（表 7-28），晋南隧道窑仿制的古砖的最可几孔径与晋南清代古砖一致，与晋南明代古砖相差较大；比表面积与晋南清代古砖接近，与晋南明代古砖相差较大。

表 7-28　晋南两代古砖与晋南隧道窑仿制砖孔结构参数对比

项　目	最可几孔径（μm）	比表面积（m^2/g）
明代晋南古砖	2.00722	3.287
清代晋南古砖	3.03611	0.456
晋南隧道窑仿古砖	3.03611	0.556

二、孔结构分布

晋南隧道窑仿制砖的最可几孔径为 3.03611 μ m，1 μ m~10 μ m 的孔径分布较多，但在孔径连续性上显得离散，峰值为 11.77363 μ m 左右的孔径也有相当的孔隙数量（图 7-36）。现与晋南清代古砖相比，晋南隧道窑仿制砖的最可几孔径与其一致，都是 3.03611 μ m；同在 1 μ m~10 μ m 的孔径分布较多，但在幅度上有些区别，在孔径连续性上显得离散；同在峰值为 11.77363 μ m 左右的孔径也有相当的孔隙数量。所以，晋南隧道窑仿制砖的微结构更接近清代的古砖微结构。

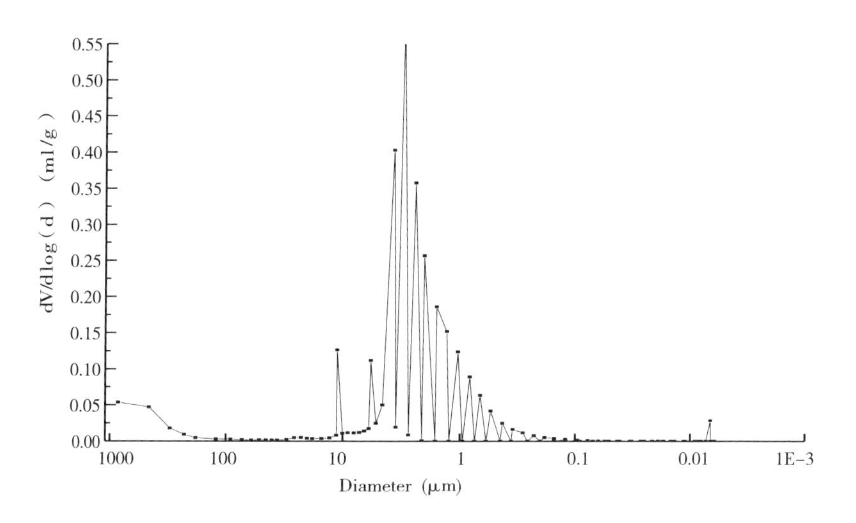

图 7-36　晋南隧道窑仿制古砖的孔径分布

第四节　成瓦物理性能检测

一、尺寸偏差

晋南隧道窑仿制的古瓦（机制）的尺寸（表 7-29）及尺寸偏差分析（表 7-30）如下。

表 7–29 晋南隧道窑仿制瓦（机制）的尺寸统计（单位：mm）

分 类	编 号	长 度	长度均值	宽 度	宽度均值	厚 度	厚度均值	瓦 高	瓦高均值
板 瓦	1	178	177.8	145/130	145.1/135.1	9	11.3	40	38.4
	2	177		144/134		12		39	
	3	178		146/139		11		40	
	4	180		146/133		12		38	
	5	177		144/138		11		38	
	6	177		145/137		12		38	
	7	177		144/137		12		37	
	8	178		147/133		11		38	
	9	179		145/135		12		38	
筒 瓦	1	202	202	120	120	9	9	59	59
勾头瓦	1	188	188.3	98	96.3	9	9.3	52	52.3
	2	188		97		9		52	
	3	189		94		10		53	

表 7–30 晋南隧道窑仿制瓦（机制）的尺寸偏差分析（单位：mm）

分 类	规 格	平均偏差	评 定
板 瓦	长度（180）	–2.1	合 格
	宽度（145/135）	0.1/0.1	
	厚度（10）	1.3	
勾头瓦	长度（190）	–1.7	合 格
	宽度（95）	1.3	
	厚度（10）	–0.6	

通过分析数据可知，晋南隧道窑仿制瓦，不论是板瓦，还是勾头瓦，均属于合格品。

晋南梭式窑仿制的古瓦的尺寸及尺寸偏差分析如下（表 7–31、表 7–32）。

表 7–31　晋南梭式窑仿制瓦的尺寸统计（单位：mm）

<table>
<tr><th>分　类</th><th>编　号</th><th>长　度</th><th>长度均值</th><th>宽　度</th><th>宽度均值</th><th>厚度</th><th>厚度均值</th><th>瓦　高</th><th>瓦高均值</th></tr>
<tr><td rowspan="4">板　瓦</td><td>1</td><td>297</td><td rowspan="4">299.5</td><td>250/227</td><td rowspan="4">252.5/228.25</td><td>16</td><td rowspan="4">16</td><td>69</td><td rowspan="4">68</td></tr>
<tr><td>2</td><td>300</td><td>255/230</td><td>14</td><td>68</td></tr>
<tr><td>3</td><td>301</td><td>254/227</td><td>17</td><td>65</td></tr>
<tr><td>4</td><td>300</td><td>251/229</td><td>17</td><td>70</td></tr>
<tr><td>筒瓦（大）</td><td>1</td><td>290</td><td>290</td><td>138</td><td>138</td><td>12</td><td>12</td><td>71</td><td>71</td></tr>
<tr><td rowspan="3">筒瓦</td><td>1</td><td>194</td><td rowspan="3">195.0</td><td>146</td><td rowspan="3">143.3</td><td>13</td><td rowspan="3">12.7</td><td>67</td><td rowspan="3">69.7</td></tr>
<tr><td>2</td><td>194</td><td>140</td><td>12</td><td>67</td></tr>
<tr><td>3</td><td>197</td><td>144</td><td>13</td><td>75</td></tr>
</table>

表 7–32　晋南梭式窑仿制瓦的尺寸偏差分析（单位：mm）

<table>
<tr><th>分　类</th><th>规　格</th><th>平均偏差</th><th>评　定</th></tr>
<tr><td rowspan="3">板　瓦</td><td>长度（300）</td><td>–0.5</td><td rowspan="3">合　格</td></tr>
<tr><td>宽度（250/230）</td><td>2.5/–1.8</td></tr>
<tr><td>厚度（15）</td><td>1</td></tr>
<tr><td rowspan="3">筒　瓦</td><td>长度（195）</td><td>0</td><td rowspan="3">合　格</td></tr>
<tr><td>宽度（95）</td><td>3</td></tr>
<tr><td>厚度（10）</td><td>2.6</td></tr>
</table>

通过分析数据可知，晋南梭式窑仿制瓦，不论是板瓦，还是筒瓦，均属于合格品。

晋北梭式窑改良的古瓦的尺寸统计如下（表 7–33）。由于该地区采集样本不足，无法得到有效的偏差数据。

二、外观质量

参考《屋面瓦试验方法》（GB/T 36584–2018）中外观质量部分，分别对古瓦原构件的各项尺寸、砂眼、起包、裂纹、色差、分层等进行检测。各地区仿制构件外观如图（图 7–37、图 7–38、图 7–39）。

表 7-33　晋北梭式窑改良瓦的尺寸统计　　（单位：mm）

分　类	编　号	长　度	宽　度	厚　度	瓦　高
板　瓦	1	218	141/157	12	45
	2	223	140/158	16	50
	3	265	182/204	14	56
筒　瓦	1	246	110	16	60
	2	262	135	20	71
勾头瓦	1	228	105	17	70
	2	258	131	17	56
滴水瓦	1	207	141	15	36
	2	177	137	14	36
	3	238	177	18	45

（a）板瓦反面

（b）板瓦正面

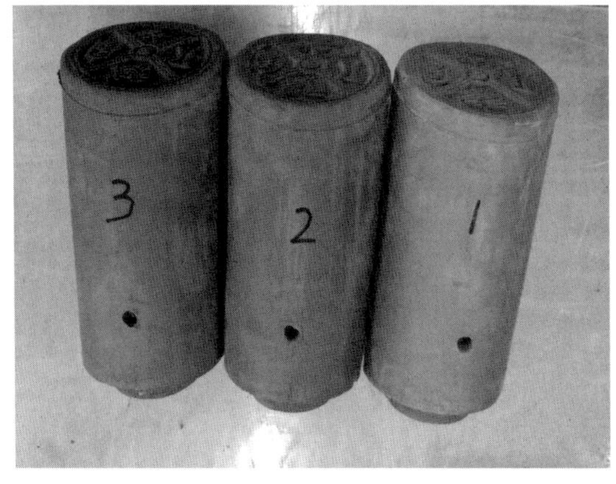

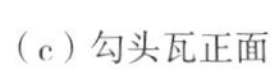

（c）勾头瓦正面

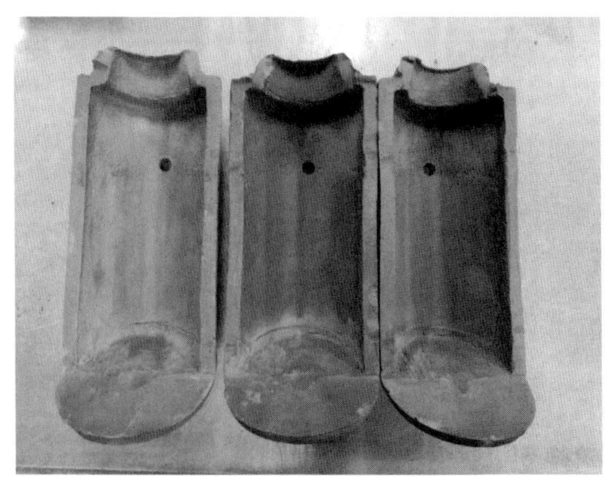

（d）勾头瓦反面

图 7-37　晋南隧道窑仿制瓦构件样本

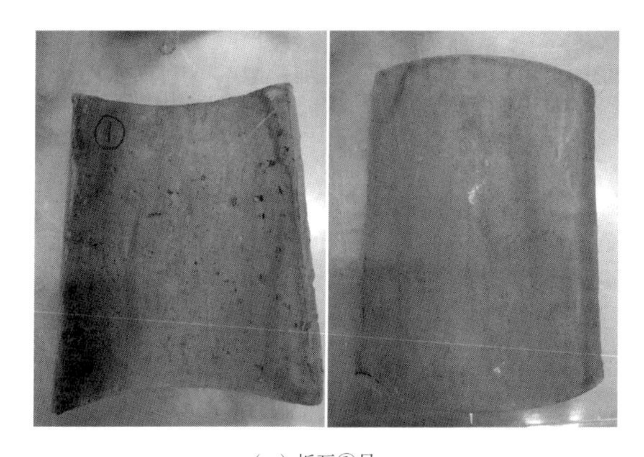

(a) 板瓦①号

(b) 板瓦②号

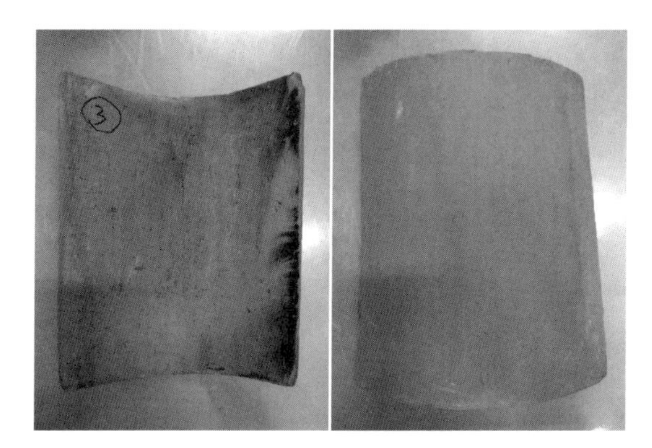

(c) 板瓦③号

(d) 板瓦④号

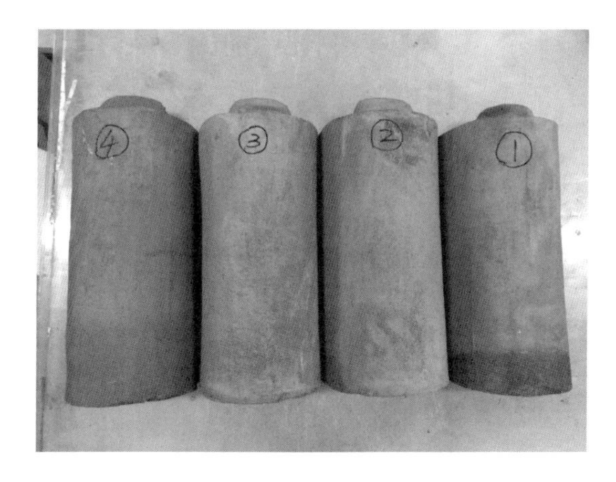

(e) 筒瓦正面

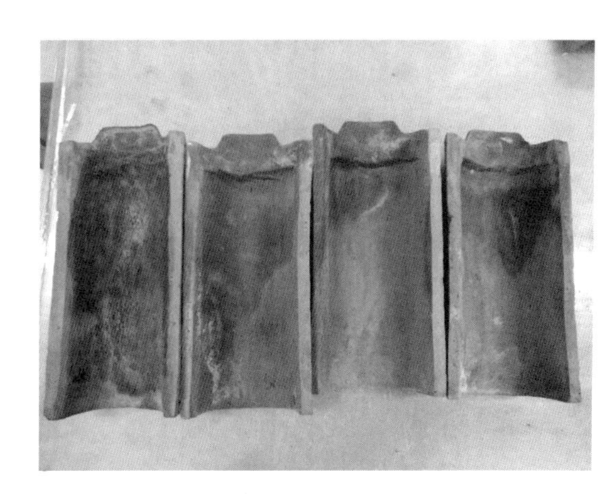

(f) 筒瓦反面

图 7-38 晋南梭式窑仿制瓦构件样本

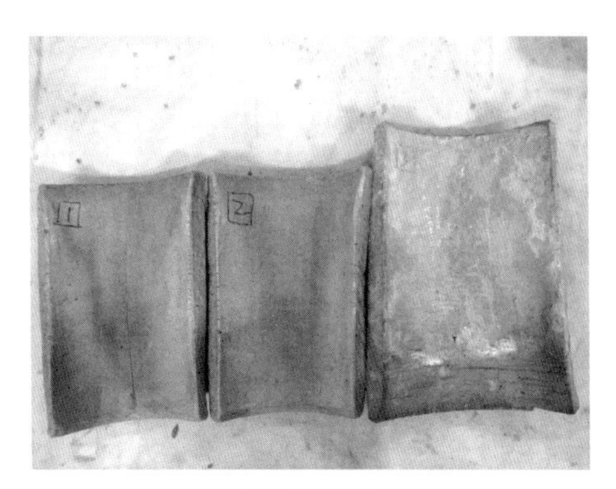

（a）板瓦正面

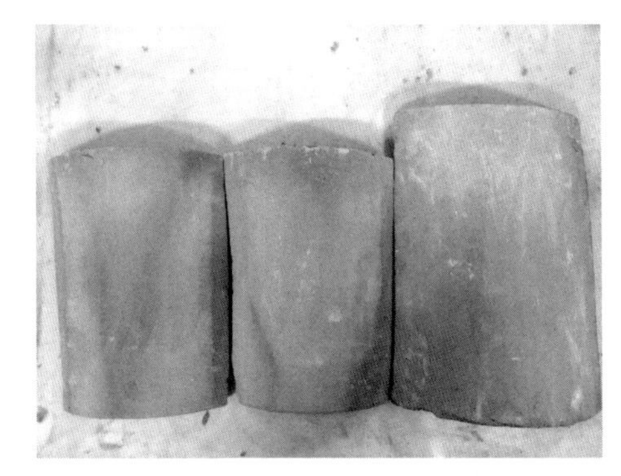

（b）板瓦反面

（c）筒瓦正面

（d）筒瓦反面

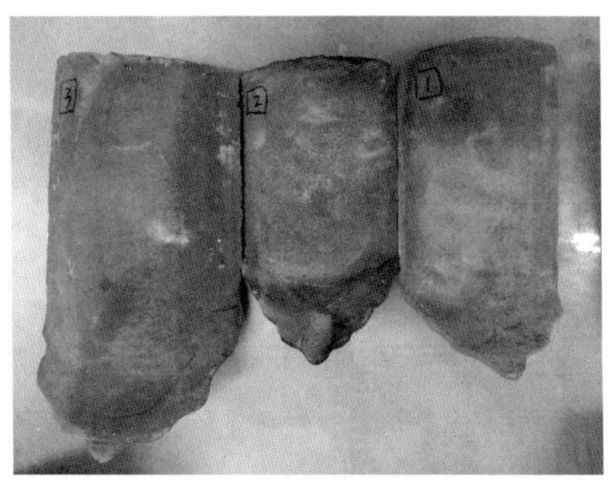

（e）滴水瓦反面

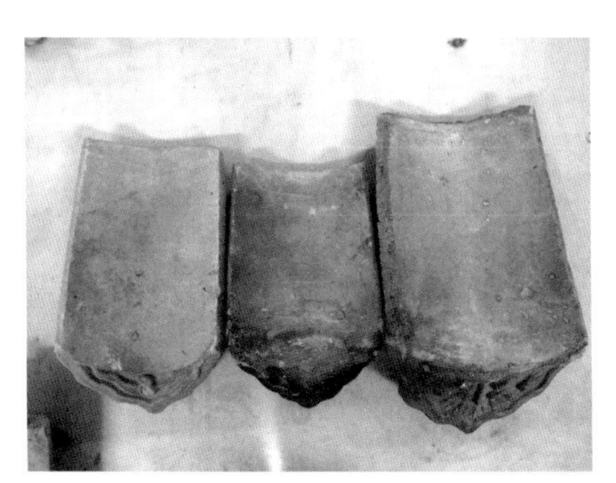

（f）滴水瓦正面

（g）勾头瓦正面

（h）勾头瓦反面

图 7–39　晋北梭式窑改良瓦构件样本

通过对瓦构件外观质量（表 7–34、表 7–35、表 7–36）进行观察及统计可知，晋南隧道窑瓦构件、晋南梭式窑瓦构件和晋北梭式窑（改良）瓦构件，外观质量均良好，但晋南梭式窑瓦构件中的板瓦有很多砂眼。

表 7–34　晋南隧道窑瓦构件外观质量统计表

分　类	编　号	砂　眼	起　包	裂　纹	色　差	分　层
板　瓦	1	无	无	无	无	无
	2	无	无	无	无	无
	3	无	无	无	无	无
	4	无	无	无	无	无
	5	无	无	无	无	无
	6	无	无	无	无	无
	7	无	无	无	无	无
	8	无	无	无	无	无
	9	无	无	无	无	无
筒　瓦	1	无	无	无	无	无
勾头瓦	1	无	无	无	无	无
	2	无	无	无	无	无
	3	无	无	无	无	无

表 7–35　晋南梭式窑瓦构件外观质量统计表

分　类	编　号	砂　眼	起　包	裂　纹	色　差	分　层
板　瓦	1	直径 <2mm，深度 <2mm，很多	无	有	无	无
	2	直径 <2mm，深度 <2mm，很多	无	有	无	无
	3	直径 <2mm，深度 <2mm，很多	无	有	无	无
	4	直径 <2mm，深度 <2mm，很多	无	有	无	无
筒　瓦	1	无	无	无	无	无
	2	无	无	无	无	无
	3	无	无	无	无	无
	4	无	无	无	无	无

表 7–36　晋北梭式窑（改良）瓦构件外观质量统计表

分　类	编　号	砂　眼	起　包	裂　纹	色　差	分　层
板　瓦	1	无	无	无	无	无
	2	无	无	无	无	无
	3	直径 <2mm，深度 <2mm，少许	无	无	无	无
筒　瓦	1	无	无	无	无	无
	2	无	无	无	无	无
勾头瓦	1	无	无	无	无	无
	2	无	无	无	无	无
滴水瓦	1	无	无	无	无	无
	2	无	无	无	无	无
	3	无	无	无	无	无

三、体积尺寸

体积尺寸计算结果如下（表 7–37、表 7–38、表 7–39）。

表 7–37　晋南隧道窑瓦构件体积统计表（单位：cm^3）

来　源	分　类	编　号	体　积
晋南隧道窑	板　瓦	1	52.4
		2	67.8
		3	65.8
		4	66.3
		5	61.8
		6	67.1
		7	65.1
		8	61.4
		9	66.6
	筒　瓦	1	161.0

表 7-38　晋南梭式窑瓦构件体积统计表（单位：cm^3）

来　源	分类	编　号	体　积
晋南梭式窑	板　瓦	1	278.5
		2	245.9
		3	280.4
		4	301.3
	筒　瓦	1	372.0
		2	247.6
		3	229.8
		4	372.0

表 7-39　晋北梭式窑（改良）瓦构件体积统计表（单位：cm^3）

来　源	分　类	编　号	体　积
晋北梭式窑（改良）	板　瓦	1	84.3
		2	122.3
		3	159.4
	筒　瓦	1	3468
		2	539.8

四、雨淋试验

雨淋试验操作方法见图 7-40、图 7-41。

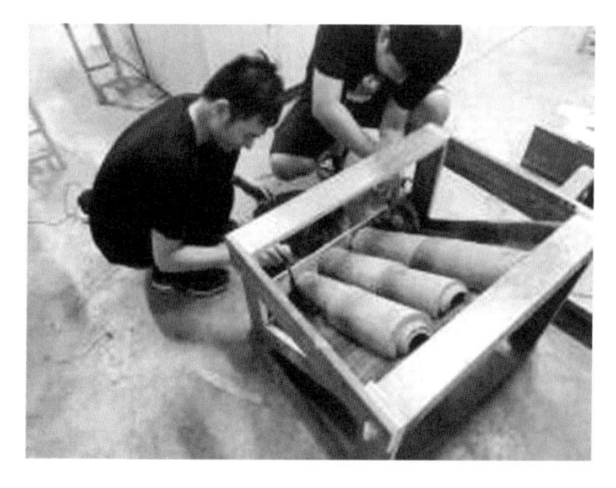

图 7-40　瓦的淋水试验 1

图 7-41　瓦的淋水试验 2

通过试验，发现晋南隧道窑瓦件（机制瓦）的透水性较小，而晋南梭式窑瓦件（手工）及晋北梭式窑（改良）瓦件的透水性较大。晋南梭式窑瓦件的透水性平均值为45.6%，晋北梭式窑（改良）瓦件的透水性平均值为42.0%，说明晋南梭式窑瓦件比晋北梭式窑瓦件透水性大（表7–40）。

表7–40　雨淋试验结果

来　源	晋南隧道窑瓦件			晋南梭式窑瓦件			晋北梭式窑（改良）瓦件		
编　号	1	2	3	1	2	3	1	2	3
润湿比例	0%	0%	0%	40%	45%	52%	36%	42%	48%

五、吸水率试验

抗渗试验参照《文物建筑维修基本材料・青瓦》（WW/T 0050–2014）的6.11吸水率。由于各地区所生产瓦件的吸水率与土质和制作工艺相关，各地区均任取3件瓦构件进行试验。吸水率试验结果如下（表7–41）。

表7–41　吸水率试验结果

晋南隧道窑（机制）瓦构件	吸水率	晋南梭式窑（手工）瓦构件	吸水率	晋北梭式窑（改良）瓦构件	吸水率
1	14.7%	1	16.9%	1	17.5%
2	15.7%	2	17.1%	2	17.4%
3	15.5%	3	16.6%	3	16.8%

晋南隧道窑机制瓦构件的吸水率确实小于晋南梭式窑手工瓦构件和晋北梭式窑改良瓦构件，晋南梭式窑瓦构件吸水率在16.6%~17.1%之间，晋北梭式窑（改良）瓦构件吸水率在16.8%~17.5%之间，晋北梭式窑（改良）瓦构件比晋南梭式窑瓦构件吸水率更强，与上面雨淋试验结果——晋南梭式窑瓦件比晋北梭式窑瓦件透水性大相对应。

六、抗渗试验

抗渗试验参照《文物建筑维修基本材料・青瓦》（WW/T　0050–2014）的抗渗性能6.12。抗渗试验过程见图7–42、图7–43、图7–44、图7–45。

晋南隧道窑（机制）瓦构件有水珠渗出，但瓦背面未湿；晋南梭式窑及晋北梭式窑（改良）瓦构件背面均是湿的，但未聚成水滴。这从侧面反映出晋南梭式窑及晋北梭式窑（改良）瓦构件的吸水性大于晋南隧道窑（机制）瓦构件。

（a）抹浆

（b）蜡封及调平

（c）试验

图 7-42　抗渗试验图

图 7-43　晋南梭式窑瓦构件抗渗试验后

图 7-44　晋南隧道窑瓦构件抗渗试验后

图 7- 45　晋北梭式窑（改良）瓦构件抗渗试验后

七、抗冻试验

瓦的抗冻试验采取的方法和砖的抗风化性能中的冻融试验类似，不同之处是对温度的要求，为 -25℃ ±2℃保持 3h，然后置入 15℃ ~20℃的水中消融 3h，为一个循环，其间不用记录外观情况，只需记录第 15 次冻融后的情况，然后与原始瓦件相比。

原始瓦件经清洗、密封后置入冷冻箱中，冻融 15 次后观察外观。

经观察可知，晋南隧道窑仿制瓦、晋南梭式窑仿制瓦及晋北梭式窑改良瓦均未出现剥落、掉角、裂纹等现象（图 7-46、图 7-47、图 7-48、图 7-49、图 7-50、图 7-51）。

图 7-46　试验前瓦件凹面

图 7-47　试验前瓦件凸面

7-48　密封瓦件

图 7-49　置入冷冻箱中

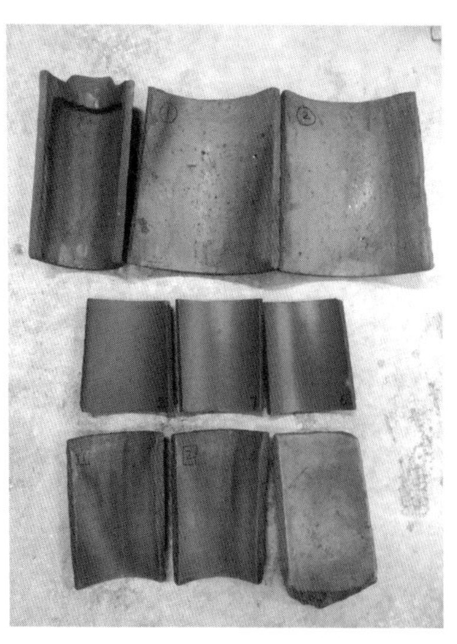

图 7-50　试验后瓦件凹面

图 7-51　试验后瓦件凸面

八、抗弯性能试验

试验采用50KN电子抗折试验机，将瓦构件放在支座上，调整支座金属棒间距，使支座金属棒距瓦外沿的尺寸为35mm，同时调整压头，使其位于支座金属棒的正中。支座金属棒和压头与瓦接触部分均垫上厚度为5mm、硬度为邵尔A45°~60° 的普通橡胶板。

试验前先校正试验机零点，启动试验机，压头接触试样时不应冲击，以50N/s~100N/s的速度均匀加荷，直至断裂。试验要记录断裂时的最大载荷P，数值精确到10N。抗弯试验过程如下（图7-52）。

（a）标记距离

（b）放置瓦构件

（c）试验后的瓦构件

图7-52 抗弯试验过程

通过试验可知，晋南隧道窑瓦构件、晋南梭式窑瓦构件及晋北梭式窑改良瓦构件的抗弯破坏荷载均大于《文物建筑维修基本材料·青瓦》（WW/T 0050-2014）所规定的值（850N），所以仿制的瓦构件均满足要求，晋南隧道窑机制瓦构件比晋南梭式窑手工瓦及晋北梭式窑改良瓦构件抗弯破坏荷载大（表7-42）。

表7-42 瓦构件的抗弯试验结果

来 源	序 号	抗弯破坏荷载（N）	同批最小抗弯破坏荷载（N）
晋南隧道窑	1	3500	3000
	2	3510	
	3	3000	
晋南梭式窑	1	1120	1120
晋北梭式窑	1	1460	1460
	2	1950	
	3	2710	

第五节 小 结

一、仿制古砖分析

（一）仿制工艺

练泥部分有待加强；相比于梭式窑，隧道窑燃料对环境友好，并能控制，烧制时更均匀，同时节省烧制时间。

（二）物理检测

1. 外观检测和尺寸偏差

晋南梭式窑、隧道窑和晋北梭式窑改良的古砖均为一等品或者优等品。

2. 抗风化性能

24h 吸水率、5h 沸煮吸水率和饱和系数均有差别。仿制砖的 24h 吸水率：晋南隧道窑>晋南梭式窑>晋北梭式窑；仿制砖的 5h 沸煮吸水率：晋南隧道窑>晋北梭式窑>晋南梭式窑，均大于国家标准《烧结普通砖》（GB/T5101-2003）要求的 20%；仿制砖的饱和系数：晋南梭式窑>晋南隧道窑>晋北梭式窑，均大于国家标准《烧结普通砖》（GB/T5101-2003）要求的 88%。

3. 抗冻性能

晋南梭式窑仿制出的古砖强度损失率较大，其他两个地方强度损失率在 20% 左右。

4. 泛霜

晋北梭式窑和晋南梭式窑仿制的古砖几乎无泛霜现象，也无掉屑现象。晋南隧道窑仿制的古砖可以看出明显的泛白现象，属于轻微泛霜。

5. 体积密度

晋南梭式窑和晋北梭式窑改良出来的古砖的体积密度大致一样，均大于晋南隧道窑仿制古砖的体积密度，与古砖差别不大。

（三）强度

1. 抗折强度

晋南梭式窑、隧道窑和晋北梭式窑改良古砖的抗折强度的平均值均在 2.5MPa 以上，与古砖相当，甚至更好。

2. 抗压强度

晋南梭式窑、隧道窑和晋北梭式窑改良古砖的抗压强度的平均值分别为 7.4MPa、12.3MPa 和 9.31MPa，其中晋南隧道窑仿制的古砖的抗压强度低于明、清两代古砖的抗压强度。

（四）微结构

晋南隧道窑仿制的古砖的孔结构参数与晋南清代古砖较为接近，与明代古砖相差略大。

二、古瓦仿制分析

（一）仿制工艺

制作古瓦的原材料比制作古砖原材料要求的塑性更大，技艺上更为复杂、精细。

（二）物理检测

仿制的古瓦外观质量合格，吸水率均小于 17.5%，抗渗及抗冻性良好，晋南梭式窑及晋北梭式窑（改良）瓦构件的吸水性、透水性大于晋南隧道窑（机制）瓦件，抗弯破坏荷载均大于 850N。总体来说，仿制古瓦的物理力学性能与古瓦原构件的物理力学性能相当。

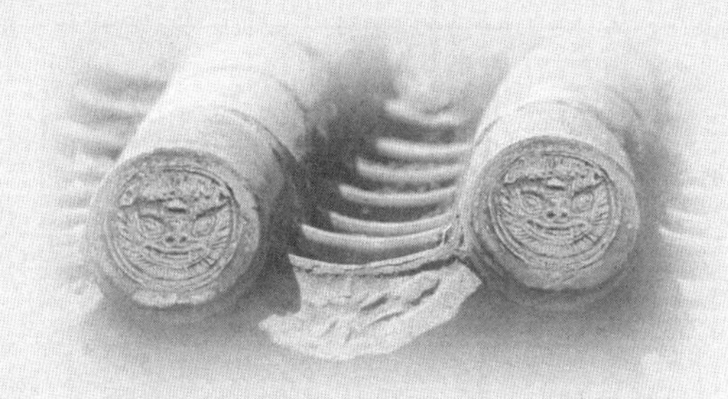

附　录

附录 A

山西省古建筑砖瓦样本信息表

序号	样本编号	种类	特征备注	时代	实验送检	保护级别	样本来源				尺寸（mm）			重量（kg）	是否完整
							市	县/区	文保单位名称	采样位置	长	宽	高/厚		
1	DT-NJ-NZLWM-101	条砖		清	收藏陈列	市保	大同市	南郊区	牛庄龙王庙	戏台	305	120	58	3.3	是
2	DT-NJ-NZLWM-102	条砖		清	实验送检 1	市保	大同市	南郊区	牛庄龙王庙	戏台	303	118	57	3.57	是
3	DT-XR-DSB-101	堡墙条砖		明	收藏陈列	省保	大同市	新荣区	得胜堡	采集	394	195	81	10.2	是
4	DT-XR-DSB-102	堡墙条砖		现代复制	实验送检 1	省保	大同市	新荣区	得胜堡	采集	385	192	90	11.05	是
5	DT-XR-ZCB-101	堡墙条砖		明	收藏陈列	省保	大同市	新荣区	镇川堡	堡墙	395	200	80	10.35	是
6	DT-XR-ZCB-102	堡墙条砖		明	实验送检 1	省保	大同市	新荣区	镇川堡	堡墙	310（残）	205	80	6.85	否
7	DT-XR-ZCB-103	堡墙条砖		明	实验送检 1	省保	大同市	新荣区	镇川堡	堡墙	210（残）	205	83	5.45	否
8	DT-XR-ZCB-104	条砖		清	收藏陈列		大同市	新荣区	镇川堡	民居	275	133	50	3.1	是
9	DT-XR-ZCB-105	条砖		清	实验送检 1		大同市	新荣区	镇川堡	民居	265	135	50	2.75	是
10	DT-PC-HYS-101	条砖	绳纹	辽	收藏陈列	国保	大同市	平城区	华严寺		373/311	214	55	6.7	是
11	DT-PC-HYS-102	条砖	绳纹	辽	收藏陈列	国保	大同市	平城区	华严寺		365/310	209	61	6.65	是
12	DT-PC-HYS-103	条砖	绳纹	辽	收藏陈列	国保	大同市	平城区	华严寺		371/310	210	60	6.5	是
13	DT-PC-HYS-104	条砖	绳纹	辽	收藏陈列	国保	大同市	平城区	华严寺		400	198	70	8.35	是
14	DT-PC-HYS-201	勾头	龙纹（坐龙）瓦当	辽	收藏陈列	国保	大同市	平城区	华严寺		635	240	13	12.85	是
15	DT-PC-HYS-202	滴水	重唇滴水	辽	收藏陈列	国保	大同市	平城区	华严寺		505	372/340	11	10.35	是

（续表）

序号	样本编号	种类	特征备注	时代	实验送检	保护级别	样本来源				尺寸（mm）			重量（kg）	是否完整
							市	县/区	文保单位名称	采样位置	长	宽	高/厚		
16	DT-PC-HLJMJ-101	条砖		清	实验送检 1		大同市	平城区	欢乐街民居	院内采集	287	143	51	4.3	是
17	DT-PC-HLJMJ-102	条砖		清	收藏陈列		大同市	平城区	欢乐街民居	院内采集	300	142	50	4.15	是
18	DT-PC-HLJMJ-103	条砖		清	实验送检 1		大同市	平城区	欢乐街民居	院内采集	310	130	58	4.35	是
19	DT-PC-HLJMJ-104	条砖		清	实验送检 1		大同市	平城区	欢乐街民居	院内采集	275	130	52	3.3	是
20	DT-PC-HLJMJ-105	条砖		清	实验送检 1		大同市	平城区	欢乐街民居	院内采集	290	120	59	3.5	是
21	DT-PC-HLJMJ-106	条砖		清	实验送检 1		大同市	平城区	欢乐街民居	院内采集	287	132	50	3.95	是
22	DT-PC-HLJMJ-107	条砖		清	实验送检 1		大同市	平城区	欢乐街民居	院内采集	280	131	49	3.05	是
23	DT-PC-HLJMJ-108	条砖		清	实验送检 1		大同市	平城区	欢乐街民居	院内采集	308	150	54	4.3	是
24	DT-PC-HLJMJ-109	条砖		清	实验送检 1		大同市	平城区	欢乐街民居	院内采集	305	120	56	3.5	是
25	DT-PC-HLJMJ-110	条砖		清	实验送检 1		大同市	平城区	欢乐街民居	院内采集	324	130	68	5.3	是
26	DT-PC-HLJMJ-111	条砖		清	实验送检 1		大同市	平城区	欢乐街民居	院内采集	325	118	69	4.7	是
27	DT-PC-HLJMJ-112	条砖		清	收藏陈列		大同市	平城区	欢乐街民居	院内采集	307	127	64	4.05	是
28	DT-PC-HLJMJ-201	勾头	兽面瓦当，泥条接缝	清	收藏陈列		大同市	平城区	欢乐街民居	院内采集	195	118	17	1	是
29	DT-PC-HLJMJ-202	勾头	兽面瓦当，泥条接缝	清	收藏陈列		大同市	平城区	欢乐街民居	院内采集	218	111	14	1.05	是
30	DT-PC-HLJMJ-203	勾头	兽面瓦当	清	收藏陈列		大同市	平城区	欢乐街民居	院内采集	228	105	16	1.15	是
31	DT-PC-HLJMJ-204	瓦当面	兽面瓦当	清	收藏陈列		大同市	平城区	欢乐街民居	院内采集	108	105	20	0.25	否

（续表）

序号	样本编号	种类	特征备注	时代	实验送检	保护级别	样本来源				尺寸（mm）			重量（kg）	是否完整
							市	县/区	文保单位名称	采样位置	长	宽	高/厚		
32	DT-PC-HLJMJ-205	滴水	花草纹如意滴水	清	收藏陈列		大同市	平城区	欢乐街民居	院内采集	253	160/130	25	1.75	是
33	DT-PC-HLJMJ-206	滴水	花草纹如意滴水	清	收藏陈列		大同市	平城区	欢乐街民居	院内采集	250	156/135	18	1.3	是
34	DT-PC-HLJMJ-207	滴水	花草纹如意滴水	清	收藏陈列		大同市	平城区	欢乐街民居	院内采集	205	153/130	17	0.9	是
35	DT-PC-HLJMJ-208	滴水	如意滴水	清	收藏陈列		大同市	平城区	欢乐街民居	院内采集	254(残)	155/135	14	1.05	否
36	DT-PC-HLJMJ-209	滴水	“地”字草叶纹如意滴水	清	收藏陈列		大同市	平城区	欢乐街民居	院内采集	139(残)	60	18	0.25	否
37	DT-PC-HLJMJ-210	板瓦		清	收藏陈列		大同市	平城区	欢乐街民居	院内采集	215	157/135	16	1.05	是
38	DT-PC-HLJMJ-211	板瓦		清	收藏陈列		大同市	平城区	欢乐街民居	院内采集	198	158/135	18	0.95	是
39	DT-PC-HLJMJ-212	板瓦		清	实验送检 5		大同市	平城区	欢乐街民居	院内采集	202	157/130	19	1	是
40	DT-YZ-LJDY-101	条砖		清	实验送检 1		大同市	云州区	吕家大院	院内采集	291	153	48	3.8	是
41	DT-YZ-LJDY-102	条砖		清	收藏陈列		大同市	云州区	吕家大院	院内采集	291	151	50	4	是
42	DT-YZ-LJDY-103	条砖		清	实验送检 1		大同市	云州区	吕家大院	院内采集	293	152	50	3.65	是
43	DT-YZ-LJDY-104	条砖		清	实验送检 1		大同市	云州区	吕家大院	院内采集	292	153	48	3.7	是
44	DT-YZ-LJDY-105	条砖		清	收藏陈列		大同市	云州区	吕家大院	院内采集	254	125	45	2.3	是
45	DT-YG-YLS-101	条砖		清	收藏陈列	国保	大同市	阳高县	云林寺	院内采集	351	153	70	6.15	是
46	DT-YG-YLS-102	条砖		清	实验送检 1	国保	大同市	阳高县	云林寺	院内采集	337	149	70	6.25	是

（续表）

序号	样本编号	种类	特征备注	时代	实验送检	保护级别	样本来源				尺寸（mm）			重量（kg）	是否完整
							市	县／区	文保单位名称	采样位置	长	宽	高／厚		
47	DT-YG-YLS-201	勾头	龙纹（坐龙）瓦当	明	收藏陈列	国保	大同市	阳高县	云林寺	院内采集	372	195	24	5.15	是
48	DT-YG-YLS-202	勾头	有钉孔	明	收藏陈列	国保	大同市	阳高县	云林寺	院内采集	315	160	21	2.85	是
49	DT-YG-YLS-203	滴水	龙纹如意滴水	明	收藏陈列	国保	大同市	阳高县	云林寺	院内采集	367	240/195	25	3.55	是
50	DT-YG-YLS-204	滴水	龙纹如意滴水	明	收藏陈列	国保	大同市	阳高县	云林寺	院内采集	340	225/150	22	3.25	是
51	DT-YG-SKBMJ-101	条砖		清	收藏陈列		大同市	阳高县	守口堡民居	民居	300	134	52	3.3	是
52	DT-YG-SKBMJ-102	方砖		清	实验送检 1		大同市	阳高县	守口堡民居	民居	200（残）	262	54	3.1	否
53	DT-YG-SKBMJ-103	方砖		清	实验送检 1		大同市	阳高县	守口堡民居	民居	260	175（残）	50	2.75	否
54	DT-YG-SKBMJ-201	筒瓦		清	收藏陈列		大同市	阳高县	守口堡民居	民居	240	122	19	1.3	是
55	DT-YG-SKBMJ-202	板瓦		清	收藏陈列		大同市	阳高县	守口堡民居	民居	240	175/145	18	1.2	是
56	DT-YG-SKBMJ-203	板瓦		清	收藏陈列		大同市	阳高县	守口堡民居	民居	237	165/145	20	1.2	是
57	DT-YG-XLWMCMJ-101	条砖		清	收藏陈列		大同市	阳高县	小龙王庙村民居	民居	293	130	50	2.8	是
58	DT-YG-XLWMCMJ-102	方砖		清	收藏陈列		大同市	阳高县	小龙王庙村民居	民居	260	225	50	4.85	是
59	DT-YG-XLWMCMJ-103	砖花		清	收藏陈列		大同市	阳高县	小龙王庙村民居	民居	130（残）	63	48	0.45	否
60	DT-YG-XLWMCMJ-201	勾头	兽面瓦当	清	收藏陈列		大同市	阳高县	小龙王庙村民居	民居	170（残）	110	21	1.15	否
61	DT-GL-XJSMJ-101	墀头砖		清	收藏陈列	省保	大同市	广灵县	西蕉山民居	坍塌建筑，院内采集	308	119	54	2.75	是
62	DT-GL-XJSMJ-102	条砖		清	收藏陈列	省保	大同市	广灵县	西蕉山民居	坍塌建筑，院内采集	310	123	57	3.45	是

（续表）

序号	样本编号	种类	特征备注	时代	实验送检	保护级别	样本来源				尺寸（mm）			重量（kg）	是否完整
							市	县/区	文保单位名称	采样位置	长	宽	高/厚		
63	DT-GL-XJSMJ-201	滴水	圆点三角纹如意滴水	清	收藏陈列	省保	大同市	广灵县	西蕉山民居	坍塌建筑，院内采集	212	148/115	18	0.95	是
64	DT-GL-XJSMJ-202	板瓦		清	收藏陈列	省保	大同市	广灵县	西蕉山民居	坍塌建筑，院内采集	208	152/126	19	0.85	是
65	DT-GL-XJSMJ-203	筒瓦	泥条接缝	清	收藏陈列	省保	大同市	广灵县	西蕉山民居	坍塌建筑，院内采集	195	108	20	0.95	是
66	DT-GL-XJSMJ-204	筒瓦	泥条接缝	清	收藏陈列	省保	大同市	广灵县	西蕉山民居	坍塌建筑，院内采集	202	109	17	0.9	是
67	DT-GL-JXGMJJZQ-101	方砖		清	收藏陈列	市保	大同市	广灵县	涧西古民居建筑群	2号院	276	274	48	6.4	是
68	DT-GL-JXGMJJZQ-102	墀头砖		清	收藏陈列	市保	大同市	广灵县	涧西古民居建筑群	2号院	305	111	55	2.6	是
69	DT-GL-JXGMJJZQ-103	条砖		清	收藏陈列	市保	大同市	广灵县	涧西古民居建筑群	2号院	307	146	51	3.75	是
70	DT-GL-JXGMJJZQ-201	勾头	兽面瓦当	清	收藏陈列	市保	大同市	广灵县	涧西古民居建筑群	2号院	207	118	19	1.3	是
71	DT-GL-JXGMJJZQ-202	筒瓦		清	收藏陈列	市保	大同市	广灵县	涧西古民居建筑群	2号院	198	108	18	0.75	是
72	DT-GL-JXGMJJZQ-203	筒瓦		清	实验送检5	市保	大同市	广灵县	涧西古民居建筑群	2号院	202	110	17	0.75	是
73	DT-GL-JXGMJJZQ-204	板瓦		清	收藏陈列	市保	大同市	广灵县	涧西古民居建筑群	2号院	204	152/128	17	0.75	是
74	DT-GL-JXGMJJZQ-205	板瓦		清	收藏陈列	市保	大同市	广灵县	涧西古民居建筑群	2号院	204	150/140	18	0.85	是
75	DT-GL-SST-101	条砖		清	收藏陈列	国保	大同市	广灵县	水神堂	文昌阁	275	143	53	2.9	是
76	DT-GL-SST-102	条砖		清	实验送检1	国保	大同市	广灵县	水神堂	文昌阁	278	143	55	3	是
77	DT-GL-SST-201	板瓦		清	收藏陈列	国保	大同市	广灵县	水神堂	文昌阁	220	151/120	18	0.9	是
78	DT-GL-SST-202	板瓦		清	实验送检5	国保	大同市	广灵县	水神堂	文昌阁	210	147/120	18	0.8	是

（续表）

序号	样本编号	种类	特征备注	时代	实验送检	保护级别	样本来源				尺寸（mm）			重量（kg）	是否完整
							市	县/区	文保单位名称	采样位置	长	宽	高/厚		
79	DT-HY-HYWM-101	条砖	粗条纹	辽	收藏陈列	国保	大同市	浑源县	浑源文庙	院内采集	300（残）	191	65	3.7	否
80	DT-HY-HYWM-102	条砖	粗条纹	明	收藏陈列	国保	大同市	浑源县	浑源文庙	院内采集	245（残）	163	63	3.65	否
81	DT-HY-HYWM-103	条砖	粗条纹	明	实验送检 1	国保	大同市	浑源县	浑源文庙	院内采集	200（残）	185	63	3	否
82	DT-HY-HYWM-104	条砖		清	收藏陈列	国保	大同市	浑源县	浑源文庙	院内采集	304	141	60	4.35	是
83	DT-HY-HYWM-105	条砖		清	实验送检 1	国保	大同市	浑源县	浑源文庙	院内采集	303	140	61	4.2	是
84	DT-HY-YAS-101	条砖		元	收藏陈列	国保	大同市	浑源县	永安寺	院内采集	260（残）	205	55	3.45	否
85	DT-HY-YAS-201	板瓦	泥条接缝，绳纹	元	收藏陈列	国保	大同市	浑源县	永安寺	院内采集	208	100（残）/140（残）	19	1	否
86	DT-HY-YAS-202	琉璃钉帽		清乾隆	收藏陈列	国保	大同市	浑源县	永安寺	院内采集	直径 71	高度 45	14	0.15	是
87	DT-HY-JZLWM-101	条砖		清	收藏陈列		大同市	浑源县	荆庄龙王庙	院内采集	282	138	60	4.25	是
88	DT-HY-JZLWM-102	方砖		清	收藏陈列		大同市	浑源县	荆庄龙王庙	院内采集	243	242	50	4.85	是
89	DT-HY-JZLWM-103	望砖		清	收藏陈列		大同市	浑源县	荆庄龙王庙	院内采集	222	220	35	2.95	是
90	DT-HY-JZMJ-201	勾头	兽面瓦当	清	收藏陈列		大同市	浑源县	荆庄民居	院内采集	180	100	18	0.8	是
91	DT-HY-JZMJ-202	勾头		现代复制	收藏陈列		大同市	浑源县	荆庄民居	院内采集	210	105	19	1.2	是
92	DT-HY-JZMJ-203	滴水	花草纹如意滴水	清	收藏陈列		大同市	浑源县	荆庄民居	院内采集	225	155/135	18	1.1	是
93	DT-LQ-JSST-101	塔方砖	粗条纹	辽	收藏陈列	国保	大同市	灵丘县	觉山寺塔	塔，原用于塔檐或塔顶望砖	462	454	122	39	是

（续表）

序号	样本编号	种类	特征备注	时代	实验送检	保护级别	样本来源				尺寸（mm）			重量（kg）	是否完整
							市	县/区	文保单位名称	采样位置	长	宽	高/厚		
94	DT-LQ-JSST-102	塔条砖	绳纹	辽	收藏陈列	国保	大同市	灵丘县	觉山寺塔	塔地面	565	285	78	17.3	是
95	DT-LQ-JSST-103	塔条砖		辽	收藏陈列	国保	大同市	灵丘县	觉山寺塔	塔地面	509	263	77	16.2	是
96	DT-LQ-JSST-104	条砖		辽	收藏陈列	国保	大同市	灵丘县	觉山寺塔	院内采集	437	226	68	10.95	是
97	DT-LQ-JSST-201	滴水	重唇滴水	辽	收藏陈列	国保	大同市	灵丘县	觉山寺塔	院内采集	356	230/203	21	2.85	是
98	DT-LQ-JSS-101	条砖	凹槽状刮痕	辽	收藏陈列	省保	大同市	灵丘县	觉山寺	院内采集	327	150	50	3.9	是
99	DT-LQ-JSS-102	条砖		清	收藏陈列	省保	大同市	灵丘县	觉山寺	院内采集	330	162	68	5.65	是
100	DT-LQ-JSS-103	条砖		清	实验送检 1	省保	大同市	灵丘县	觉山寺	院内采集	310	160	61	5.1	是
101	DT-LQ-JSS-104	方砖		现代复制	实验送检 1	省保	大同市	灵丘县	觉山寺	院内采集	295	290	65	8.9	是
102	DT-LQ-JSS-201	筒瓦		清	收藏陈列	省保	大同市	灵丘县	觉山寺	院内采集	345（残）	142	21	2.35	否
103	DT-LQ-JSS-202	筒瓦		现代复制	收藏陈列	省保	大同市	灵丘县	觉山寺	院内采集	270	130	30	1.8	是
104	DT-LQ-JSS-203	筒瓦		清	收藏陈列	省保	大同市	灵丘县	觉山寺	院内采集	250	132	22	1.5	是
105	DT-LQ-JSS-204	滴水	重唇滴水	辽	收藏陈列	省保	大同市	灵丘县	觉山寺	院内采集	422	230（残）/185（残）	23	3.75	否
106	DT-LQ-JSS-205	滴水	龙纹如意滴水	清	收藏陈列	省保	大同市	灵丘县	觉山寺	院内采集	351	220/191	23	2.7	是
107	DT-LQ-JSS-206	滴水	龙纹如意滴水	清	收藏陈列	省保	大同市	灵丘县	觉山寺	院内采集	293	186/168	17	1.75	是
108	DT-LQ-JSS-207	滴水	龙纹如意滴水	现代复制	收藏陈列	省保	大同市	灵丘县	觉山寺	院内采集	297	175/157	17	1.9	是
109	DT-LQ-JSS-208	筒瓦		清	收藏陈列	省保	大同市	灵丘县	觉山寺	院内采集	230	110	18	1.2	是

（续表）

序号	样本编号	种类	特征备注	时代	实验送检	保护级别	样本来源				尺寸（mm）			重量（kg）	是否完整
							市	县/区	文保单位名称	采样位置	长	宽	高/厚		
110	SZ-SC-CFS-101	方砖		清	收藏陈列	国保	朔州市	朔城区	崇福寺	钟鼓楼	274	272	48	5.65	是
111	SZ-SC-CFS-102	方砖		清	实验送检 1	国保	朔州市	朔城区	崇福寺	钟鼓楼	271	271	48	5.37	是
112	SZ-SC-CFS-103	脊坐砖		清	收藏陈列	国保	朔州市	朔城区	崇福寺	钟鼓楼	218	214	42	3	是
113	SZ-SC-CFS-104	脊坐砖		清	实验送检 1	国保	朔州市	朔城区	崇福寺	钟鼓楼	218	215	42	2.87	是
114	SZ-SC-CFS-105	条砖		清	实验送检 1	国保	朔州市	朔城区	崇福寺	钟鼓楼	251	118	61	2.69	是
115	SZ-SC-CFS-106	条砖		清	收藏陈列	国保	朔州市	朔城区	崇福寺	钟鼓楼	247	117	60	2.75	是
116	SZ-SC-CFS-201	板瓦		清	收藏陈列	国保	朔州市	朔城区	崇福寺	钟鼓楼	305	230/200	16	2.15	是
117	SZ-SC-CFS-202	板瓦		清	收藏陈列	国保	朔州市	朔城区	崇福寺	钟鼓楼	285	208/181	15	1.6	是
118	SZ-SC-CFS-203	板瓦		清	收藏陈列	国保	朔州市	朔城区	崇福寺	钟鼓楼	206	131/116	14	0.7	是
119	SZ-SC-CFS-204	板瓦		清	实验送检 5	国保	朔州市	朔城区	崇福寺	钟鼓楼	211	136/121	15	0.75	是
120	SZ-SC-CFS-205	筒瓦	泥条接缝	清	收藏陈列	国保	朔州市	朔城区	崇福寺	钟鼓楼	338	146	17	2.2	是
121	SZ-SC-CFS-206	筒瓦	泥条接缝	清	收藏陈列	国保	朔州市	朔城区	崇福寺	钟鼓楼	304	143	18	1.9	是
122	SZ-SC-CFS-207	筒瓦		清	收藏陈列	国保	朔州市	朔城区	崇福寺	钟鼓楼	253	121	17	1.25	是
123	SZ-SC-CFS-208	筒瓦		清	实验送检 5	国保	朔州市	朔城区	崇福寺	钟鼓楼	256	125	18	1.4	是
124	SZ-SC-CFS-209	琉璃筒瓦	绿琉璃	清	收藏陈列	国保	朔州市	朔城区	崇福寺	钟鼓楼	190（残）	154	21	1.5	否
125	SZ-SC-CFS-107	地面方砖		金	收藏陈列	国保	朔州市	朔城区	崇福寺		362	352	70	11.75	是

（续表）

序号	样本编号	种类	特征备注	时代	实验送检	保护级别	样本来源				尺寸（mm）			重量（kg）	是否完整
							市	县/区	文保单位名称	采样位置	长	宽	高/厚		
126	SZ-SC-CFS-108	地面方砖		金	收藏陈列	国保	朔州市	朔城区	崇福寺		360	360	64	10.65	是
127	SZ-SC-CFS-109	地面方砖		金	收藏陈列	国保	朔州市	朔城区	崇福寺		355	219（残）	60	6.4	否
128	SZ-PL-SJB-101	堡墙条砖		明	收藏陈列	省保	朔州市	平鲁区	少家堡	堡墙	380	191	85	9.2	是
129	SZ-PL-JJHB-101	堡墙条砖		明	实验送检 1	县保	朔州市	平鲁区	将军会堡	堡墙	185（残）	150	61	2.6	否
130	SZ-SY-GWC-101	堡墙条砖		现代复制	实验送检 1	国保	朔州市	山阴县	广武城	城墙	412	205	77	10.45	是
131	SZ-SY-GWC-102	堡墙条砖		明	实验送检 1	国保	朔州市	山阴县	广武城	城墙	270（残）	182	89	5.45	否
132	SZ-SY-XGWCC-101	长城砖		明	实验送检 1	省保	朔州市	山阴县	新广武长城	长城墙体	292（残）	210	91	8.25	否
133	SZ-SY-XGWCC-102	长城砖		明	收藏陈列	省保	朔州市	山阴县	新广武长城	长城墙体（村民家征集）	374	180	88	8.85	是
134	SZ-SY-XGWCC-103	长城砖		明	实验送检 1	省保	朔州市	山阴县	新广武长城	长城墙体（村民家征集）	403	190	81	9.2	是
135	SZ-SY-XGWCC-104	长城砖		明	收藏陈列	省保	朔州市	山阴县	新广武长城	新广武 2 段长城 9 号敌台	380	188	95	10	是
136	SZ-YX-BLKB-101	堡墙条砖		明	实验送检 1	省保	朔州市	应县	北楼口堡	堡墙	235（残）	204	72	5	否
137	SZ-YX-BLKB-102	堡墙条砖		明	收藏陈列	省保	朔州市	应县	北楼口堡	堡墙	413	200	70	8.75	是
138	XZ-WT-FGS-101	墓塔条砖	绳纹	唐	收藏陈列	国保	忻州市	五台县	佛光寺	寺外墓塔	259（残）	208	59	4.15	否

（续表）

序号	样本编号	种类	特征备注	时代	实验送检	保护级别	样本来源				尺寸（mm）			重量（kg）	是否完整
							市	县/区	文保单位名称	采样位置	长	宽	高/厚		
139	XZ-WT-FGS-102	墓塔条砖	绳纹	唐	收藏陈列	国保	忻州市	五台县	佛光寺	寺外墓塔	375/307	223	62	6.9	是
140	XZ-WT-FGS-103	墓塔条砖	绳纹	唐	收藏陈列	国保	忻州市	五台县	佛光寺	寺外墓塔	375/310	210	58	6.35	是
141	XZ-WT-FGS-201	滴水	重唇滴水	明	收藏陈列	国保	忻州市	五台县	佛光寺	东大殿	346	317/290	26	5.1	是
142	XZ-WT-FGS-202	滴水	重唇滴水	明	收藏陈列	国保	忻州市	五台县	佛光寺	东大殿	340	323/292	26	5.15	是
143	XZ-WT-FGS-203	板瓦		明	收藏陈列	国保	忻州市	五台县	佛光寺	东大殿	492	321/262	30	7.5	是
144	XZ-WT-FGS-204	板瓦	泥条接缝	明	收藏陈列	国保	忻州市	五台县	佛光寺	东大殿	507	303/268	32	7.55	是
145	XZ-WT-FGS-205	板瓦		明	收藏陈列	国保	忻州市	五台县	佛光寺	东大殿	500	298/250	32	7.35	是
146	XZ-WT-FGS-206	滴水	重唇滴水	明	收藏陈列	国保	忻州市	五台县	佛光寺	东大殿	494	300/248	31	7.6	是
147	XZ-WT-FGS-207	板瓦		明	收藏陈列	国保	忻州市	五台县	佛光寺	东大殿	497	309/261	33	8.2	是
148	XZ-WT-FGS-208	板瓦		明	实验送检 5	国保	忻州市	五台县	佛光寺	东大殿	503	295/257	32	7.6	是
149	XZ-DX-YMG-101	长城砖		明	收藏陈列	国保	忻州市	代县	雁门关	城墙	440	190	90	12.15	是
150	XZ-DX-YMG-102	长城砖		明	实验送检 1	国保	忻州市	代县	雁门关	城墙	420	190	85	10.55	是
151	XZ-DX-YMG-103	长城砖		明	实验送检 1	国保	忻州市	代县	雁门关	城墙	310（残）	195	95	7.85	否
152	XZ-FS-ZBKCC-101	长城砖		明	收藏陈列	省保	忻州市	繁峙县	竹帛口长城	“茨字贰拾肆號臺”敌台	495	220	110	16.4	是
153	XZ-FS-ZBKCC-102	长城砖		明	实验送检 1	省保	忻州市	繁峙县	竹帛口长城	“茨字贰拾肆號臺”敌台	490	217	100	17.35	是

（续表）

序号	样本编号	种类	特征备注	时代	实验送检	保护级别	样本来源				尺寸（mm）			重量（kg）	是否完整
							市	县/区	文保单位名称	采样位置	长	宽	高/厚		
154	XZ-FS-ZBKCC-103	长城砖		现代复制	实验送检 1	省保	忻州市	繁峙县	竹帛口长城	“茨字贰拾肆號臺”敌台	498	242	123	21.75	是
155	XZ-FS-ZBKCC-104	长城砖		现代复制	实验送检 1	省保	忻州市	繁峙县	竹帛口长城	“茨字贰拾肆號臺”敌台	498	234	120	22.05	是
156	LL-FY-TFG-101	条砖		金	收藏陈列	国保	吕梁市	汾阳市	太符观	东配殿	345	160	65	5.35	是
157	LL-FY-TFG-102	条砖		金	收藏陈列	国保	吕梁市	汾阳市	太符观	东配殿	338	153	64	5.25	是
158	LL-FY-TFG-103	条砖		金	收藏陈列	国保	吕梁市	汾阳市	太符观	东配殿	338	153	65	4.85	是
159	LL-FY-TFG-104	条砖		金	收藏陈列	国保	吕梁市	汾阳市	太符观	东配殿	350	157	66	5.3	是
160	LL-FY-TFG-105	望砖		金	收藏陈列	国保	吕梁市	汾阳市	太符观	东配殿	242	146	38	2.2	是
161	LL-FY-TFG-201	琉璃勾头		现代复制	收藏陈列	国保	吕梁市	汾阳市	太符观	东配殿	214	131	17	1.7	是
162	LL-FY-CDS-101	条砖		清	收藏陈列	省保	吕梁市	汾阳市	禅定寺	院内散落	277	135	65	3.75	是
163	LL-FY-CDS-102	条砖		清	收藏陈列	省保	吕梁市	汾阳市	禅定寺	院内散落	283	137	62	3.6	是
164	LL-FY-YWCSSS-101	墙体条砖		明	收藏陈列	省保	吕梁市	汾阳市	演武村寿圣寺	西配殿散落	297	137	60	3.7	是
165	LL-FY-YWCSSS-102	墙体条砖		明	收藏陈列	省保	吕梁市	汾阳市	演武村寿圣寺	西配殿散落	290	143	64	4.1	是
166	LL-FY-YWCSSS-103	条砖		明	收藏陈列	省保	吕梁市	汾阳市	演武村寿圣寺	西配殿散落	257	170	57	3.6	是
167	LL-FY-YWCSSS-201	琉璃勾头	龙纹瓦当，蓝琉璃	明	收藏陈列	省保	吕梁市	汾阳市	演武村寿圣寺	西配殿散落	135（残）	115	17	1	否

（续表）

序号	样本编号	种类	特征备注	时代	实验送检	保护级别	样本来源				尺寸（mm）			重量（kg）	是否完整
							市	县/区	文保单位名称	采样位置	长	宽	高/厚		
168	LL-FY-YWCSSS-202	勾头	兽面瓦当	清	收藏陈列	省保	吕梁市	汾阳市	演武村寿圣寺	西配殿散落	215	110	15	1.15	是
169	LL-FY-YWCSSS-203	琉璃勾头	龙纹瓦当，蓝琉璃，带铁钉	明	收藏陈列	省保	吕梁市	汾阳市	演武村寿圣寺	大殿散落	214	119	12	1.4	是
170	LL-FY-YWCSSS-204	琉璃滴水	龙纹如意滴水，蓝琉璃	明	收藏陈列	省保	吕梁市	汾阳市	演武村寿圣寺	大殿散落	120（残）	162	16	0.7	否
171	LL-FY-YWCSSS-205	琉璃滴水	龙纹如意滴水，蓝琉璃	明	收藏陈列	省保	吕梁市	汾阳市	演武村寿圣寺	大殿散落	251	180	14	1.7	是
172	LL-FY-MYZX-101	墙体条砖		民国	收藏陈列	省保	吕梁市	汾阳市	铭义中学	女生宿舍楼	248	123	60	2.8	是
173	LL-FY-MYZX-102	墙体条砖		民国	收藏陈列	省保	吕梁市	汾阳市	铭义中学	女生宿舍楼	245	123	60	2.5	是
174	TY-JY-JC-201	琉璃勾头	龙纹瓦当，绿琉璃，有钉孔	明	收藏陈列	国保	太原市	晋源区	晋祠	圣母殿或献殿	351	173	25	5.7	是
175	TY-JY-JC-202	琉璃勾头	龙纹瓦当，蓝琉璃，有钉孔	明	收藏陈列	国保	太原市	晋源区	晋祠	圣母殿或献殿	290	157	23	3.7	是
176	TY-JY-JC-101	条砖		清	收藏陈列	国保	太原市	晋源区	晋祠		288	142	68	4.65	是
177	TY-JY-JC-102	条砖		清	实验送检 2	国保	太原市	晋源区	晋祠		285	140	64	4.4	是
178	TY-JY-JC-103	条砖		清	收藏陈列	国保	太原市	晋源区	晋祠	奉圣寺大殿（迁自芳林寺）	321	155	60	4.4	是
179	TY-JY-JC-104	条砖		清	实验送检 2	国保	太原市	晋源区	晋祠	奉圣寺大殿（迁自芳林寺）	312	155	59	4.4	是

（续表）

序号	样本编号	种类	特征备注	时代	实验送检	保护级别	样本来源				尺寸（mm）			重量（kg）	是否完整
							市	县/区	文保单位名称	采样位置	长	宽	高/厚		
180	TY–JY–JC–105	条砖		清	收藏陈列	国保	太原市	晋源区	晋祠	奉圣寺大殿（迁自芳林寺）	276	132	52	2.7	是
181	TY–JY–JC–106	方砖	雕花	清	收藏陈列	国保	太原市	晋源区	晋祠	奉圣寺大殿（迁自芳林寺）	265	264	52	4.75	是
182	TY–QX–QYWM–101	方砖		清	收藏陈列	国保	太原市	清徐县	清源文庙	大成殿散落	370	370	68	15.05	是
183	TY–QX–QYWM–102	方砖		清	实验送检 2	国保	太原市	清徐县	清源文庙	大成殿散落	372	372	68	15.1	是
184	TY–QX–QYWM–201	筒瓦		清	收藏陈列	国保	太原市	清徐县	清源文庙	院内散落	227	120	16	1.25	是
185	TY–QX–QYWM–202	筒瓦		清	收藏陈列	国保	太原市	清徐县	清源文庙	院内散落	215	108	18	1	是
186	TY–QX–QYWM–203	板瓦		清	收藏陈列	国保	太原市	清徐县	清源文庙	院内散落	218	166/132	17	0.95	是
187	TY–QX–QYWM–204	板瓦		清	实验送检 5	国保	太原市	清徐县	清源文庙	院内散落	216	165/141	17	0.95	是
188	TY–QX–HTM–101	条砖		清	收藏陈列	国保	太原市	清徐县	狐突庙	戏台	291	140	60	4.3	是
189	TY–QX–HTM–102	条砖		清	实验送检 2	国保	太原市	清徐县	狐突庙	戏台	283（残）	140	55	3.3	否
190	TY–QX–HTM–103	条砖		清	收藏陈列	国保	太原市	清徐县	狐突庙	后院散落	301	145	55	3.65	是
191	TY–QX–HTM–104	条砖		清	实验送检 2	国保	太原市	清徐县	狐突庙	后院散落	295	138	56	3.55	是
192	TY–QX–HTM–201	筒瓦		清	收藏陈列	国保	太原市	清徐县	狐突庙	后院散落	265	125	17	1.6	是
193	TY–QX–HTM–202	筒瓦		清	实验送检 5	国保	太原市	清徐县	狐突庙	后院散落	255	126	17	1.3	是

（续表）

序号	样本编号	种类	特征备注	时代	实验送检	保护级别	样本来源				尺寸（mm）			重量（kg）	是否完整
							市	县/区	文保单位名称	采样位置	长	宽	高/厚		
194	TY-QX-HTM-203	板瓦		清	收藏陈列	国保	太原市	清徐县	狐突庙	后院散落	304	222/181	21	2.4	是
195	TY-QX-HTM-204	板瓦		清	收藏陈列	国保	太原市	清徐县	狐突庙	后院散落	295	206/181	17	2.2	是
196	TY-QX-XGCHM-101	条砖		明	收藏陈列	省保	太原市	清徐县	徐沟城隍庙	栖云楼（清徐县文物旅游局）	325	159	71	5.8	是
197	TY-QX-XGCHM-102	条砖		明	实验送检 2	省保	太原市	清徐县	徐沟城隍庙	栖云楼（清徐县文物旅游局）	329	155	68	5.75	是
198	TY-QX-XGCHM-201	琉璃勾头	龙纹瓦当，蓝琉璃，带铁钉	明	收藏陈列	省保	太原市	清徐县	徐沟城隍庙	栖云楼（清徐县文物旅游局）	205	121	15	1.5	是
199	TY-QX-XGCHM-202	勾头	兽面瓦当	明	收藏陈列	省保	太原市	清徐县	徐沟城隍庙	栖云楼（清徐县文物旅游局）	203	117	17	1.35	是
200	TY-QX-XGCHM-203	筒瓦		明	收藏陈列	省保	太原市	清徐县	徐沟城隍庙	栖云楼（清徐县文物旅游局）	221	113	19	1	是
201	TY-QX-XGCHM-204	琉璃滴水	龙纹如意滴水，蓝琉璃	明	收藏陈列	省保	太原市	清徐县	徐沟城隍庙	栖云楼（清徐县文物旅游局）	225	155	15	1.15	是
202	TY-QX-XGCHM-205	滴水	花草纹如意滴水	明	收藏陈列	省保	太原市	清徐县	徐沟城隍庙	栖云楼（清徐县文物旅游局）	213	140	16	0.8	是
203	TY-QX-XGCHM-206	板瓦		明	收藏陈列	省保	太原市	清徐县	徐沟城隍庙	栖云楼（清徐县文物旅游局）	219	173/139	16	0.85	是

（续表）

序号	样本编号	种类	特征备注	时代	实验送检	保护级别	样本来源				尺寸（mm）			重量（kg）	是否完整
							市	县/区	文保单位名称	采样位置	长	宽	高/厚		
204	JZ-YC-PCSSS-101	地面条砖		明	收藏陈列	省保	晋中市	榆次区	蒲池寿圣寺	南殿北侧台明	304	149	50	3.85	是
205	JZ-YC-PCSSS-102	墙体条砖		明	收藏陈列	省保	晋中市	榆次区	蒲池寿圣寺	东配殿	328	162	70	5.85	是
206	JZ-YC-PCSSS-103	墙体条砖		明	实验送检 2	省保	晋中市	榆次区	蒲池寿圣寺	东配殿	310	150	64	5.2	是
207	JZ-YC-PCSSS-104	墙体条砖		明	收藏陈列	省保	晋中市	榆次区	蒲池寿圣寺	西配殿	315	155	65	4.95	是
208	JZ-YC-PCSSS-105	地面方砖		明	收藏陈列	省保	晋中市	榆次区	蒲池寿圣寺	西配殿	315	314	64	10.45	是
209	JZ-YC-PCSSS-201	勾头	泥条接缝	宋	收藏陈列	省保	晋中市	榆次区	蒲池寿圣寺	东配殿前檐	300	150	22	2.95	是
210	JZ-YC-PCSSS-202	勾头	兽面瓦当	明	收藏陈列	省保	晋中市	榆次区	蒲池寿圣寺	东配殿前檐	323	150	22	3.2	是
211	JZ-YC-PCSSS-203	板瓦		明	收藏陈列	省保	晋中市	榆次区	蒲池寿圣寺	东配殿（散落）	395	230/180（残）	23	3	否
212	JZ-SY-PSCCFS-201	琉璃筒瓦	深棕色琉璃	元	收藏陈列	省保	晋中市	寿阳县	平舒村崇福寺	过殿	323	141	16	2.45	是
213	JZ-SY-PSCCFS-202	筒瓦		元	收藏陈列	省保	晋中市	寿阳县	平舒村崇福寺	过殿	301	156	20	2.65	是
214	JZ-SY-PSCCFS-203	筒瓦		元	收藏陈列	省保	晋中市	寿阳县	平舒村崇福寺	过殿	299	157	20	2.5	是
215	JZ-SY-PSCCFS-204	滴水		元	收藏陈列	省保	晋中市	寿阳县	平舒村崇福寺	过殿	320	210	20	2.35	是
216	JZ-SY-PSCCFS-205	滴水		元	收藏陈列	省保	晋中市	寿阳县	平舒村崇福寺	过殿	315	210	25	2.45	是
217	JZ-SY-LHS-101	条砖		明	收藏陈列	省保	晋中市	寿阳县	罗汉寺	大殿	285	146	65	4.55	是
218	JZ-SY-LHS-102	条砖		明	实验送检 2	省保	晋中市	寿阳县	罗汉寺	大殿	292	149	65	4.55	是
219	JZ-SY-LHS-201	勾头	兽面瓦当	明	收藏陈列	省保	晋中市	寿阳县	罗汉寺	前殿散落	222	112	17	1.3	是

（续表）

序号	样本编号	种类	特征备注	时代	实验送检	保护级别	样本来源				尺寸（mm）			重量（kg）	是否完整
							市	县/区	文保单位名称	采样位置	长	宽	高/厚		
220	JZ-SY-LHS-202	滴水	花草纹如意滴水	明	收藏陈列	省保	晋中市	寿阳县	罗汉寺	前殿散落	250	174/151	15	1.35	是
221	JZ-SY-SLY-201	勾头	兽面瓦当	清	收藏陈列	省保	晋中市	寿阳县	松罗院	戏台	215	130	18	1.55	是
222	JZ-SY-SLY-202	筒瓦	泥条接缝	清	收藏陈列	省保	晋中市	寿阳县	松罗院	戏台	273	133	17	1.6	是
223	JZ-PY-CXS-101	条砖		金	收藏陈列	国保	晋中市	平遥县	慈相寺	院内（出土塔）	472	224	66	10.75	是
224	JZ-PY-CXS-102	条砖		金	收藏陈列	国保	晋中市	平遥县	慈相寺	院内	370	181	64	6.6	是
225	JZ-PY-CXS-103	条砖		金	收藏陈列	国保	晋中市	平遥县	慈相寺	院内	377	174	66	6.15	是
226	JZ-PY-CXS-104	方砖	绳纹	金	收藏陈列	国保	晋中市	平遥县	慈相寺	院内	351	351	66	13.15	是
227	JZ-PY-CXS-105	方砖	绳纹	金	收藏陈列	国保	晋中市	平遥县	慈相寺	院内	339	334	62	11	是
228	JZ-PY-HZSSS-101	条砖		清	收藏陈列	三普点	晋中市	平遥县	郝庄寿圣寺	大殿散落	243	123	58	2.6	是
229	JZ-PY-HZSSS-102	条砖		清	收藏陈列	三普点	晋中市	平遥县	郝庄寿圣寺	大殿散落	284	131	60	3.5	是
230	JZ-PY-HZSSS-103	墙体条砖		清	实验送检 2	三普点	晋中市	平遥县	郝庄寿圣寺	前殿后檐墙	252	120	55	2.6	是
231	JZ-PY-HZSSS-104	方砖		清	收藏陈列	三普点	晋中市	平遥县	郝庄寿圣寺	院内散落	247	250	55	5.15	是
232	JZ-PY-HZSSS-105	方砖		清	收藏陈列	三普点	晋中市	平遥县	郝庄寿圣寺	院内散落	277	285	57	6.75	是
233	JZ-PY-HZSSS-106	博风砖		清	收藏陈列	三普点	晋中市	平遥县	郝庄寿圣寺	院内前殿散落	252	189	53	3.7	是
234	JZ-PY-HZSSS-201	筒瓦		清	收藏陈列	三普点	晋中市	平遥县	郝庄寿圣寺	院内散落	206	113	12	0.75	是
235	JZ-PY-HZSSS-202	板瓦		清	收藏陈列	三普点	晋中市	平遥县	郝庄寿圣寺	院内散落	242	156/142	20	1.1	是

（续表）

序号	样本编号	种类	特征备注	时代	实验送检	保护级别	样本来源				尺寸（mm）			重量（kg）	是否完整
							市	县/区	文保单位名称	采样位置	长	宽	高/厚		
236	JZ-PY-MJ-101	条砖		明	实验送检 2		晋中市	平遥县		当地民居收集	313	145	60	4.35	是
237	JZ-PY-MJ-102	条砖		明	实验送检 2		晋中市	平遥县		当地民居收集	316	150	60	4.6	是
238	JZ-PY-MJ-103	条砖		清	实验送检 2		晋中市	平遥县		当地民居收集	288	141	59	3.95	是
239	JZ-PY-MJ-104	条砖		清	实验送检 2		晋中市	平遥县		当地民居收集	289	140	57	4.05	是
240	JZ-JX-JXWYM-101	条砖		清	收藏陈列	国保	晋中市	介休市	介休五岳庙	影壁	275	131	64	3.7	是
241	JZ-JX-JXWYM-102	条砖		清	实验送检 2	国保	晋中市	介休市	介休五岳庙	影壁	268	134	64	3.55	是
242	JZ-JX-JXWYM-103	条砖		清	收藏陈列	国保	晋中市	介休市	介休五岳庙	戏台	303	145	60	4.1	是
243	JZ-JX-JXWYM-104	条砖		清	实验送检 2	国保	晋中市	介休市	介休五岳庙	戏台	297	147	60	4.2	是
244	JZ-JX-JXWYM-105	地面方砖		清	收藏陈列	国保	晋中市	介休市	介休五岳庙	戏台	270	250	61	7.05	是
245	JZ-JX-JXWYM-106	地面方砖		清	实验送检 2	国保	晋中市	介休市	介休五岳庙	戏台	270	260	62	6.95	是
246	JZ-JX-JXWYM-201	琉璃勾头	龙纹瓦当，蓝琉璃，有钉孔	清	收藏陈列	国保	晋中市	介休市	介休五岳庙	戏台	227	121	17	1.5	是
247	JZ-JX-JXWYM-202	琉璃勾头	龙纹瓦当，绿琉璃，有钉孔	清	收藏陈列	国保	晋中市	介休市	介休五岳庙	戏台	240	120	17	1.5	是
248	JZ-JX-LFCSMS-101	条砖		清	收藏陈列	县保	晋中市	介休市	龙凤村三明寺	寺内	281	138	62	3.6	是
249	JZ-JX-LFCSMS-102	条砖		清	实验送检 2	县保	晋中市	介休市	龙凤村三明寺	寺内	279	140	61	3.6	是

（续表）

序号	样本编号	种类	特征备注	时代	实验送检	保护级别	样本来源				尺寸（mm）			重量（kg）	是否完整
							市	县/区	文保单位名称	采样位置	长	宽	高/厚		
250	JZ-JX-WLMYZ-101	条砖		明	实验送检 2	三普点	晋中市	介休市	五龙庙遗址	建筑基础	154(残)	155	64	2.35	否
251	JZ-JX-WLMYZ-102	条砖		明	实验送检 2	三普点	晋中市	介休市	五龙庙遗址	建筑基础	255(残)	158	67	3.4	否
252	JZ-JX-WLMYZ-103	方砖		明	实验送检 2	三普点	晋中市	介休市	五龙庙遗址	建筑基础	287	244	62	6.1	是
253	JZ-LS-ZSSHSM-101	墓葬条砖		元	收藏陈列	国保	晋中市	灵石县	资寿寺	和尚墓	359	171	61	5.3	是
254	JZ-LS-ZSSHSM-102	墓葬条砖		元	收藏陈列	国保	晋中市	灵石县	资寿寺	和尚墓	335	161	61	5.5	是
255	JZ-LS-ZSSHSM-103	墓葬方砖	糙面有几何纹	元	收藏陈列	国保	晋中市	灵石县	资寿寺	和尚墓	362	357	62	13.15	是
256	JZ-LS-WJDYMJ-101	条砖		明	收藏陈列	国保	晋中市	灵石县	王家大院民居	院内	274	130	61	3.35	是
257	JZ-LS-WJDYMJ-102	条砖		明	实验送检 2	国保	晋中市	灵石县	王家大院民居	院内	280	135	62	3.35	是
258	JZ-LS-WJDYMJ-103	方砖		明	收藏陈列	国保	晋中市	灵石县	王家大院民居	院内	250	250	56	5.2	是
259	JZ-LS-WJDYMJ-104	方砖		明	实验送检 2	国保	晋中市	灵石县	王家大院民居	院内	248	245	60	5.8	是
260	JZ-LS-JSCWSZC-101	条砖		明	收藏陈列	县保	晋中市	灵石县	静升村王氏宗祠	院内	271	133	52	2.95	是
261	JZ-LS-JSCWSZC-102	条砖		明	实验送检 2	县保	晋中市	灵石县	静升村王氏宗祠	院内	284	126	55	3	是
262	JZ-LS-CYA-101	条砖		清	收藏陈列	县保	晋中市	灵石县	朝阳庵	西配殿	278	131	60	3.35	是
263	JZ-LS-CYA-102	条砖		清	实验送检 2	县保	晋中市	灵石县	朝阳庵	鼓楼	267(残)	138	61	3.35	否
264	JZ-LS-CYA-103	条砖		清	实验送检 2	县保	晋中市	灵石县	朝阳庵	鼓楼	280	137	61	3.5	是
265	JZ-LS-CYA-201	筒瓦	带铁钉	清	收藏陈列	县保	晋中市	灵石县	朝阳庵	前殿	188	105	16	0.75	是

（续表）

序号	样本编号	种类	特征备注	时代	实验送检	保护级别	样本来源				尺寸（mm）			重量（kg）	是否完整
							市	县/区	文保单位名称	采样位置	长	宽	高/厚		
266	JZ-LS-CYA-202	筒瓦		清	收藏陈列	县保	晋中市	灵石县	朝阳庵	前殿	212	108	16	0.85	是
267	JZ-LS-CYA-203	板瓦		清	收藏陈列	县保	晋中市	灵石县	朝阳庵	西配殿	252	180（残）/148	21	1.25	否
268	JZ-LS-CYA-204	板瓦		清	收藏陈列	县保	晋中市	灵石县	朝阳庵	西配殿	253	170/148	19	1.15	是
269	CZ-WX-FYY-101	条砖		明	实验送检 3	省保	长治市	武乡县	福源院	院内采集	307	153	62	4.35	是
270	CZ-WX-FYY-102	条砖		明	收藏陈列	省保	长治市	武乡县	福源院	院内采集	315	155	63	4.35	是
271	CZ-WX-FYY-201	滴水	重唇滴水	明	收藏陈列	省保	长治市	武乡县	福源院	院内采集	357	240/180（残）	20	2.85	否
272	CZ-WX-FYY-202	滴水	重唇滴水	明	收藏陈列	省保	长治市	武乡县	福源院	院内采集	320（残）	215（残）	19	2.05	否
273	CZ-WX-FYY-203	板瓦		明	收藏陈列	省保	长治市	武乡县	福源院	院内采集	354	165（残）/180	20	2.25	否
274	CZ-WX-FYY-204	板瓦		明	收藏陈列	省保	长治市	武乡县	福源院	院内采集	302	190（残）/170（残）	22	2.1	否
275	CZ-WX-FYY-205	筒瓦		明	收藏陈列	省保	长治市	武乡县	福源院	院内采集	308	145	19	2.05	是
276	CZ-WX-FYY-206	筒瓦		明	收藏陈列	省保	长治市	武乡县	福源院	院内采集	303	137	24	2.1	是
277	CZ-WX-FYY-207	当勾		明	收藏陈列	省保	长治市	武乡县	福源院	院内采集	140	193	20	0.5	是
278	CZ-WX-FYY-208	当勾		明	收藏陈列	省保	长治市	武乡县	福源院	院内采集	136	190	19	0.45	是
279	CZ-LC-XCTQWM-101	条砖		清	收藏陈列	国保	长治市	黎城县	辛村天齐王庙	正殿	283	139	72	4.05	是
280	CZ-LC-XCTQWM-102	条砖		清	实验送检 3	国保	长治市	黎城县	辛村天齐王庙	正殿	278	138	66	4	是
281	CZ-LC-XCTQWM-103	望砖		清	收藏陈列	国保	长治市	黎城县	辛村天齐王庙	正殿	195	194	27	1.45	是

（续表）

序号	样本编号	种类	特征备注	时代	实验送检	保护级别	样本来源				尺寸（mm）			重量（kg）	是否完整
							市	县／区	文保单位名称	采样位置	长	宽	高／厚		
282	CZ-LC-XCTQWM-104	望砖		清	实验送检 3	国保	长治市	黎城县	辛村天齐王庙	正殿	195	181（残）	31	1.5	否
283	CZ-LC-XCTQWM-201	滴水	重唇滴水	金	收藏陈列	国保	长治市	黎城县	辛村天齐王庙	正殿	295	200/170	20	2.05	是
284	CZ-LC-XCTQWM-202	滴水	重唇滴水	金	收藏陈列	国保	长治市	黎城县	辛村天齐王庙	正殿	277	181/153	18	1.65	是
285	CZ-LC-XCTQWM-203	勾头	龙纹瓦当，有钉孔	金	收藏陈列	国保	长治市	黎城县	辛村天齐王庙	正殿	292	150	20	2.45	是
286	CZ-LC-XCTQWM-204	勾头	龙纹瓦当，泥条接缝，有钉孔	金	收藏陈列	国保	长治市	黎城县	辛村天齐王庙	正殿	342	150	21	3.35	是
287	CZ-LC-CNDM-101	条砖		明	收藏陈列	国保	长治市	黎城县	长宁大庙	院内采集	308	151	67	4.55	是
288	CZ-LC-CNDM-102	条砖		明	实验送检 3	国保	长治市	黎城县	长宁大庙	院内采集	308	151	65	4.35	是
289	CZ-LC-CNDM-103	条砖	右手印	明	收藏陈列	国保	长治市	黎城县	长宁大庙	院内采集	339	158	60	4.75	是
290	CZ-LC-CNDM-201	筒瓦	泥条接缝	明	收藏陈列	国保	长治市	黎城县	长宁大庙	院内采集	310	165	20	2.55	是
291	CZ-LC-CNDM-202	筒瓦		明	收藏陈列	国保	长治市	黎城县	长宁大庙	院内采集	330	163	25	2.45	是
292	CZ-LC-CNDM-203	板瓦		明	收藏陈列	国保	长治市	黎城县	长宁大庙	院内采集	328	215（残）/185（残）	22	2.4	否
293	CZ-LC-CNDM-204	板瓦		明	收藏陈列	国保	长治市	黎城县	长宁大庙	院内采集	320	233/146（残）	20	2.35	否
294	CZ-LC-XXZZZWM-201	板瓦		明	收藏陈列	省保	长治市	黎城县	西下庄昭泽王庙	院内采集	340	235/190（残）	17	2.55	否
295	CZ-LC-XXZZZWM-202	板瓦		明	收藏陈列	省保	长治市	黎城县	西下庄昭泽王庙	院内采集	380	243/165（残）	21	3.15	否
296	CZ-LC-XXZZZWM-203	琉璃筒瓦	绿色	明	收藏陈列	省保	长治市	黎城县	西下庄昭泽王庙	院内采集	236	140	20	1.3	否

（续表）

序号	样本编号	种类	特征备注	时代	实验送检	保护级别	样本来源				尺寸（mm）			重量（kg）	是否完整
							市	县 / 区	文保单位名称	采样位置	长	宽	高 / 厚		
297	CZ-LC-XXZZZWM-204	筒瓦		明	收藏陈列	省保	长治市	黎城县	西下庄昭泽王庙	院内采集	287	144	26	2.1	是
298	CZ-LC-XXZZZWM-205	筒瓦		明	实验送检 5	省保	长治市	黎城县	西下庄昭泽王庙	院内采集	292	144	23	1.95	是
299	CZ-XY-XYWLM-101	条砖		明	收藏陈列	国保	长治市	襄垣县	襄垣五龙庙	院内采集	330	160	72	6.2	是
300	CZ-XY-XYWLM-102	条砖		明	实验送检 3	国保	长治市	襄垣县	襄垣五龙庙	院内采集	371	185	74	7.3	是
301	CZ-XY-XYWLM-103	条砖		明	收藏陈列	国保	长治市	襄垣县	襄垣五龙庙	院内采集	370	184	79	8.1	是
302	CZ-XY-XYWLM-104	条砖		明	收藏陈列	国保	长治市	襄垣县	襄垣五龙庙	院内采集	365	173	64	6.35	是
303	CZ-XY-XYWLM-201	筒瓦	青掍瓦	宋	收藏陈列	国保	长治市	襄垣县	襄垣五龙庙	院内采集	300	186	29	2.95	是
304	CZ-XY-XYWLM-202	筒瓦	青掍瓦	明	收藏陈列	国保	长治市	襄垣县	襄垣五龙庙	院内采集	326	175	21	2.65	是
305	CZ-XY-XYWLM-203	筒瓦	青掍瓦	宋	收藏陈列	国保	长治市	襄垣县	襄垣五龙庙	院内采集	590	186	39	7.45	是
306	CZ-XY-XYWLM-204	板瓦		宋	收藏陈列	国保	长治市	襄垣县	襄垣五龙庙	院内采集	422	300/245	25	4.75	是
307	CZ-XY-XYWLM-205	板瓦		宋	收藏陈列	国保	长治市	襄垣县	襄垣五龙庙	院内采集	425	265/245	26	4.9	是
308	CZ-PS-BGQSMM-101	条砖		元	收藏陈列	国保	长治市	平顺县	北甘泉圣母庙	正殿墙面	303	150	72	5.65	是
309	CZ-PS-BGQSMM-102	条砖		清	实验送检 3	国保	长治市	平顺县	北甘泉圣母庙	东配殿墙面	268	129	63	3.5	是
310	CZ-PS-BGQSMM-103	望砖		元	收藏陈列	国保	长治市	平顺县	北甘泉圣母庙	正殿屋面	179	165	30	1.25	是
311	CZ-PS-BGQSMM-201	筒瓦	泥条接缝	元	收藏陈列	国保	长治市	平顺县	北甘泉圣母庙	正殿屋面	305	155	21	2.2	是
312	CZ-PS-BGQSMM-202	筒瓦		清	收藏陈列	国保	长治市	平顺县	北甘泉圣母庙	东配殿屋面	234	121	18	1.05	是

（续表）

序号	样本编号	种类	特征备注	时代	实验送检	保护级别	样本来源				尺寸（mm）			重量（kg）	是否完整
							市	县 / 区	文保单位名称	采样位置	长	宽	高 / 厚		
313	CZ-PS-BGQSMM-203	板瓦		清	收藏陈列	国保	长治市	平顺县	北甘泉圣母庙	东配殿屋面	265	169/145	21	1.4	是
314	CZ-PS-BGQSMM-204	板瓦		清	收藏陈列	国保	长治市	平顺县	北甘泉圣母庙	正殿屋面	324	208/179	19	2.05	是
315	CZ-PS-BGQSMM-205	滴水	重唇滴水	清	收藏陈列	国保	长治市	平顺县	北甘泉圣母庙	东配殿屋面	245	190/144	16	1.3	是
316	CZ-PS-BGQSMM-206	滴水	重唇滴水	清	收藏陈列	国保	长治市	平顺县	北甘泉圣母庙	东配殿屋面	245	180/144	18	1.25	是
317	CZ-JQ-ZCFJM-101	条砖		明	收藏陈列	市保	长治市	郊区	张村府君庙	院内采集	330	162	57	4.85	是
318	CZ-JQ-ZCFJM-102	条砖		明	实验送检 3	市保	长治市	郊区	张村府君庙	院内采集	327	160	54	4.5	是
319	CZ-JQ-ZCFJM-201	筒瓦		明	收藏陈列	市保	长治市	郊区	张村府君庙	院内采集	342	158	25	2.85	是
320	CZ-JQ-ZCFJM-202	筒瓦		明	收藏陈列	市保	长治市	郊区	张村府君庙	院内采集	334	154	24	2.6	是
321	CZ-JQ-ZCFJM-203	板瓦		明	收藏陈列	市保	长治市	郊区	张村府君庙	院内采集	330	245/212	23	2.6	是
322	CZ-JQ-ZCFJM-204	板瓦		明	实验送检 5	市保	长治市	郊区	张村府君庙	院内采集	328	250/217	25	3.15	是
323	CZ-JQ-ZCFJM-103	方砖	左手印	明	收藏陈列	市保	长治市	郊区	张村府君庙	院内采集	261	258	58	9.25	是
324	CZ-JQ-ZCFJM-104	方砖	左手印	明	实验送检 3	市保	长治市	郊区	张村府君庙	院内采集	261	260	61	8.85	是
325	CZ-JQ-XLLXM-101	条砖		清	实验送检 3	省保	长治市	郊区	小罗灵仙庙	院内采集	271	133	57	3.15	是
326	CZ-JQ-XLLXM-102	条砖		清	收藏陈列	省保	长治市	郊区	小罗灵仙庙	院内采集	271	134	58	3.25	是
327	CZ-JQ-XLLXM-103	望砖		清	收藏陈列	省保	长治市	郊区	小罗灵仙庙	院内采集	191	158	28	1.2	是
328	CZ-JQ-XLLXM-104	望砖		清	实验送检 3	省保	长治市	郊区	小罗灵仙庙	院内采集	191	157	28	1.25	是

（续表）

序号	样本编号	种类	特征备注	时代	实验送检	保护级别	样本来源				尺寸（mm）			重量（kg）	是否完整
							市	县/区	文保单位名称	采样位置	长	宽	高/厚		
329	CZ-JQ-XLLXM-201	勾头	兽面瓦当	清	收藏陈列	省保	长治市	郊区	小罗灵仙庙	院内采集	240	122	18	1.55	是
330	CZ-JQ-XLLXM-202	勾头	龙纹瓦当	清	收藏陈列	省保	长治市	郊区	小罗灵仙庙	院内采集	255	132	18	1.95	是
331	CZ-JQ-XLLXM-203	筒瓦		清	收藏陈列	省保	长治市	郊区	小罗灵仙庙	院内采集	310	135	21	1.75	是
332	CZ-JQ-XLLXM-204	筒瓦		清	收藏陈列	省保	长治市	郊区	小罗灵仙庙	院内采集	255	126	20	1.3	是
333	CZ-JQ-XLLXM-205	筒瓦		清	收藏陈列	省保	长治市	郊区	小罗灵仙庙	院内采集	273	123	18	1.35	是
334	CZ-JQ-XLLXM-206	滴水	重唇滴水	宋	收藏陈列	省保	长治市	郊区	小罗灵仙庙	院内采集	240	175/150	19	1.3	是
335	CZ-JQ-XLLXM-207	板瓦		清	收藏陈列	省保	长治市	郊区	小罗灵仙庙	院内采集	370	215/185	18	2.3	是
336	CZ-JQ-XLLXM-208	板瓦		清	实验送检 5	省保	长治市	郊区	小罗灵仙庙	院内采集	360	205/185	18	2.05	是
337	CZ-JQ-XLLXM-209	当勾		清	收藏陈列	省保	长治市	郊区	小罗灵仙庙	院内采集	130	140（残）	15	0.3	否
338	CZ-CZ-WFSSM-201	筒瓦		明	收藏陈列	市保	长治市	长治县	王坊三神庙	院内采集	315	145	18	1.95	是
339	CZ-CZ-WFSSM-202	筒瓦		明	收藏陈列	市保	长治市	长治县	王坊三神庙	院内采集	338	144	20	2.25	是
340	CZ-CZ-WFSSM-203	板瓦	泥条接缝	明	收藏陈列	市保	长治市	长治县	王坊三神庙	院内采集	333	208/130（残）	22	2.15	否
341	CZ-CZ-WFSSM-204	板瓦	泥条接缝	明	收藏陈列	市保	长治市	长治县	王坊三神庙	院内采集	317	208/154（残）	22	2.1	否
342	CZ-CZ-CZYHG-101	条砖		明	收藏陈列	国保	长治市	长治县	长治玉皇观	东廊房前檐墙	282	142	80	5.3	是
343	CZ-CZ-CZYHG-102	条砖		明	实验送检 3	国保	长治市	长治县	长治玉皇观	西廊房前檐墙	290	143	80	5.3	是
344	CZ-CZ-CZYHG-201	板瓦		明	收藏陈列	国保	长治市	长治县	长治玉皇观	西廊房屋面	298	190/156	22	1.75	是

（续表）

序号	样本编号	种类	特征备注	时代	实验送检	保护级别	样本来源				尺寸（mm）			重量（kg）	是否完整
							市	县／区	文保单位名称	采样位置	长	宽	高／厚		
345	CZ–CZ–CZYHG–202	板瓦		明	收藏陈列	国保	长治市	长治县	长治玉皇观	东廊房屋面	300	214/185	22	2.35	是
346	CZ–CZ–CCYHM–101	条砖		明	收藏陈列	市保	长治市	长治县	长春玉皇庙	院内采集	321	137	76	6.15	是
347	CZ–CZ–CCYHM–102	条砖		明	实验送检 3	市保	长治市	长治县	长春玉皇庙	院内采集	322	154	77	6.15	是
348	CZ–CZ–CCYHM–201	筒瓦	泥条接缝	明	收藏陈列	市保	长治市	长治县	长春玉皇庙	院内采集	381	141	21	2.45	是
349	CZ–CZ–CCYHM–202	筒瓦		明	收藏陈列	市保	长治市	长治县	长春玉皇庙	院内采集	420	140	18	2.5	是
350	CZ–CZ–CCYHM–203	板瓦		明	收藏陈列	市保	长治市	长治县	长春玉皇庙	院内采集	372	248/200	25	3.2	是
351	CZ–CZ–CCYHM–204	板瓦		明	收藏陈列	市保	长治市	长治县	长春玉皇庙	院内采集	356	255/180	26	3.25	是
352	CZ–CZ–CCYHM–205	滴水	重唇滴水，泥条接缝	明	收藏陈列	市保	长治市	长治县	长春玉皇庙	院内采集	335	230/115（残）	24	2.95	否
353	CZ–CZ–CCYHM–206	滴水	重唇滴水	明	收藏陈列	市保	长治市	长治县	长春玉皇庙	院内采集	327	205/180	19	2.45	是
354	CZ–CZ–CCYHM–207	滴水	重唇滴水	明	收藏陈列	市保	长治市	长治县	长春玉皇庙	院内采集	280	208/162	22	2	是
355	JC–QS–XYGB–101	条砖		明	收藏陈列	国保	晋城市	沁水县	湘峪古堡		268	126	72	4.15	是
356	JC–QS–XYGB–102	条砖		明	收藏陈列	国保	晋城市	沁水县	湘峪古堡		288	143	75	5.1	是
357	JC–QS–DZGJZQ–101	条砖		明	收藏陈列	国保	晋城市	沁水县	窦庄古建筑群		290	146	80	5.5	是
358	JC–QS–DZGJZQ–102	条砖		明	实验送检 3	国保	晋城市	沁水县	窦庄古建筑群		279	140	76	4.6	是
359	JC–GP–NZYHM–101	条砖		元	收藏陈列	国保	晋城市	高平市	南庄玉皇庙	院内采集	304	152	54	3.55	是
360	JC–GP–NZYHM–102	条砖		元	收藏陈列	国保	晋城市	高平市	南庄玉皇庙	院内采集	305	150	56	3.95	是

（续表）

序号	样本编号	种类	特征备注	时代	实验送检	保护级别	样本来源				尺寸（mm）			重量（kg）	是否完整
							市	县/区	文保单位名称	采样位置	长	宽	高/厚		
361	JC-GP-NZYHM-103	条砖		清	收藏陈列	国保	晋城市	高平市	南庄玉皇庙	院内采集	272	127	59	3.2	是
362	JC-GP-NZYHM-104	望砖		明	收藏陈列	国保	晋城市	高平市	南庄玉皇庙	院内采集	181	170	35	1.65	是
363	JC-GP-NZYHM-105	望砖		明	收藏陈列	国保	晋城市	高平市	南庄玉皇庙	院内采集	197	193	38	2	是
364	JC-GP-NZYHM-201	勾头	麒麟纹三角形板瓦勾头	清	收藏陈列	国保	晋城市	高平市	南庄玉皇庙	院内采集	147	143	20	0.9	是
365	JC-GP-NZYHM-202	勾头	马纹三角形板瓦勾头	清	收藏陈列	国保	晋城市	高平市	南庄玉皇庙	院内采集	128	137	20	1.15	是
366	JC-GP-NZYHM-203	勾头	花草纹三角形板瓦勾头	清	收藏陈列	国保	晋城市	高平市	南庄玉皇庙	院内采集	138	164	18	0.85	是
367	JC-GP-NZYHM-204	勾头	花草纹三角形板瓦勾头	清	收藏陈列	国保	晋城市	高平市	南庄玉皇庙	院内采集	118	153	18	0.9	是
368	JC-GP-NZYHM-205	滴水	重唇滴水	宋	收藏陈列	国保	晋城市	高平市	南庄玉皇庙	院内采集	320	230/195（残）	27	2.95	否
369	JC-GP-NZYHM-206	滴水	重唇滴水	宋	收藏陈列	国保	晋城市	高平市	南庄玉皇庙	院内采集	340	243/191	28	3.45	是
370	JC-GP-NZYHM-207	板瓦		宋	收藏陈列	国保	晋城市	高平市	南庄玉皇庙	院内采集	342	235/190	28	2.85	是
371	JC-GP-NZYHM-208	勾头	仙人骑兽纹三角形板瓦勾头	清	收藏陈列	国保	晋城市	高平市	南庄玉皇庙	院内采集	298	153	20	2.05	是
372	JC-GP-NZYHM-209	勾头	虎、龙纹瓦当	宋	收藏陈列	国保	晋城市	高平市	南庄玉皇庙	院内采集	276	157	29	2.75	是
373	JC-GP-NZYHM-210	筒瓦	泥条接缝	宋	收藏陈列	国保	晋城市	高平市	南庄玉皇庙	院内采集	352	164	27	3.45	是
374	JC-GP-NZYHM-211	筒瓦	泥条接缝，有两个钉孔	明	收藏陈列	国保	晋城市	高平市	南庄玉皇庙	院内采集	541（残）	166	30	5.25	否

（续表）

序号	样本编号	种类	特征备注	时代	实验送检	保护级别	样本来源				尺寸（mm）			重量（kg）	是否完整
							市	县/区	文保单位名称	采样位置	长	宽	高/厚		
375	JC-GP-NZYHM-212	勾头	有两个钉孔，带铁钉	明	收藏陈列	国保	晋城市	高平市	南庄玉皇庙	院内采集	540（残）	161	28	5.35	否
376	JC-GP-NZYHM-213	瓦当面	兽面瓦当	元	收藏陈列	国保	晋城市	高平市	南庄玉皇庙	院内采集	143	125（残）	20	0.5	否
377	JC-GP-JNJDM-101	条砖		明	收藏陈列	国保	晋城市	高平市	建南济渎庙	院内采集	297	145	75	4.95	是
378	JC-GP-JNJDM-102	条砖		明	实验送检 3	国保	晋城市	高平市	建南济渎庙	院内采集	297	150	75	5.1	是
379	JC-GP-JNJDM-201	勾头	兽面瓦当，有钉孔	明	收藏陈列	国保	晋城市	高平市	建南济渎庙	院内采集	274	147	30	2.35	是
380	JC-GP-JNJDM-202	勾头	兽面瓦当，有钉孔	明	收藏陈列	国保	晋城市	高平市	建南济渎庙	院内采集	320	150	18	2.95	是
381	JC-GP-JNJDM-203	勾头	龙纹瓦当，泥条接缝，有钉孔	明	收藏陈列	国保	晋城市	高平市	建南济渎庙	院内采集	357	161	28	3.7	是
382	JC-GP-JNJDM-204	勾头	兽面瓦当	明	收藏陈列	国保	晋城市	高平市	建南济渎庙	院内采集	143（残）	155	20	1.3	否
383	JC-GP-JNJDM-205	筒瓦		明	收藏陈列	国保	晋城市	高平市	建南济渎庙	院内采集	321	146	21	2.55	是
384	JC-GP-JNJDM-206	筒瓦		明	实验送检 5	国保	晋城市	高平市	建南济渎庙	院内采集	325	145	22	2.4	是
385	JC-GP-JNJDM-207	滴水	龙纹如意滴水，泥条接缝	明	收藏陈列	国保	晋城市	高平市	建南济渎庙	院内采集	352	223/187	24	3	是
386	JC-GP-JNJDM-208	滴水	龙纹如意滴水，泥条接缝	明	收藏陈列	国保	晋城市	高平市	建南济渎庙	院内采集	350	223/180（残）	23	3.05	否
387	JC-GP-JNJDM-209	板瓦		明	收藏陈列	国保	晋城市	高平市	建南济渎庙	院内采集	365	253/202	24	3.5	是

（续表）

序号	样本编号	种类	特征备注	时代	实验送检	保护级别	样本来源				尺寸（mm）			重量（kg）	是否完整
							市	县/区	文保单位名称	采样位置	长	宽	高/厚		
388	JC-GP-JNJDM-210	板瓦	泥条接缝	明	收藏陈列	国保	晋城市	高平市	建南济渎庙	院内采集	378	232/165（残）	21	2.85	否
389	JC-GP-DFWSG-101	条砖		清	收藏陈列	国保	晋城市	高平市	董峰万寿宫	院内采集	270（残）	130	66	3.85	否
390	JC-GP-DFWSG-102	条砖		明	实验送检 3	国保	晋城市	高平市	董峰万寿宫	院内采集	343	167	60	5.7	是
391	JC-GP-DFWSG-103	条砖		明	收藏陈列	国保	晋城市	高平市	董峰万寿宫	院内采集	350	175	65	6.2	是
392	JC-GP-DFWSG-104	望砖		明	实验送检 3	国保	晋城市	高平市	董峰万寿宫	院内采集	212	195	35	2.05	是
393	JC-GP-DFWSG-105	望砖		明	收藏陈列	国保	晋城市	高平市	董峰万寿宫	院内采集	216	187	33	2.15	是
394	JC-GP-DFWSG-201	筒瓦	有钉孔	明	收藏陈列	国保	晋城市	高平市	董峰万寿宫	院内采集	330	170	30	3.85	是
395	JC-GP-DFWSG-202	筒瓦	有钉孔	明	收藏陈列	国保	晋城市	高平市	董峰万寿宫	院内采集	435	165	25	3.7	是
396	JC-GP-DFWSG-203	板瓦		明	收藏陈列	国保	晋城市	高平市	董峰万寿宫	院内采集	305	192/160	19	1.8	是
397	JC-GP-DFWSG-204	板瓦		明	实验送检 5	国保	晋城市	高平市	董峰万寿宫	院内采集	305	205/165	20	1.85	是
398	JC-LC-NBJXS-101	条砖		明	收藏陈列	国保	晋城市	陵川县	南、北吉祥寺	北吉祥寺院内采集	335	170	54	4.3	是
399	JC-LC-NBJXS-102	条砖	糙面有几何纹	明	收藏陈列	国保	晋城市	陵川县	南、北吉祥寺	北吉祥寺院内采集	349	171	59	5.65	是
400	JC-LC-NBJXS-103	条砖		明	收藏陈列	国保	晋城市	陵川县	南、北吉祥寺	北吉祥寺院内采集	310	153	62	4.3	是
401	JC-LC-NBJXS-104	条砖		清	收藏陈列	国保	晋城市	陵川县	南、北吉祥寺	北吉祥寺院内采集	258	127	64	3.1	是
402	JC-LC-NBJXS-201	瓦当面	龙纹瓦当	明	收藏陈列	国保	晋城市	陵川县	南、北吉祥寺	北吉祥寺院内采集	150		23	0.45	否
403	JC-LC-CAS-101	条砖		明	收藏陈列	国保	晋城市	陵川县	崇安寺	院内采集	312	150	75	5.75	是

（续表）

序号	样本编号	种类	特征备注	时代	实验送检	保护级别	样本来源				尺寸（mm）			重量（kg）	是否完整
							市	县/区	文保单位名称	采样位置	长	宽	高/厚		
404	JC–LC–CAS–102	条砖		明	实验送检 3	国保	晋城市	陵川县	崇安寺	院内采集	314	154	75	5.4	是
405	JC–LC–CAS–201	琉璃勾头	龙纹瓦当，绿琉璃，有钉孔	清	收藏陈列	国保	晋城市	陵川县	崇安寺	院内采集	373（残）	136	17	2.6	否
406	JC–LC–CAS–202	琉璃筒瓦	绿琉璃，泥条接缝	明	收藏陈列	国保	晋城市	陵川县	崇安寺	院内采集	266	115	14	1.25	是
407	JC–ZZ–QLS–101	条砖	右手印	宋	收藏陈列	国保	晋城市	泽州县	青莲寺	上寺院内采集	336	173	54	4.5	是
408	JC–ZZ–QLS–102	条砖		宋	收藏陈列	国保	晋城市	泽州县	青莲寺	上寺院内采集	200（残）	159	52	2.4	否
409	JC–ZZ–QLS–103	条砖		明	收藏陈列	国保	晋城市	泽州县	青莲寺	上寺院内采集	220（残）	130	63	2.95	否
410	JC–ZZ–QLS–201	板瓦		宋	收藏陈列	国保	晋城市	泽州县	青莲寺	上寺院内采集	388	253（残）/205	24	3.75	否
411	JC–ZZ–QLS–202	筒瓦	有钉孔	宋	收藏陈列	国保	晋城市	泽州县	青莲寺	上寺院内采集	415（残）	151	23	3.25	否
412	JC–ZZ–YHM–101	条砖		清	收藏陈列	国保	晋城市	泽州县	玉皇庙	院内采集	294	147	66	4.6	是
413	JC–ZZ–YHM–102	条砖		清	实验送检 3	国保	晋城市	泽州县	玉皇庙	院内采集	295	155	67	4.75	是
414	JC–ZZ–YHM–103	条砖		清	收藏陈列	国保	晋城市	泽州县	玉皇庙	院内采集	282	141	69	4.1	是
415	JC–ZZ–YHM–104	条砖		清	实验送检 3	国保	晋城市	泽州县	玉皇庙	院内采集	270	133	67	4.2	是
416	JC–ZZ–XZYHM–101	条砖	右手印	元	收藏陈列	国保	晋城市	泽州县	薛庄玉皇庙	院内采集	292	141	50	3.1	是
417	JC–ZZ–XZYHM–102	条砖		明	收藏陈列	国保	晋城市	泽州县	薛庄玉皇庙	院内采集	270	136	74	4.3	是
418	JC–ZZ–XZYHM–103	条砖		明	实验送检 3	国保	晋城市	泽州县	薛庄玉皇庙	院内采集	273	133	77	4.65	是

（续表）

序号	样本编号	种类	特征备注	时代	实验送检	保护级别	样本来源				尺寸（mm）			重量（kg）	是否完整
							市	县/区	文保单位名称	采样位置	长	宽	高/厚		
419	JC-ZZ-BYCYHM-101	条砖		宋	收藏陈列	国保	晋城市	泽州县	北义城玉皇庙	院内采集	363	177	59	5.95	是
420	JC-ZZ-BYCYHM-102	条砖		宋	收藏陈列	国保	晋城市	泽州县	北义城玉皇庙	院内采集	352	171	54/45	4.7	是
421	JC-ZZ-BYCYHM-103	条砖		宋	收藏陈列	国保	晋城市	泽州县	北义城玉皇庙	院内采集	353	175	54	5	是
422	JC-ZZ-BYCYHM-104	条砖		明	收藏陈列	国保	晋城市	泽州县	北义城玉皇庙	院内采集	262	125	66	3.35	是
423	JC-ZZ-BYCYHM-105	条砖		明	实验送检 3	国保	晋城市	泽州县	北义城玉皇庙	院内采集	265（残）	135	76	4.25	否
424	JC-ZZ-BYCYHM-106	方砖		明	收藏陈列	国保	晋城市	泽州县	北义城玉皇庙	院内采集	310	310	70	11.5	是
425	JC-ZZ-DNSTDSC-101	条砖		清	收藏陈列	省保	晋城市	泽州县	大南社土地神祠	大殿墙面	262	130	62	3.4	是
426	JC-ZZ-DNSTDSC-102	条砖		清	实验送检 3	省保	晋城市	泽州县	大南社土地神祠	大殿墙面	265	131	63	3.4	是
427	JC-ZZ-XDJDM-101	条砖		金	收藏陈列	国保	晋城市	泽州县	西顿济渎庙	院内采集	352	166	56	5.4	是
428	JC-ZZ-XDJDM-102	条砖		金	收藏陈列	国保	晋城市	泽州县	西顿济渎庙	院内采集	347	172	57	5.45	是
429	JC-ZZ-XDJDM-201	板瓦	青掍瓦	金	收藏陈列	国保	晋城市	泽州县	西顿济渎庙	院内采集	359	240（残）/210	25	3.05	否
430	JC-ZZ-XDJDM-202	板瓦		金	收藏陈列	国保	晋城市	泽州县	西顿济渎庙	院内采集	357	205（残）/194（残）	22	2.7	否
431	JC-ZZ-GDJDS-101	条砖		清	收藏陈列	国保	晋城市	泽州县	高都景德寺	院内采集	261	123	68	3.5	是
432	JC-ZZ-GDJDS-102	条砖		清	实验送检 3	国保	晋城市	泽州县	高都景德寺	院内采集	266	130	56	3.4	是
433	JC-ZZ-FCGDM-101	条砖		清	收藏陈列	国保	晋城市	泽州县	府城关帝庙	院内采集	250	126	67	3.4	是
434	JC-ZZ-FCGDM-102	条砖		清	实验送检 3	国保	晋城市	泽州县	府城关帝庙	院内采集	260	124	64	3.1	是

（续表）

序号	样本编号	种类	特征备注	时代	实验送检	保护级别	样本来源				尺寸（mm）			重量（kg）	是否完整
							市	县/区	文保单位名称	采样位置	长	宽	高/厚		
435	JC-ZZ-FCGDM-103	墀头砖		清	收藏陈列	国保	晋城市	泽州县	府城关帝庙	院内采集	259	124	61	2.4	是
436	LF-FX-FXZWC-101	条砖		明	收藏陈列	省保	临汾市	汾西县	汾西真武祠	东跨院基础砖	295	138	64	3.9	是
437	LF-FX-FXZWC-102	条砖		明	实验送检 4	省保	临汾市	汾西县	汾西真武祠	东跨院基础砖	295	139	67	3.8	是
438	LF-FX-SGM-101	条砖		清	收藏陈列	市保	临汾市	汾西县	三官庙	院内采集	360	182	75	6.5	是
439	LF-FX-SGM-201	筒瓦		清	收藏陈列	市保	临汾市	汾西县	三官庙	院内采集	230	117	20	1.35	是
440	LF-FX-SGM-202	筒瓦		清	实验送检 5	市保	临汾市	汾西县	三官庙	院内采集	225	118	20	1.3	是
441	LF-FX-SGM-203	板瓦		清	收藏陈列	市保	临汾市	汾西县	三官庙	院内采集	190	150	14	0.8	是
442	LF-FX-SGM-204	板瓦		清	收藏陈列	市保	临汾市	汾西县	三官庙	院内采集	190	165/155	16	0.85	是
443	LF-FX-LJZQDMJ-101	条砖		清	实验送检 4		临汾市	汾西县	刘家庄清代民居	院内采集	297	140	67	4.1	是
444	LF-FX-LJZQDMJ-102	条砖		清	实验送检 4		临汾市	汾西县	刘家庄清代民居	院内采集	300	140	66	4.4	是
445	LF-FX-NJWQDMJ-101	条砖		清	收藏陈列		临汾市	汾西县	牛家洼清代民居	院内采集	300	150	70	5.3	是
446	LF-FX-NJWQDMJ-102	条砖		清	实验送检 4		临汾市	汾西县	牛家洼清代民居	院内采集	300	148	70	5.15	是
447	LF-XF-PJS-101	条砖	背面有手指按压痕	明	收藏陈列	国保	临汾市	襄汾县	普净寺	院内采集	290	125	60	3.35	是
448	LF-XF-PJS-102	条砖	背面有手指按压痕	明	实验送检 4	国保	临汾市	襄汾县	普净寺	院内采集	280	125	60	3.5	是
449	LF-XF-PJS-103	条砖	背面有手指按压痕	明	实验送检 4	国保	临汾市	襄汾县	普净寺	院内采集	245（残）	125	55	2.35	否

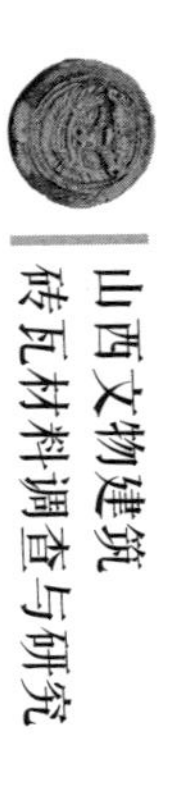

（续表）

序号	样本编号	种类	特征备注	时代	实验送检	保护级别	样本来源				尺寸（mm）			重量（kg）	是否完整
							市	县/区	文保单位名称	采样位置	长	宽	高/厚		
450	LF-XF-FCGJZQ-101	条砖		明	收藏陈列	国保	临汾市	襄汾县	汾城古建筑群	院内采集	350	120	70	4.4	是
451	LF-XF-FCGJZQ-102	条砖	背面有手指按压痕	明	收藏陈列	国保	临汾市	襄汾县	汾城古建筑群	院内采集	360	128	70	4.7	是
452	LF-XF-FCGJZQ-103	条砖		明	实验送检 4	国保	临汾市	襄汾县	汾城古建筑群	院内采集	360	125	63	4.15	是
453	LF-XF-FCGJZQ-104	条砖	背面有手指按压痕	明	收藏陈列	国保	临汾市	襄汾县	汾城古建筑群	院内采集	304	130	58	3.45	是
454	LF-XF-FCGJZQ-105	条砖		明	收藏陈列	国保	临汾市	襄汾县	汾城古建筑群	院内采集	265	130	50	2.75	是
455	LF-XF-FCGJZQ-106	条砖	背面有手指按压痕	明	实验送检 4	国保	临汾市	襄汾县	汾城古建筑群	院内采集	280（残）	130	60	2.95	否
456	LF-XF-FCGJZQ-107	条砖	背面有手指按压痕	明	收藏陈列	国保	临汾市	襄汾县	汾城古建筑群	院内采集	370	185	75	7.55	是
457	LF-XF-FCGJZQ-108	条砖		明	实验送检 4	国保	临汾市	襄汾县	汾城古建筑群	院内采集	370	180	75	7.3	是
458	LF-XF-FCGJZQ-109	条砖	背面有手指按压痕	明	收藏陈列	国保	临汾市	襄汾县	汾城古建筑群	院内采集	275	120	56	2.75	是
459	LF-XF-FCGJZQ-110	条砖	背面有手指按压痕	明	实验送检 4	国保	临汾市	襄汾县	汾城古建筑群	院内采集	265	117	55	2.45	是
460	LF-XF-FCGJZQ-201	筒瓦	泥条接缝	明	收藏陈列	国保	临汾市	襄汾县	汾城古建筑群	院内采集	258	154	25	1.95	是
461	LF-XF-FCGJZQ-202	板瓦		明	收藏陈列	国保	临汾市	襄汾县	汾城古建筑群	院内采集	375	250/190	26	3.35	是
462	LF-XF-FYDGM-101	条砖	背面有手指按压痕	清	收藏陈列	县保	临汾市	襄汾县	汾阴洞古庙	院内采集	307	127	60	3.65	是
463	LF-XF-FYDGM-102	条砖	背面有手指按压痕	清	实验送检 4	县保	临汾市	襄汾县	汾阴洞古庙	院内采集	295	122	56	3.4	是

（续表）

序号	样本编号	种类	特征备注	时代	实验送检	保护级别	样本来源				尺寸（mm）			重量（kg）	是否完整
							市	县/区	文保单位名称	采样位置	长	宽	高/厚		
464	LF-XF-FYDGM-103	条砖	背面有手指按压痕	清	实验送检 4	县保	临汾市	襄汾县	汾阴洞古庙	院内采集	293	130	60	3.45	是
465	LF-XF-FYDGM-104	条砖	背面有手指按压痕	清	实验送检 4	县保	临汾市	襄汾县	汾阴洞古庙	院内采集	295	127	60	3.7	是
466	LF-XF-FYDGM-105	望砖	背面有手指按压痕	清	收藏陈列	县保	临汾市	襄汾县	汾阴洞古庙	院内采集	215	187	28	1.65	是
467	LF-XF-FYDGM-201	筒瓦		清	收藏陈列	县保	临汾市	襄汾县	汾阴洞古庙	院内采集	225	130	22	1.4	是
468	LF-XF-FYDGM-202	板瓦		清	收藏陈列	县保	临汾市	襄汾县	汾阴洞古庙	院内采集	277	165/142	15	1.2	是
469	LF-XF-BZCCM-101	条砖	背面有手指按压痕	清	实验送检 4		临汾市	襄汾县	北赵村城门	城门	315	123	67	4.15	是
470	LF-XF-BZCCM-102	条砖	背面有手指按压痕	清	实验送检 4		临汾市	襄汾县	北赵村城门	城门	307	125	67	4.1	是
471	LF-YC-FDGDM-101	博风砖		明	收藏陈列	市保	临汾市	翼城县	樊店关帝庙	献殿遗址	212	183	27	1.65	是
472	LF-YC-FDGDM-102	条砖		明	收藏陈列	市保	临汾市	翼城县	樊店关帝庙	献殿遗址	310	103	58	2.8	是
473	LF-YC-FDGDM-103	条砖		明	收藏陈列	市保	临汾市	翼城县	樊店关帝庙	献殿遗址	236	99	60	2.1	是
474	LF-YC-FDGDM-104	条砖		明	实验送检 4	市保	临汾市	翼城县	樊店关帝庙	献殿遗址	233	97	59	2.2	是
475	LF-YC-FDGDM-201	勾头	兽面瓦当	清	收藏陈列	市保	临汾市	翼城县	樊店关帝庙	献殿遗址	197	117	17	1.05	是
476	LF-YC-FDGDM-202	勾头	兽面纹三角形板瓦勾头	清	收藏陈列	市保	临汾市	翼城县	樊店关帝庙	献殿遗址	135	154	17	0.65	是
477	LF-HM-TTM-101	条砖		明	收藏陈列	省保	临汾市	侯马市	台骀庙	娘娘殿基础	247	97	60	2.15	是
478	LF-HM-TTM-102	条砖		明	实验送检 4	省保	临汾市	侯马市	台骀庙	娘娘殿基础	241	93	55	2.1	是

（续表）

序号	样本编号	种类	特征备注	时代	实验送检	保护级别	样本来源				尺寸（mm）			重量（kg）	是否完整
							市	县/区	文保单位名称	采样位置	长	宽	高/厚		
479	LF-HM-101	条砖	左手印	金大定	收藏陈列		临汾市	侯马市	金代墓葬	博物馆采集	305	147	47	2.9	是
480	LF-HM-102	条砖	左手印	金大定	收藏陈列		临汾市	侯马市	金代墓葬	博物馆采集	292	145	41	2.45	是
481	YC-WR-NYSSST-101	塔条砖	左手印	宋	收藏陈列	国保	运城市	万荣县	南阳寿圣寺塔	塔身	318	166	52	4.2	是
482	YC-WR-NYSSST-102	塔方砖		宋	收藏陈列	国保	运城市	万荣县	南阳寿圣寺塔	塔身	318	341	55	8.25	是
483	YC-WR-HQT-101	塔条砖	糙面有几何纹	宋	收藏陈列	国保	运城市	万荣县	旱泉塔	砖塔	320	162	55	4.55	是
484	YC-WR-HQT-102	塔条砖	绳纹	宋	收藏陈列	国保	运城市	万荣县	旱泉塔	砖塔	320（残）	160	60	3.95	否
485	YC-WR-BLST-101	墓葬条砖	左手印	宋	收藏陈列	国保	运城市	万荣县	八龙寺塔	墓穴	330	165	60	5.55	是
486	YC-WR-BLST-102	墓葬条砖	左手印	宋	收藏陈列	国保	运城市	万荣县	八龙寺塔	墓穴	300（残）	165	65	4.75	否
487	YC-WR-BLST-103	塔方砖	糙面有几何纹	宋	收藏陈列	国保	运城市	万荣县	八龙寺塔	砖塔	335	195（残）	55	4.65	否
488	YC-JS-CQ-101	城墙条砖	左手印	明	收藏陈列		运城市	稷山县		城墙	360	185	65	7	是
489	YC-JS-CQ-102	城墙条砖	手印	明	实验送检 4		运城市	稷山县		城墙	368	185	72	7.95	是
490	YC-YH-CPGGJM-101	条砖	绳纹	唐	收藏陈列	省保	运城市	盐湖区	关公家庙	院内采集	340	170	55	4.7	是
491	YC-YH-CPGGJM-102	条砖	绳纹	唐	收藏陈列	省保	运城市	盐湖区	关公家庙	院内采集	342	170	60	5.1	是
492	YC-YH-WSCST-101	条砖		明	收藏陈列	县保	运城市	盐湖区	万寿禅师塔	采集	245（残）	95	78	2.1	否

（续表）

序号	样本编号	种类	特征备注	时代	实验送检	保护级别	样本来源				尺寸（mm）			重量（kg）	是否完整
							市	县/区	文保单位名称	采样位置	长	宽	高/厚		
493	YC-YH-WSCST-102	条砖		明	收藏陈列	县保	运城市	盐湖区	万寿禅师塔	采集	359	182	53	5.2	是
494	YC-YH-WSCST-103	条砖		明	收藏陈列	县保	运城市	盐湖区	万寿禅师塔	采集	320	153	58	4.6	是
495	YC-YH-WSCST-104	条砖		明	收藏陈列	县保	运城市	盐湖区	万寿禅师塔	采集	322	160	47	3.7	是
496	YC-YH-WSCST-105	条砖		明	实验送检 4	县保	运城市	盐湖区	万寿禅师塔	采集	302	152	58	4.3	是
497	YC-101	条砖		明	实验送检 4		运城市			采集	335	150	80	6.8	是
498	YC-102	条砖		明	实验送检 4		运城市			采集	340	154	80	6.6	是
499	YC-103	条砖		清	实验送检 4		运城市			采集	312	118	58	3.35	是
500	YC-104	条砖		清	实验送检 4		运城市			采集	314	120	57	3.2	是
501	YC-YJ-PZGC-101	城墙条砖		明	收藏陈列	国保	运城市	永济市	蒲州故城	城墙	350	175	85	7.8	是
502	YC-YJ-PZGC-102	城墙条砖		明	实验送检 4	国保	运城市	永济市	蒲州故城	城墙	355	173	85	8.3	是
503	YC-YJ-PZGC-103	城墙条砖	背面有手指按压痕	明	收藏陈列	国保	运城市	永济市	蒲州故城	城墙	303	170	65	4.5	是
504	YC-YJ-PZGC-104	城墙条砖	背面有手指按压痕	明	收藏陈列	国保	运城市	永济市	蒲州故城	城墙	295	160	60	3.75	是
505	YC-YJ-WGS-101	条砖		明	收藏陈列	省保	运城市	永济市	万固寺	院内采集	345	174	60	5.75	是
506	YC-YJ-WGS-102	条砖		明	实验送检 4	省保	运城市	永济市	万固寺	院内采集	345	175	60	5.6	是
507	YC-YJ-WGS-103	条砖	粗条纹	明	收藏陈列	省保	运城市	永济市	万固寺	院内采集	360	185	70	8.05	是

（续表）

序号	样本编号	种类	特征备注	时代	实验送检	保护级别	样本来源				尺寸（mm）			重量（kg）	是否完整
							市	县/区	文保单位名称	采样位置	长	宽	高/厚		
508	YC-YJ-WGS-104	条砖	粗条纹	明	收藏陈列	省保	运城市	永济市	万固寺	院内采集	345	180	60	6.35	是
509	YC-YJ-WGS-105	条砖	背面有手指按压痕	明	收藏陈列	省保	运城市	永济市	万固寺	院内采集	353	185	70	6.3	是
510	YC-YJ-WGS-106	条砖	背面有手指按压痕	明	收藏陈列	省保	运城市	永济市	万固寺	院内采集	290	180	45	3.45	是
511	YC-JDMZ-101	墓葬条砖	右手印，侧边雕花	金	收藏陈列		运城市		金代墓葬	墓穴	300	160	45	3.3	是
512	YC-JDMZ-102	墓葬条砖	右手印，侧边雕花	金	收藏陈列		运城市		金代墓葬	墓穴	300	163	45	3.15	是

附录 B

山西省明清古砖试验样本信息表

序号	样本编号	时代	样本来源				尺寸 (mm)			重量 (kg)	吸水性能 (%)			物理性能				力学性能	
			市	县／区	文保单位名称	采样位置	长	宽	高／厚		24h 吸水率	5h 沸煮吸水率	饱和系数	体积密度 (g/cm^3)	表观密度 (g/cm^3)	密度 (g/cm^3)	孔隙率 (%)	抗折强度 (MPa)	抗压强度 (MPa)
1	DT-NJ-NZLWM-102	清	大同市	南郊区	牛庄龙王庙	戏台	303	118	57						1.79	2.74	34.52	2.72	8.83
2	DT-XR-DSB-102	现代	大同市	新荣区	得胜堡	采集	385	192	90	11.05								2	6.23
3	DT-XR-ZCB-102	明	大同市	新荣区	镇川堡	堡墙	310（残）	205	80	6.85	14.87	18.18	81.79	1.45				1.5	5.38
4	DT-XR-ZCB-103	明	大同市	新荣区	镇川堡	堡墙	210（残）	205	83	5.45								2.69	8.84
5	DT-XR-ZCB-105	清	大同市	新荣区	镇川堡	民居	265	135	50	2.75					2.09	2.36	11.30	2.41	7.33
6	DT-PC-HLJMJ-101	清	大同市	平城区	欢乐街民居	院内采集	287	143	51	4.3								5.39	10.48
7	DT-PC-HLJMJ-103	清	大同市	平城区	欢乐街民居	院内采集	310	130	58	4.35	17.19	18.81	91.38	1.61				1.65	5.19
8	DT-PC-HLJMJ-104	清	大同市	平城区	欢乐街民居	院内采集	275	130	52	3.3					2.36	2.47	4.55	3.04	9.88
9	DT-PC-HLJMJ-105	清	大同市	平城区	欢乐街民居	院内采集	290	120	59	3.5	14.02	15.68	89.41	1.84	2.60	3.07	15.21	2.21	7.32
10	DT-PC-HLJMJ-106	清	大同市	平城区	欢乐街民居	院内采集	287	132	50	3.95					2.04	2.33	12.39	3.58	9.53
11	DT-PC-HLJMJ-107	清	大同市	平城区	欢乐街民居	院内采集	280	131	49	3.05					2.04	2.46	17.07	2.05	6.93
12	DT-PC-HLJMJ-108	清	大同市	平城区	欢乐街民居	院内采集	308	150	54	4.3					2.07	2.29	9.44	2.1	7.41

（续表）

序号	样本编号	时代	样本来源				尺寸 (mm)			重量 (kg)	吸水性能 (%)			物理性能				力学性能	
			市	县/区	文保单位名称	采样位置	长	宽	高/厚		24h 吸水率	5h 沸煮吸水率	饱和系数	体积密度 (g/cm^3)	表观密度 (g/cm^3)	密度 (g/cm^3)	孔隙率 (%)	抗折强度 (MPa)	抗压强度 (MPa)
13	DT-PC-HLJMJ-109	清	大同市	平城区	欢乐街民居	院内采集	305	120	56	3.5					2.01	3.09	34.88	2.45	7.48
14	DT-PC-HLJMJ-110	清	大同市	平城区	欢乐街民居	院内采集	324	130	68	5.3					2.07	2.22	6.66	1.64	5.12
15	DT-PC-HLJMJ-111	清	大同市	平城区	欢乐街民居	院内采集	325	118	69	4.7					1.91	2.57	25.92	1.78	5.56
16	DT-YZ-LJDY-101	清	大同市	云州区	吕家大院	院内采集	291	153	48	3.8	17.12	19.64	87.17	1.58	2.12	2.70	21.47	3	8.69
17	DT-YZ-LJDY-103	清	大同市	云州区	吕家大院	院内采集	293	152	50	3.65					1.99	2.93	32.08	3.18	8.81
18	DT-YZ-LJDY-104	清	大同市	云州区	吕家大院	院内采集	292	153	48	3.7					2.37	2.80	15.28	3.29	11.43
19	DT-YG-YLS-102	清	大同市	阳高县	云林寺	院内采集	337	149	70	6.25								2.18	7.46
20	DT-YG-SKBMJ-102	清	大同市	阳高县	守口堡民居	民居	200（残）	262	54	3.1								2.13	7.44
21	DT-YG-SKBMJ-103	清	大同市	阳高县	守口堡民居	民居	260	（残）	50	2.75					2.07	2.49	16.71	2.56	8.8
22	DT-GL-SST-102	清	大同市	广灵县	水神堂	文昌阁	278	143	55	3	19	21.29	89.28	1.67	1.98	2.37	16.70	1.94	6.95
23	DT-HY-HYWM-103	明	大同市	浑源县	浑源文庙	院内采集	200（残）	185	63	3	17.89	19.22	93.08	1.65	1.71	3.20	46.60	2.13	7.41
24	DT-HY-HYWM-105	清	大同市	浑源县	浑源文庙	院内采集	303	140	61	4.2					2.02	2.53	20.32	2.95	9.67
25	DT-LQ-JSS-103	清	大同市	灵丘县	觉山寺	院内采集	310	160	61	5.1	22.82	24.61	92.73	1.46				2.1	8.78
26	DT-LQ-JSS-104	现代	大同市	灵丘县	觉山寺	院内采集	295	290	65	8.9					2.23	2.57	13.00	1.96	6.1

（续表）

序号	样本编号	时代	样本来源				尺寸 (mm)			重量 (kg)	吸水性能 (%)			物理性能				力学性能	
			市	县 / 区	文保单位名称	采样位置	长	宽	高 / 厚		24h 吸水率	5h 沸煮吸水率	饱和系数	体积密度 (g/cm^3)	表观密度 (g/cm^3)	密度 (g/cm^3)	孔隙率 (%)	抗折强度 (MPa)	抗压强度 (MPa)
27	SZ-SC-CFS-102	清	朔州市	朔城区	崇福寺	钟鼓楼	271	271	48									5.5	10.84
28	SZ-SC-CFS-104	清	朔州市	朔城区	崇福寺	钟鼓楼	218	215	42		17.69	19.56	90.42	1.11				1.56	8.15
29	SZ-SC-CFS-105	清	朔州市	朔城区	崇福寺	钟鼓楼	251	118	61		19.49	20.21	96.44	1.23				1.98	6.67
30	SZ-PL-JJHB-101	明	朔州市	平鲁区	将军会堡	堡墙	185（残）	150	61	2.6								3.41	9.65
31	SZ-SY-GWC-101	现代	朔州市	山阴县	广武城	城墙	412	205	77	10.45					2.20	2.56	14.07	2.21	7.48
32	SZ-SY-GWC-102	明	朔州市	山阴县	广武城	城墙	270（残）	182	89	5.45					1.97	3.24	39.19	0.77	3.91
33	SZ-SY-XGWCC-101	明	朔州市	山阴县	新广武长城	长城墙体	292（残）	210	91	8.25					1.89	2.66	28.86	2.88	8.01
34	SZ-SY-XGWCC-103	明	朔州市	山阴县	新广武长城	长城墙体	403	190	81	9.2	15.37	18.91	81.12	1.36				4.22	8.81
35	SZ-YX-BLKB-101	明	朔州市	应县	北楼口堡	堡墙	235（残）	204	72	5	18.44	20.33	90.67	1.64	1.83	2.21	17.09	2	6.23
36	XZ-DX-YMG-102	明	忻州市	代县	雁门关	城墙	420	190	85	10.55								2.08	6.01
37	XZ-DX-YMG-103	明	忻州市	代县	雁门关	城墙	310（残）	195	95	7.85	19.32	21.48	89.92	1.73	1.66	2.47	32.94	3.62	8.76
38	XZ-FS-ZBKCC-102	明	忻州市	繁峙县	竹帛口长城	“茨字贰拾肆號臺”敌台	490	217	100	17.35					1.99	3.47	42.54	3.02	7.55

（续表）

序号	样本编号	时代	样本来源				尺寸 (mm)			重量 (kg)	吸水性能 (%)			物理性能				力学性能	
			市	县 / 区	文保单位名称	采样位置	长	宽	高 / 厚		24h 吸水率	5h 沸煮吸水率	饱和系数	体积密度 (g/cm^3)	表观密度 (g/cm^3)	密度 (g/cm^3)	孔隙率 (%)	抗折强度 (MPa)	抗压强度 (MPa)
39	XZ–FS–ZBKCC–103	现代	忻州市	繁峙县	竹帛口长城	“茨字贰拾肆號臺”敌台	498	242	123	21.75					2.16	2.99	28.00	2.5	7.21
40	XZ–FS–ZBKCC–104	现代	忻州市	繁峙县	竹帛口长城	“茨字贰拾肆號臺”敌台	498	234	120	22.05	17.71	18.59	95.27	1.17				1.85	6.25
41	TY–JY–JC–102	清	太原市	晋源区	晋祠		285	140	64	4.4	13.4	14.4	93.00	1.69	2.10	2.73	22.95	2.31	10.87
42	TY–JY–JC–104	清	太原市	晋源区	晋祠	奉圣寺大殿	312	155	59	4.4					2.21	3.26	32.35	2.01	7.85
43	TY–QX–QYWM–102	清	太原市	清徐县	清源文庙	大成殿散落	372	372	68	15.1					2.42	3.08	21.60	3.6	9.96
44	TY–QX–HTM–102	清	太原市	清徐县	狐突庙	戏台	283（残）	140	55	3.3					2.07	3.54	41.63	2.54	7.12
45	TY–QX–HTM–104	清	太原市	清徐县	狐突庙	后院散落	295	138	56	3.55	21.0	22.2	94.90	1.5	2.01	2.73	26.27	4.52	9.19
46	TY–QX–XGCHM–102	明	太原市	清徐县	徐沟城隍庙	栖云楼（清徐县文物旅游局）	329	155	68	5.75	13.7	13.8	99.80	1.65	2.15	3.26	34.13	2.37	6.01
47	JZ–YC–PCSSS–103	明	晋中市	榆次区	蒲池寿圣寺	东配殿	310	150	64	5.2	14.3	14.3	100.4	1.7	2.15	2.75	21.78	2.32	10.76
48	JZ–SY–LHS–102	明	晋中市	寿阳县	罗汉寺	大殿	292	149	65	4.55					1.90	3.18	40.20	2.41	9.46

（续表）

序号	样本编号	时代	样本来源				尺寸 (mm)			重量 (kg)	吸水性能 (%)			物理性能				力学性能	
			市	县 / 区	文保单位名称	采样位置	长	宽	高 / 厚		24h 吸水率	5h 沸煮吸水率	饱和系数	体积密度 (g/cm^3)	表观密度 (g/cm^3)	密度 (g/cm^3)	孔隙率 (%)	抗折强度 (MPa)	抗压强度 (MPa)
49	JZ-PY-HZSSS-103	清	晋中市	平遥县	郝庄寿圣寺	前殿后檐墙	252	120	55	2.6					2.23	2.51	11.33	2.39	7.96
50	JZ-PY-MJ-101	明	晋中市	平遥县		当地民居收集	313	145	60	4.35	18.5	19.4	95.80	1.554	2.11	2.96	28.77	5.35	10.35
51	JZ-PY-MJ-102	明	晋中市	平遥县		当地民居收集	316	150	60	4.6					2.07	2.92	28.94	3.27	19.27
52	JZ-PY-MJ-103	清	晋中市	平遥县		当地民居收集	288	141	59	3.95								3.33	8.76
53	JZ-PY-MJ-104	清	晋中市	平遥县		当地民居收集	289	140	57	4.05	15.0	16.2	92.80	1.67	2.03	2.77	26.69	3.19	7.96
54	JZ-JX-JXWYM-102	清	晋中市	介休市	介休五岳庙	影壁	268	134	64	3.55					1.99	2.56	22.26	4.18	9.15
55	JZ-JX-JXWYM-104	清	晋中市	介休市	介休五岳庙	戏台	297	147	60	4.2	19.4	18.8	103.5	1.58	3.00	3.22	6.91	4.82	10.06
56	JZ-JX-JXWYM-106	清	晋中市	介休市	介休五岳庙	戏台	270	260	62	6.95					2.66	3.39	21.42	1.98	10.42
57	JZ-JX-LFCSMS-102	清	晋中市	介休市	龙凤村三明寺	寺内	279	140	61	3.6	21.4	20.1	106.2	1.5	2.61	3.11	15.89	3.17	8.64
58	JZ-JX-WLMYZ-101	明	晋中市	介休市	五龙庙遗址	建筑基础	154（残）	155	64	2.35	19.4	20.1	99.70	1.53				3.12	6.77
59	JZ-JX-WLMYZ-102	明	晋中市	介休市	五龙庙遗址	建筑基础	255（残）	158	67	3.4								3.52	7.78
60	JZ-JX-WLMYZ-103	明	晋中市	介休市	五龙庙遗址	建筑基础	287	244	62	6.1					3.39	3.67	7.57	3.25	6.15

（续表）

序号	样本编号	时代	样本来源				尺寸 (mm)			重量 (kg)	吸水性能 (%)			物理性能				力学性能	
			市	县 / 区	文保单位名称	采样位置	长	宽	高 / 厚		24h 吸水率	5h 沸煮吸水率	饱和系数	体积密度 (g/cm^3)	表观密度 (g/cm^3)	密度 (g/cm^3)	孔隙率 (%)	抗折强度 (MPa)	抗压强度 (MPa)
61	JZ-LS-WJDYMJ-102	明	晋中市	灵石县	王家大院民居	院内	280	135	62	3.35	20.3	18.7	108.5	1.4	2.73	3.02	9.69	3.4	8.71
62	JZ-LS-WJDYMJ-104	明	晋中市	灵石县	王家大院民居	院内	248	245	60	5.8					2.80	3.10	9.57	3.36	9.91
63	JZ-LS-JJCWSZC-102	明	晋中市	灵石县	静升村王氏宗祠	院内	284	126	55	3					3.48	4.03	13.64	1.66	6.68
64	JZ-LS-CYA-102	清	晋中市	灵石县	朝阳庵	鼓楼	267（残）	138	61	3.35					2.57	2.66	3.07	2.34	6.76
65	JZ-LS-CYA-103	清	晋中市	灵石县	朝阳庵	鼓楼	280	137	61	3.5	22.7	23.3	97.30	1.48	2.69	2.85	5.61	4.91	7.91
66	CZ-WX-FYY-101	明	长治市	武乡县	福源院	院内采集	307	153	62	4.35					2.30	2.43	5.42	3.85	10.57
67	CZ-LC-XCTQWM-102	清	长治市	黎城县	辛村天齐王庙	正殿	278	138	66	4	18.40	23.94	76.89	1.54	2.75	3.66	24.81	2.19	8.25
68	CZ-LC-XCTQWM-104	清	长治市	黎城县	辛村天齐王庙	正殿	195	181（残）	31	1.5					2.09	2.25	7.38	1.98	12.61
69	CZ-LC-CNDM-102	明	长治市	黎城县	长宁大庙	院内采集	308	151	65	4.35					3.27	3.50	6.62	1.89	7.67
70	CZ-XY-XYWLM-102	明	长治市	襄垣县	襄垣五龙庙	院内采集	371	185	74	7.3					2.42	2.54	4.73	2.8	8.66
71	CZ-PS-BGQSMM-102	清	长治市	平顺县	北甘泉圣母庙	东配殿墙面	268	129	63	3.5					2.10	2.57	18.22	1.29	6.85
72	CZ-JQ-ZCFJM-102	明	长治市	郊区	张村府君庙	院内采集	327	160	54	4.5					2.33	2.84	17.82	2.7	8.87

（续表）

序号	样本编号	时代	样本来源				尺寸 (mm)			重量 (kg)	吸水性能 (%)			物理性能				力学性能	
			市	县 / 区	文保单位名称	采样位置	长	宽	高 / 厚		24h 吸水率	5h 沸煮吸水率	饱和系数	体积密度 (g/cm^3)	表观密度 (g/cm^3)	密度 (g/cm^3)	孔隙率 (%)	抗折强度 (MPa)	抗压强度 (MPa)
73	CZ-JQ-ZCFJM-104	明	长治市	郊　区	张村府君庙	院内采集	261	260	61	8.85					2.45	2.63	6.90	2.48	8.12
74	CZ-JQ-XLLXM-101	清	长治市	郊　区	小罗灵仙庙	院内采集	271	133	57	3.15					3.11	3.88	19.79	2.17	10.91
75	CZ-JQ-XLLXM-104	清	长治市	郊　区	小罗灵仙庙	院内采集	191	157	28	1.25	19.54	22.36	87.36	1.46				4.06	11.04
76	CZ-CZ-CZYHG-102	明	长治市	长治县	长治玉皇观	西廊房前檐墙	290	143	80	5.3	16.84	21.18	79.48	1.59	2.51	2.64	5.09	1.92	7.2
77	CZ-CZ-CCYHM-102	明	长治市	长治县	长春玉皇庙	院内采集	322	154	77	6.15					1.64	1.90	13.83	1.63	7.77
78	JC-QS-DZGJZQ-102	明	晋城市	沁水县	窦庄古建筑群		279	140	76	4.6					4.02	4.57	11.98	2.94	10.48
79	JC-GP-JNJDM-102	明	晋城市	高平市	建南济渎庙	院内采集	297	150	75	5.1					2.21	2.44	9.46	2.38	10.01
80	JC-GP-DFWSG-102	明	晋城市	高平市	董峰万寿宫	院内采集	343	167	60	5.7					2.45	2.76	11.27	6.63	23.7
81	JC-GP-DFWSG-104	明	晋城市	高平市	董峰万寿宫	院内采集	212	195	35	2.05	17.42	29.00	60.09	1.41	2.40	2.79	14.20	2.52	9.83
82	JC-LC-CAS-102	明	晋城市	陵川县	崇安寺	院内采集	314	154	75	5.4	14.72	17.52	83.99	1.54	2.62	2.94	10.88	1.96	10.2
83	JC-ZZ-YHM-102	清	晋城市	泽州县	玉皇庙	院内采集	295	155	67	4.75					7.62	7.93	3.95	1.75	9.04
84	JC-ZZ-YHM-104	清	晋城市	泽州县	玉皇庙	院内采集	270	133	67	4.2					2.33	2.38	2.28	1.42	8.47
85	JC-ZZ-XZYHM-103	明	晋城市	泽州县	薛庄玉皇庙	院内采集	273	133	77	4.65					2.21	2.47	10.59	2.13	10.59

（续表）

序号	样本编号	时代	样本来源				尺寸 (mm)			重量 (kg)	吸水性能 (%)			物理性能				力学性能	
			市	县 / 区	文保单位名称	采样位置	长	宽	高 / 厚		24h 吸水率	5h 沸煮吸水率	饱和系数	体积密度 (g/cm^3)	表观密度 (g/cm^3)	密度 (g/cm^3)	孔隙率 (%)	抗折强度 (MPa)	抗压强度 (MPa)
86	JC-ZZ-BYCYHM-105	明	晋城市	泽州县	北义城玉皇庙	院内采集	265（残）	135	76	4.25					2.56	2.69	4.82	1.44	8.4
87	JC-ZZ-DNSTDSC-102	清	晋城市	泽州县	大南社土地神祠	大殿墙面	265	131	63	3.4					1.78	1.87	4.81	1.98	11.83
88	JC-ZZ-GDJDS-102	清	晋城市	泽州县	高都景德寺	院内采集	266	130	56	3.4					2.07	3.82	45.83	3.43	11.34
89	JC-ZZ-FCGDM-102	清	晋城市	泽州县	府城关帝庙	院内采集	260	124	64	3.1	18.68	21.63	86.36	1.50	2.59	2.71	4.46	2.22	8.72
90	LF-FX-FXZWC-102	明	临汾市	汾西县	汾西真武祠	东跨院基础砖	295	139	67	3.8					2.33	2.67	12.66	0.71	4.93
91	LF-FX-LJZQDMJ-101	清	临汾市	汾西县	刘家庄清代民居	院内采集	297	140	67	4.1	23.89	28.07	85.11	1.46	2.05	3.69	44.47	0.99	5.49
92	LF-FX-LJZQDMJ-102	清	临汾市	汾西县	刘家庄清代民居	院内采集	300	140	66	4.4					2.28	2.43	6.40	2	7.32
93	LF-FX-NJWQDMJ-102	清	临汾市	汾西县	牛家洼清代民居	院内采集	300	148	70	5.15					2.34	2.55	8.34	2.4	8.69
94	LF-XF-PJS-102	明	临汾市	襄汾县	普净寺	院内采集	280	125	60	3.5					2.29	2.46	7.06	5.63	12.98
95	LF-XF-PJS-103	明	临汾市	襄汾县	普净寺	院内采集	245（残）	125	55	2.35					2.15	2.83	24.07	3.52	9.85
96	LF-XF-FCGJZQ-103	明	临汾市	襄汾县	汾城古建筑群	院内采集	360	125	63	4.15					2.35	2.69	12.54	3.71	9.91

（续表）

序号	样本编号	时代	样本来源				尺寸 (mm)			重量 (kg)	吸水性能 (%)			物理性能				力学性能	
			市	县 / 区	文保单位名称	采样位置	长	宽	高 / 厚		24h 吸水率	5h 沸煮吸水率	饱和系数	体积密度 (g/cm^3)	表观密度 (g/cm^3)	密度 (g/cm^3)	孔隙率 (%)	抗折强度 (MPa)	抗压强度 (MPa)
97	LF-XF-FCGJZQ-106	明	临汾市	襄汾县	汾城古建筑群	院内采集	280（残）	130	60	2.95					2.26	2.85	20.56	2.19	9.45
98	LF-XF-FCGJZQ-108	明	临汾市	襄汾县	汾城古建筑群	院内采集	370	180	75	7.3					1.97	2.37	16.70	2.72	9.61
99	LF-XF-FCGJZQ-110	明	临汾市	襄汾县	汾城古建筑群	院内采集	265	117	55	2.45					2.13	2.43	12.47	2.04	8.24
100	LF-XF-FYDGM-102	清	临汾市	襄汾县	汾阴洞古庙	院内采集	295	122	56	3.4	12.68	17.05	74.39	1.66	2.16	2.37	8.84	5.14	35.42
101	LF-XF-FYDGM-103	清	临汾市	襄汾县	汾阴洞洞庙	院内采集	293	130	60	3.45					2.23	2.39	6.55	3.19	10.01
102	LF-XF-FYDGM-104	清	临汾市	襄汾县	汾阴洞洞庙	院内采集	295	127	60	3.7					2.43	2.67	8.99	2.77	8.88
103	LF-XF-BZCCM-101	清	临汾市	襄汾县	北赵村城门	城门	315	123	67	4.15					2.19	2.88	23.83	3.8	12.02
104	LF-XF-BZCCM-102	清	临汾市	襄汾县	北赵村城门	城门	307	125	67	4.1					2.36	2.49	5.12	2.71	9.34
105	LF-YC-FDGDM-104	明	临汾市	翼城县	樊店关帝庙	献殿遗址	233	97	59	2.2	15.94	19.47	81.85	1.65	2.24	2.96	24.38	3.59	16.24
106	LF-HM-TTM-102	明	临汾市	侯马市	台骀庙	娘娘殿基础	241	93	55	2.1	18.30	23.71	77.15	1.69	2.13	2.70	21.37	5.51	13.91
107	YC-JS-CQ-102	明	运城市	稷山县		城墙	368	185	72	7.95					1.94	2.71	28.44	1.96	8.99
108	YC-YH-WSCST-105	明	运城市	盐湖区	万寿禅师塔	采集	302	152	58	4.3	19.06	25.64	74.37	1.59	2.68	2.87	6.66	5.35	16.78

（续表）

序号	样本编号	时代	样本来源				尺寸 (mm)			重量 (kg)	吸水性能 (%)			物理性能				力学性能	
			市	县 / 区	文保单位名称	采样位置	长	宽	高 / 厚		24h 吸水率	5h 沸煮吸水率	饱和系数	体积密度 (g/cm^3)	表观密度 (g/cm^3)	密度 (g/cm^3)	孔隙率 (%)	抗折强度 (MPa)	抗压强度 (MPa)
109	YC-101	明	运城市			采集	335	150	80	6.8					1.91	2.56	25.21	2.88	7.71
110	YC-102	明	运城市			采集	340	154	80	6.6					2.11	2.34	9.57	2.41	8.24
111	YC-103	清	运城市			采集	312	118	58	3.35					2.31	3.16	26.91	2.46	7.16
112	YC-104	清	运城市			采集	314	120	57	3.2	24.34	27.88	87.30	1.48	2.35	2.70	13.17	1.85	8.65
113	YC-YJ-PZGC-102	明	运城市	永济市	蒲州故城	城墙	355	173	85	8.3					2.42	2.86	15.52	3.81	9.87
114	YC-YJ-WGS-102	明	运城市	永济市	万固寺	院内采集	345	175	60	5.6	20.89	25.31	82.56	1.48	2.03	2.27	10.47	2.94	10.98

附录C 压汞检测结果表

表1 晋北明代古砖（XZ-DX-YMG-102）压汞检测结果

汞压（psia）	孔径（μm）	汞体积增量（mL/g）	孔体积增量（mL/g）	孔体积相对孔径的微增量（μm·mL/g）	孔体积相对孔径对数值的微增量（mL/g）
0.213454813	847.3154	3.81577E-31	0	2.40299E-05	0.048016574
0.396009505	456.71515	0.012887635	0.012887635	3.92705E-05	0.042297363
0.598649263	302.119375	0.017797912	0.004910276	2.96776E-05	0.021143313
0.797629774	226.75125	0.020334153	0.002536241	3.12488E-05	0.01670596
0.99620378	181.55275	0.021617016	0.001282863	2.4745E-05	0.010594857
1.496460557	120.860875	0.022958864	0.001341848	1.89876E-05	0.005411696
1.994765639	90.66906875	0.023504449	0.000545586	1.74735E-05	0.003736305
2.500389338	72.33415	0.023828855	0.000324406	1.67593E-05	0.002859414
2.996336222	60.3615625	0.024020547	0.000191692	1.2508E-05	0.001780615
3.495942593	51.73527188	0.024094274	7.37272E-05	1.38466E-05	0.001689197
3.995630026	45.2653375	0.024226984	0.00013271	1.78827E-05	0.001902506
4.496130943	40.22648438	0.024315458	8.84738E-05	1.85181E-05	0.001756694
4.997119427	36.19355938	0.024389185	7.37272E-05	2.04248E-05	0.001742203
5.988932133	30.19963125	0.024536641	0.000147456	2.28943E-05	0.001632316
6.989608288	25.8760625	0.024595624	5.89825E-05	6.46345E-05	0.003942583
7.984266758	22.65249219	0.02506748	0.000471856	7.55517E-05	0.004035076
8.982910156	20.13418125	0.025111714	4.42341E-05	4.88684E-05	0.002333063
9.978463173	18.12539063	0.025200194	8.84794E-05	4.27866E-05	0.0018287
11.97184753	15.10740469	0.025362395	0.000162201	4.51889E-05	0.001609541
13.96571827	12.95053594	0.02543612	7.37254E-05	5.45396E-05	0.001667046
15.95430374	11.33634844	0.025554083	0.000117963	8.6945E-05	0.002323452
17.99956703	10.04821641	0.025716288	0.000162205	0.000117486	0.002784281
19.9866066	9.049236719	0.02580476	8.84719E-05	0.000157373	0.003357605
22.48106003	8.045151563	0.026025943	0.000221184	0.000212939	0.004040788
24.97957993	7.240455469	0.026232384	0.000206441	0.000374271	0.006391552
27.46712112	6.584728906	0.026394583	0.000162199	0.000687139	0.010671685
29.96279335	6.036271094	0.027013898	0.000619315	0.0011672	0.016597133
34.78233337	5.199867969	0.028325776	0.001311878	0.002730794	0.033486608
38.99382401	4.638261328	0.030668361	0.002342585	0.004221486	0.046178907

（续表）

汞压（psia)	孔径（μm）	汞体积增量（mL/g）	孔体积增量（mL/g）	孔体积相对孔径的微增量（μm·mL/g）	孔体积相对孔径对数值的微增量（mL/g）
49.31175232	3.667757422	0.036930054	0.006261693	0.02743581	0.237547904
59.57084274	3.036108398	0.072423123	0.035493068	0.071738677	0.513589025
73.83637238	2.449518164	0.122586332	0.050163209	0.067432666	0.389063716
88.99317932	2.032330273	0.141692296	0.019105963	0.039834504	0.190902516
113.9394455	1.58736543	0.158210814	0.016518518	0.035436694	0.132671773
139.6182098	1.295415137	0.168569207	0.010358393	0.037120994	0.113395281
173.3458099	1.043368359	0.178847477	0.01027827	0.041371513	0.101803161
218.9714661	0.825968555	0.187919363	0.009071887	0.037233649	0.072567306
270.0049133	0.669852783	0.193233997	0.005314633	0.032265252	0.050970517
328.584259	0.550432764	0.19715625	0.003922254	0.03422213	0.044423506
418.0769653	0.432608252	0.20167917	0.00452292	0.043013911	0.043876268
518.6784058	0.348700732	0.205841601	0.004162431	0.052192154	0.042919695
638.7627563	0.283146655	0.209535018	0.003693417	0.05793383	0.038684256
799.0343018	0.226352661	0.213040993	0.003505975	0.061102528	0.03261663
988.7739258	0.18291698	0.215765819	0.002724826	0.063595267	0.027433798
1198.416748	0.150918738	0.217951506	0.002185687	0.074729619	0.026596807
1497.932617	0.120742102	0.220563844	0.002612337	0.093434328	0.026604326
1898.782349	0.09525238	0.223255962	0.002692118	0.11404054	0.025617275
2347.782959	0.077035889	0.225562513	0.002306551	0.130663211	0.023737535
2897.778809	0.062414545	0.227595463	0.002032951	0.140864358	0.020734066
3598.887451	0.050255405	0.229400024	0.00180456	0.147145001	0.017438134
4497.093262	0.040217877	0.230971292	0.001571268	0.177389866	0.016824884
5594.391113	0.03232944	0.232636333	0.001665041	0.238303892	0.018168293
6893.660645	0.026236212	0.234329745	0.001693413	0.289462369	0.017908599
8593.038086	0.021047682	0.235897914	0.001568168	0.281800567	0.013989772
10591.40723	0.01707644	0.236986488	0.001088575	0.286537488	0.011538921
13190.99414	0.013711137	0.238021046	0.001034558	0.278307471	0.009003432
16389.55273	0.011035294	0.238728479	0.000707433	0.291171455	0.007577389
19990.66406	0.009047401	0.23939608	0.000667602	0.362413411	0.007758162
22492.83203	0.008040941	0.239840135	0.000444055	0.292906298	0.005554611
24995.42969	0.007235864	0.240003052	0.000163466	0.157639315	0.002683914

（续表）

汞压（psia)	孔径（μm）	汞体积增量（mL/g）	孔体积增量（mL/g）	孔体积相对孔径的微增量（μm·mL/g）	孔体积相对孔径对数值的微增量（mL/g）
27496.1875	0.006577768	0.24001709	1.39177E-05	0.04727438	0.00073589
29996.62305	0.006029463	0.240026855	9.35793E-06	0.020078583	0.0002855
27285.43164	0.006628575	0.240412936	0.000386059	−0.311831791	−0.004688323
21002.62305	0.008611474	0.240412936	0	0	0
16007.75391	0.011298495	0.240412936	0	0	0
12398.34863	0.014587712	0.240412936	0	0	0
9608.293945	0.018823689	0.240412936	0	0	0
7305.904785	0.024755803	0.240412936	0	0	0
5705.874023	0.031697781	0.240412936	0	0	0
4310.405273	0.041959753	0.240412936	0	0	0
3302.38501	0.054767554	0.240412936	0	0	0
2599.670654	0.06957171	0.240412936	0	0	0
2000.803711	0.090395447	0.240412936	0	0.003042412	0.000623807
1501.180908	0.120480847	0.239896223	−0.000516713	0.030957283	0.008458921
1202.615479	0.150391833	0.238928944	−0.000967279	0.030562546	0.010424501
901.385498	0.200650598	0.237591326	−0.001337618	0.025311906	0.011518272
701.0302124	0.257996777	0.236266971	−0.001324356	0.020209461	0.0118266
501.5882263	0.360581714	0.234587327	−0.001679644	0.01421055	0.011620752
401.463501	0.450510547	0.23345919	−0.001128137	0.011287111	0.011532061
300.1011963	0.602675195	0.232021481	−0.001437709	0.00875217	0.011962816
240.8951111	0.7507979	0.23082304	−0.001198441	0.007245612	0.012335714
189.5962524	0.953940527	0.229570329	−0.001252711	0.005611607	0.01214039
145.5127869	1.24293916	0.228149146	−0.001421183	0.004532765	0.012777214
111.0174026	1.629145801	0.226568818	−0.001580328	0.003761626	0.01389825
85.59150696	2.113101563	0.224926323	−0.001642495	0.003281039	0.015722856
65.89279175	2.744815234	0.222969428	−0.001956895	0.002935793	0.018275192
50.35814667	3.591544922	0.220711946	−0.002257481	0.002420228	0.019713521
30.09115982	6.010520703	0.215283304	−0.005428642	0.002586129	0.035251461
15.36174965	11.77362891	0.20442073	−0.010862574	0.001393212	0.037200801

表 2　晋中明代古砖（TY-QX-XGCHM-102）压汞检测结果

汞压（psia）	孔径（μm）	汞体积增量（mL/g）	孔体积增量（mL/g）	孔体积相对孔径的微增量（μm·mL/g）	孔体积相对孔径对数值的微增量（mL/g）
0.213454813	847.3154	3.47838E-31	0	2.52415E-05	0.050437607
0.396009505	456.71515	0.01353744	0.01353744	3.98343E-05	0.04290485
0.598649263	302.119375	0.01801407	0.00447663	2.89546E-05	0.020618929
0.797629774	226.75125	0.020716181	0.002702111	3.03632E-05	0.016219819
0.99620378	181.55275	0.021737874	0.001021693	1.79852E-05	0.007702189
1.496460557	120.860875	0.022813341	0.001075467	1.93979E-05	0.005528858
1.994765639	90.66906875	0.023445178	0.000631837	1.95547E-05	0.004180902
2.500389338	72.33415	0.02378126	0.000336083	1.75603E-05	0.002994688
2.996336222	60.3615625	0.023996353	0.000215093	2.27918E-05	0.003245399
3.495942593	51.73527188	0.024251778	0.000255425	2.66141E-05	0.003247278
3.995630026	45.2653375	0.0244131	0.000161322	2.62312E-05	0.002798375
4.496130943	40.22648438	0.024547532	0.000134433	2.90368E-05	0.002754558
4.997119427	36.19355938	0.024681965	0.000134433	3.26056E-05	0.002783006
5.988932133	30.19963125	0.024897059	0.000215095	4.03704E-05	0.002875275
6.989608288	25.8760625	0.025098709	0.00020165	5.45635E-05	0.003337575
7.984266758	22.65249219	0.025273472	0.000174763	9.1149E-05	0.004869461
8.982910156	20.13418125	0.025649885	0.000376413	0.00011125	0.005281125
9.978463173	18.12539063	0.025864977	0.000215093	0.000107885	0.004613838
11.97184753	15.10740469	0.026160734	0.000295756	0.000162072	0.005780462
13.96571827	12.95053594	0.026671581	0.000510847	0.000259667	0.007930847
15.95430374	11.33634844	0.027115211	0.00044363	0.00038969	0.01041663
17.99956703	10.04821641	0.027814262	0.000699051	0.000556398	0.013175872
19.9866066	9.049236719	0.028405771	0.000591509	0.000735872	0.015691275
22.48106003	8.045151563	0.029306475	0.000900704	0.00096198	0.018251408
24.97957993	7.240455469	0.030193733	0.000887258	0.001606301	0.02742417
27.46712112	6.584728906	0.031094437	0.000900704	0.002314641	0.035939455
29.96279335	6.036271094	0.033420134	0.002325697	0.002900136	0.041277725
34.6717186	5.216457422	0.035685133	0.002264999	0.00394153	0.048489012
38.8760643	4.652310938	0.038371745	0.002686612	0.006520733	0.071553692

（续表）

汞压（psia）	孔径（μm）	汞体积增量（mL/g）	孔体积增量（mL/g）	孔体积相对孔径的微增量（μm·mL/g）	孔体积相对孔径对数值的微增量（mL/g）
49.11714172	3.682289453	0.050877247	0.012505502	0.028792763	0.250400215
59.411026	3.044275586	0.080154575	0.029277328	0.045849829	0.329075903
73.89450836	2.447591016	0.106605537	0.026450962	0.036654235	0.211631775
89.1085434	2.029699219	0.118960567	0.01235503	0.027594699	0.132078037
114.0869141	1.585313672	0.131177664	0.012217097	0.027645956	0.103356816
139.7763214	1.293949805	0.13967967	0.008502007	0.031527991	0.096187234
173.5080109	1.042393066	0.148687199	0.009007528	0.03749393	0.092169456
219.1276855	0.825379688	0.157485664	0.008798465	0.042554038	0.082833692
270.1336975	0.669533447	0.164758235	0.007272571	0.04723694	0.074583381
328.6874695	0.550259912	0.170594484	0.005836248	0.047042618	0.061042439
418.1656189	0.432516504	0.17600441	0.005409926	0.042920096	0.04377839
518.7693481	0.3486396	0.179594383	0.003589973	0.043858481	0.03606024
638.8570557	0.283104858	0.182663932	0.00306955	0.046710225	0.031189751
799.133728	0.226324487	0.185409963	0.002746031	0.049499276	0.026419284
988.8753052	0.18289823	0.187720314	0.002310351	0.054935103	0.023694756
1198.519409	0.150905811	0.189599246	0.001878932	0.059865038	0.02130492
1498.040405	0.120733423	0.191530854	0.001931608	0.065781564	0.018729484
1898.897461	0.095246606	0.193332389	0.001801535	0.072718526	0.016333818
2347.905762	0.077031854	0.194742739	0.00141035	0.078901985	0.014333271
2897.908691	0.062411743	0.195976049	0.00123331	0.088329671	0.013001103
3599.022949	0.050253513	0.197119415	0.001143366	0.085261217	0.010110798
4497.23584	0.040216602	0.197913393	0.000793979	0.081145417	0.007696242
5594.543457	0.032328561	0.198618934	0.00070554	0.092556656	0.007056678
6893.823242	0.026235593	0.19921577	0.000596836	0.094801208	0.005866229
8593.210938	0.02104726	0.199703261	0.000487491	0.090841886	0.004508553
10591.58691	0.017076151	0.200058594	0.00035581	0.078661378	0.00316708
13191.18262	0.013710942	0.200303748	0.000244677	0.075167777	0.00243028
16389.74414	0.011035165	0.200524718	0.000220969	0.134527745	0.00350544
19990.85938	0.009047312	0.200894371	0.000369653	0.097050088	0.002067473

（续表）

汞压（psia）	孔径（μm）	汞体积增量（mL/g）	孔体积增量（mL/g）	孔体积相对孔径的微增量（μm·mL/g）	孔体积相对孔径对数值的微增量（mL/g）
22493.0332	0.008040869	0.200894371	0	0.017688747	0.00033456
24995.63086	0.007235806	0.200894371	0	0	0
27496.39063	0.006577719	0.200894371	0	0	0
29996.82617	0.006029422	0.200894371	0	0	0
27285.63867	0.006628525	0.20094125	4.68791E-05	-0.037801956	-0.00056839
21002.8	0.008611389	0.20094125	0	0	0
16007.96094	0.01129835	0.20094125	0	0	0
12398.55469	0.014587469	0.20094125	0	0	0
9608.5	0.018823285	0.20094125	0	0	0
7306.110352	0.024755107	0.20094125	0	0	0
5706.079102	0.03169664	0.20094125	0	0	0
4310.608887	0.04195777	0.20094125	0	0	0
3302.586426	0.054764209	0.20094125	0	0	0
2599.868896	0.069566406	0.20094125	0	0	0
2000.997314	0.0903867	0.20094125	0	0	0
1501.368652	0.120465771	0.20094125	0	0	0
1202.798584	0.150368933	0.20094125	0	7.16149E-06	2.45979E-06
901.5631714	0.20061106	0.200867072	-7.4178E-05	0.00760009	0.003455235
701.2042847	0.257932739	0.19998385	-0.000883222	0.016910628	0.009892776
501.7619629	0.36045686	0.198479667	-0.001504183	0.014580231	0.011920125
401.6398926	0.450312695	0.197215021	-0.001264647	0.013451954	0.013738553
300.2836609	0.602308984	0.195368722	-0.001846299	0.011920756	0.016284537
241.084137	0.750209229	0.193695128	-0.001673594	0.010668921	0.018152688
189.7943268	0.952944922	0.191753179	-0.001941949	0.00921708	0.019921014
145.725235	1.241127148	0.189185023	-0.002568156	0.008801583	0.024776181
111.2495346	1.625746484	0.186004162	-0.003180861	0.007902111	0.029137675
85.84741974	2.106802344	0.182403833	-0.003600329	0.007618845	0.036402591
66.18199158	2.732821094	0.177676097	-0.004727736	0.007343085	0.045514032
50.68975449	3.568049219	0.171867117	-0.005808979	0.007003148	0.056672815
30.5278492	5.924542578	0.157624424	-0.014242694	0.005312743	0.071388707
15.91730785	11.36269688	0.137208834	-0.020415589	0.002800947	0.072184168

表 3 晋东南明代古砖（CZ-CZ-CZYHG-102）压汞检测结果

汞压（psia）	孔径（μm）	汞体积增量（mL/g）	孔体积增量（mL/g）	孔体积相对孔径的微增量（μm·mL/g）	孔体积相对孔径对数值的微增量（mL/g）
0.212280452	852.0028	3.56138E-31	0	1.84677E-05	0.03710 6629
0.398371518	454.0072	0.01014415	0.01014415	3.11714E-05	0.033371426
0.59812659	302.383375	0.014025629	0.00388148	2.04105E-05	0.014530731
0.795279026	227.4215	0.015718615	0.001692985	2.5589E-05	0.013721243
0.999263465	180.99685	0.017081263	0.001362648	2.77738E-05	0.01185505
1.498163223	120.723525	0.018223684	0.001142422	1.17109E-05	0.003334298
1.996412277	90.59428125	0.018609079	0.000385394	1.45602E-05	0.003110636
2.497426748	72.41995625	0.018911889	0.00030281	1.541E-05	0.002630448
2.997465134	60.33883125	0.019077057	0.000165168	1.35697E-05	0.001926924
3.49758482	51.71098125	0.019200934	0.000123877	1.48788E-05	0.001814334
3.991930008	45.30729375	0.019311046	0.000110112	1.47601E-05	0.001577116
4.498881817	40.2018875	0.019366102	5.50561E-05	1.54292E-05	0.001462737
4.995910645	36.20231563	0.019448688	8.2586E-05	1.71739E-05	0.001464761
5.992978096	30.17924375	0.019558802	0.000110114	2.29679E-05	0.001635269
6.988337517	25.88076719	0.019682679	0.000123877	2.98595E-05	0.001821798
7.984673023	22.65133906	0.01979279	0.00011011	3.21264E-05	0.001716281
8.983693123	20.13242656	0.019861612	6.88229E-05	3.66213E-05	0.001738686
9.979784012	18.12299219	0.019957962	9.6349E-05	4.21683E-05	0.001802181
11.97025871	15.10940938	0.020095596	0.000137642	5.36088E-05	0.00190959
13.96203518	12.95395234	0.020233242	0.000137638	7.56211E-05	0.002311112
15.95926094	11.33282656	0.020384649	0.000151407	9.51181E-05	0.002542023
17.99690819	10.04970078	0.020508526	0.000123877	0.000127711	0.003024512
19.98852348	9.048369531	0.020659931	0.000151405	0.000167996	0.003581673
22.48180199	8.044885938	0.020880157	0.000220226	0.000218329	0.004141811
24.97532463	7.241689063	0.021045323	0.000165166	0.000298863	0.005104337
27.46754456	6.584627344	0.021279315	0.000233991	0.000400074	0.006214506
29.96684265	6.035455469	0.021568364	0.000289049	0.000531887	0.007568497
34.49189377	5.243653516	0.022011448	0.000443084	0.001169907	0.014458992
39.28624344	4.603737109	0.023117781	0.001106333	0.003515564	0.038128406
49.30479813	3.668274609	0.031053189	0.007935409	0.030168094	0.261436254

（续表）

汞压（psia）	孔径（μm）	汞体积增量（mL/g）	孔体积增量（mL/g）	孔体积相对孔径的微增量（μm·mL/g）	孔体积相对孔径对数值的微增量（mL/g）
59.61561584	3.03382832	0.066185243	0.035132054	0.048115403	0.344107449
73.61235809	2.456972461	0.087403886	0.021218643	0.030967158	0.179388732
89.02736664	2.03155	0.098783508	0.011379622	0.025492764	0.122130416
114.1797333	1.584024902	0.110389747	0.011606239	0.027350225	0.102169469
139.3391571	1.298009473	0.118886739	0.008496992	0.031393492	0.096099354
173.8459625	1.040366602	0.127956286	0.009069547	0.03856675	0.094621979
219.7137146	0.823178223	0.137647882	0.009691596	0.050758727	0.098546557
268.6552429	0.673217969	0.146554291	0.008906409	0.065061445	0.103293933
329.5614014	0.548800732	0.155821964	0.009267673	0.083800624	0.108428262
419.3220215	0.43132373	0.167589992	0.011768028	0.109410912	0.111291461
517.6696167	0.349380249	0.177518502	0.00992851	0.120691302	0.099445857
638.6842041	0.283181494	0.185512051	0.007993549	0.113697733	0.075914852
798.5946655	0.226477271	0.191779524	0.006267473	0.101723872	0.054335754
988.1456909	0.183033276	0.195988134	0.004208609	0.090256553	0.038967222
1198.76	0.150875525	0.198790848	0.002802715	0.081946855	0.029166389
1500.709595	0.120518677	0.201187134	0.002396286	0.073978058	0.021026844
1898.248169	0.095279187	0.203002498	0.001815364	0.069446755	0.015604926
2348.198242	0.07702226	0.204274446	0.001271948	0.066907846	0.012154886
2898.474609	0.062399561	0.205248028	0.000973582	0.064887722	0.009548472
3598.40918	0.050262082	0.206017107	0.000769079	0.052892328	0.006271979
4499.40332	0.040197229	0.20646216	0.000445053	0.042296351	0.004009647
5594.828125	0.032326917	0.206802204	0.000340044	0.03996025	0.003046797
6893.449219	0.026237018	0.207018659	0.000216454	0.026168896	0.001620002
8594.114258	0.021045047	0.207098499	7.98404E-05	0.006383382	0.000316637
10592.99512	0.017073882	0.207098499	0	0	0
13191.9873	0.013710106	0.207098499	0	0	0
16391.05469	0.011034283	0.207098499	0	0	0
19990.41211	0.009047514	0.207098499	0	0	0
22494.44141	0.008040366	0.207098499	0	0	0

（续表）

汞压（psia）	孔径（μm）	汞体积增量（mL/g）	孔体积增量（mL/g）	孔体积相对孔径的微增量（μm · mL/g）	孔体积相对孔径对数值的微增量（mL/g）
24996.61133	0.007235522	0.207098499	0	0	0
27496.79688	0.006577622	0.207098499	0	0	0
29997.35352	0.006029317	0.207098499	0	0	0
27283.02344	0.00662916	0.206111416	-0.000987083	0.795255764	0.011958153
21001.96484	0.008611744	0.206111416	0	0	0
16002.79297	0.011301998	0.206111416	0	0	0
12403.94727	0.014581128	0.206111416	0	0	0
9605.792969	0.01882859	0.206111416	0	0	0
7303.744629	0.024763126	0.206111416	0	0	0
5707.633789	0.031688007	0.206111416	0	0	0
4310.444336	0.041959372	0.206111416	0	0	0
3303.4104	0.054750549	0.206111416	0	0	0
2601.843506	0.069513611	0.206111416	0	0	0
2002.042603	0.090339508	0.206111416	0	0	0
1502.226318	0.120396997	0.206111416	0	0	0
1202.584229	0.15039574	0.206111416	0	0	0
900.4526978	0.200858459	0.206111416	0	0	0
700.8828125	0.25805105	0.206111416	0	0	0
500.0574951	0.361685498	0.206111416	0	0	0
401.1667175	0.450843848	0.206111416	0	0	0
301.2474365	0.600381982	0.206111416	0	0	0
240.7095032	0.751376807	0.206111416	0	0	0
190.8730316	0.947559473	0.206111416	0	0.000445684	0.000957935
146.6262512	1.233500391	0.205608621	-0.000502795	0.002885109	0.008071641
111.237442	1.625923242	0.204226449	-0.001382172	0.003824616	0.014104486
85.94527435	2.104403516	0.202383906	-0.001842543	0.004159719	0.019852454
66.02160645	2.739459766	0.199613914	-0.002769992	0.004494416	0.027924407
50.9603653	3.549101953	0.195821017	-0.003792897	0.004927777	0.039664332
31.21960831	5.793267578	0.18345879	-0.012362227	0.006370658	0.083706729
15.6448164	11.56060469	0.157157689	-0.026301101	0.003343097	0.087653704

表 4　晋南明代古砖（LF-XF-FCGJZQ-108）压汞检测结果

汞压（psia）	孔径（μm）	汞体积增量（mL/g）	孔体积增量（mL/g）	孔体积相对孔径的微增量（μm·mL/g）	孔体积相对孔径对数值的微增量（mL/g）
0.21257022	850.8414	3.53869E-31	0	1.91297E-05	0.038384374
0.396841109	455.7581	0.010406555	0.010406555	3.16008E-05	0.033962142
0.598351836	302.26955	0.014454307	0.004047752	2.56285E-05	0.018269492
0.798154831	226.602075	0.016806381	0.002352074	3.71524E-05	0.01985185
0.994217098	181.9155375	0.018761883	0.001955502	3.93263E-05	0.016863855
1.496448755	120.8618375	0.02051226	0.001750378	2.39077E-05	0.006814269
1.994858384	90.66485	0.021264378	0.000752117	2.0729E-05	0.004431906
2.499123096	72.3708	0.021606248	0.00034187	2.35041E-05	0.004009542
2.994361162	60.401375	0.021961795	0.000355547	2.57561E-05	0.003667316
3.497081041	51.71843125	0.022153245	0.00019145	1.84912E-05	0.002253934
3.997035503	45.24942188	0.022248967	9.57213E-05	1.58762E-05	0.001689175
4.495038509	40.23625938	0.022331016	8.20495E-05	1.77146E-05	0.001680962
4.997433186	36.1912875	0.022413066	8.20495E-05	1.94298E-05	0.001658348
5.990267754	30.19289688	0.022536138	0.000123072	1.81632E-05	0.001293388
6.990078125	25.87425781	0.022604514	6.83758E-05	2.07751E-05	0.001269009
7.985207558	22.64982344	0.022686563	8.20495E-05	2.95052E-05	0.001576238
8.985686302	20.12796094	0.022782288	9.57251E-05	3.42648E-05	0.001626484
9.976813316	18.1283875	0.022850661	6.83721E-05	3.5048E-05	0.001498555
11.97402954	15.10465156	0.022960059	0.000109399	4.25573E-05	0.001515729
13.96482182	12.95136719	0.023069458	0.000109399	6.21292E-05	0.001897065
15.95463848	11.33611016	0.023192532	0.000123074	0.000119062	0.003185344
17.99446678	10.05106406	0.023329282	0.00013675	0.000213274	0.005049529
19.9858284	9.049589063	0.023780551	0.000451269	0.000267496	0.005707406
22.48031616	8.045417969	0.023903623	0.000123072	0.000547812	0.010387044
24.97756958	7.241038281	0.024341218	0.000437595	0.000823615	0.01406178
27.46587753	6.585026563	0.025585627	0.001244409	0.000833034	0.012932586
29.96215248	6.0364	0.025749728	0.000164101	0.00058765	0.008366605
34.19211578	5.289626953	0.025838645	8.89171E-05	0.000320346	0.00400685
39.25479126	4.607425781	0.026203917	0.000365272	0.000576209	0.006265066

（续表）

汞压（psia）	孔径（μm）	汞体积增量（mL/g）	孔体积增量（mL/g）	孔体积相对孔径的微增量（μm·mL/g）	孔体积相对孔径对数值的微增量（mL/g）
49.62887955	3.644320313	0.026929803	0.000725886	0.001979815	0.017004365
59.32447052	3.048717383	0.029108385	0.002178581	0.005927524	0.042628512
74.86228943	2.415949805	0.037928205	0.00881982	0.045237502	0.257638901
90.10662079	2.007216992	0.071579859	0.033651654	0.102997083	0.487509161
114.1971512	1.583783301	0.124239162	0.052659303	0.10398785	0.388425946
139.8136749	1.293604102	0.14763923	0.023400068	0.077157993	0.235337541
175.0065918	1.033466992	0.168852031	0.021212801	0.086947666	0.211911038
219.5375824	0.823838672	0.189204782	0.020352751	0.103598632	0.201286808
268.579895	0.673406836	0.206283584	0.017078802	0.11594032	0.184123054
330.7506409	0.54682749	0.221853763	0.015570179	0.125516362	0.161861539
418.5053101	0.432165479	0.237060234	0.015206471	0.126534351	0.128999293
518.5264893	0.348802905	0.247340232	0.010279998	0.119670021	0.098436341
638.5408936	0.283245044	0.255354345	0.008014113	0.119225142	0.079636216
798.7287598	0.226439258	0.262179345	0.006825	0.116544425	0.06224066
990.8841553	0.182527429	0.267291337	0.005111992	0.109685061	0.047225036
1198.216553	0.150943945	0.270666033	0.003374696	0.102236463	0.03639606
1498.290283	0.120713281	0.273712575	0.003046542	0.09418729	0.026812362
1898.569824	0.095263043	0.275953263	0.002240688	0.077444747	0.017398508
2348.040527	0.077027435	0.277265996	0.001312733	0.071092727	0.012913993
2898.888916	0.062390643	0.278344661	0.001078665	0.072069224	0.010604436
3599.647461	0.050244794	0.279189467	0.000844806	0.058942378	0.006981055
4499.450195	0.040196808	0.279710799	0.000521332	0.052634614	0.004989617
5594.468262	0.032328995	0.280156821	0.000446022	0.057104303	0.004353879
6893.748535	0.026235876	0.280513853	0.000357032	0.056045078	0.003467406
8592.236328	0.021049648	0.280800611	0.000286758	0.05254642	0.002608483
10593.7627	0.017072644	0.28099969	0.00019908	0.038596568	0.00155519
13190.38379	0.013711772	0.281085759	8.60691E-05	0.016325349	0.000527823
16392.08789	0.011033588	0.28110972	2.39611E-05	0.004023875	0.000104745
19991.41992	0.009047058	0.28110972	0	8.08475E-06	1.80594E-07

（续表）

汞压（psia）	孔径（μm）	汞体积增量（mL/g）	孔体积增量（mL/g）	孔体积相对孔径的微增量（μm·mL/g）	孔体积相对孔径对数值的微增量（mL/g）
22493.95703	0.008040539	0.28110972	0	0	0
24995.76758	0.007235767	0.28110972	0	0	0
27495.95898	0.006577823	0.28110972	0	0	0
29996.01563	0.006029586	0.28110972	0	0	0
27285.66992	0.006628517	0.281066656	-4.30644E-05	0.034701984	0.000521807
21004.00195	0.008610909	0.281066656	0	0	0
16001.71875	0.011302757	0.281066656	0	0	0
12400.56934	0.0145851	0.281066656	0	0	0
9607.958984	0.018824345	0.281066656	0	0	0
7304.221191	0.02476151	0.281066656	0	0	0
5705.101074	0.031702075	0.281066656	0	0	0
4302.92334	0.042032712	0.281066656	0	0	0
3301.296387	0.054785614	0.281066656	0	0	0
2602.687744	0.069491064	0.281066656	0	0	0
2000.151611	0.090424915	0.281066656	0	0	0
1500.704956	0.120519055	0.281066656	0	0	0
1202.089355	0.150457654	0.281066656	0	0	0
900.6412964	0.200816394	0.281066656	0	0	0
701.0316772	0.25799624	0.281066656	0	6.60599E-05	3.86687E-05
501.3561707	0.360748608	0.280883491	-0.000183165	0.007097191	0.005797997
401.1273193	0.450888135	0.279744953	-0.001138538	0.014076778	0.014396196
301.1626282	0.600551074	0.277835399	-0.001909554	0.01287192	0.017532881
240.92	0.750720117	0.275889903	-0.001945496	0.013287579	0.022625538
192.010849	0.941944336	0.273409486	-0.002480417	0.01290984	0.027581323
146.245575	1.23671123	0.269788921	-0.003620565	0.012134246	0.034037188
110.6465454	1.634606348	0.265144169	-0.004644752	0.011380013	0.042192377
85.08496094	2.125681641	0.259685993	-0.005458176	0.01157426	0.055800159
65.9932251	2.740638086	0.252756625	-0.006929368	0.010668069	0.066311449
51.1158638	3.538305469	0.244851515	-0.007905111	0.010074387	0.080852568
31.77080917	5.692758203	0.226558611	-0.018292904	0.007114947	0.091869101
16.27836609	11.11066953	0.199806854	-0.026751757	0.003655231	0.092114918

表 5　晋北清代古砖（DT-YG-YLS-102）压汞检测结果

汞压（psia）	孔径（μm）	汞体积增量（mL/g）	孔体积增量（mL/g）	孔体积相对孔径的微增量（μm·mL/g）	孔体积相对孔径对数值的微增量（mL/g）
0.212280452	852.0028	3.39501E-31	0	2.10184E-05	0.042231705
0.398371518	454.0072	0.011545234	0.011545234	3.3559E-05	0.035925791
0.59812659	302.383375	0.01512688	0.003581646	2.07018E-05	0.01476271
0.795279026	227.4215	0.016950503	0.001823623	2.13493E-05	0.011443893
0.999263465	180.99685	0.017777037	0.000826534	1.4522E-05	0.006198451
1.498163223	120.723525	0.018551093	0.000774056	1.22103E-05	0.003476314
1.996412277	90.59428125	0.01891844	0.000367347	1.11693E-05	0.002386231
2.497426748	72.41995625	0.019102115	0.000183675	7.55765E-06	0.001289503
2.997465134	60.33883125	0.019167712	6.55968E-05	9.54908E-06	0.001357768
3.49758482	51.71098125	0.019298907	0.000131195	1.13374E-05	0.001383053
3.991930008	45.30729375	0.019351386	5.24782E-05	8.88997E-06	0.000947942
4.498881817	40.2018875	0.019390747	3.93614E-05	9.70531E-06	0.00092001
4.995910645	36.20231563	0.019443223	5.24763E-05	1.09345E-05	0.000933575
5.992978096	30.17924375	0.019508822	6.55986E-05	1.13115E-05	0.000805279
6.988337517	25.88076719	0.0195613	5.24782E-05	1.20703E-05	0.000736668
7.984673023	22.65133906	0.019600658	3.93577E-05	1.44813E-05	0.000773838
8.983693123	20.13242656	0.019640015	3.93577E-05	1.94319E-05	0.000922469
9.979784012	18.12299219	0.019692497	5.24819E-05	2.38317E-05	0.001018158
11.97025871	15.10940938	0.019771215	7.87172E-05	3.29699E-05	0.001174875
13.96203518	12.95395234	0.01986305	9.18359E-05	4.43161E-05	0.001355915
15.95926094	11.33282656	0.019928649	6.55986E-05	6.89223E-05	0.001839853
17.99690819	10.04970078	0.020072937	0.000144316	9.41509E-05	0.002231677
19.98852348	9.048369531	0.02015168	7.87154E-05	0.000132793	0.002829684
22.48180199	8.044885938	0.020309117	0.000157436	0.000189374	0.003587363
24.97532463	7.241689063	0.020545268	0.000236152	0.000329834	0.005637132
27.46754456	6.584627344	0.020663343	0.000118075	0.000411642	0.006390988
29.96684265	6.035455469	0.021175008	0.000511665	0.000418558	0.005957735
34.48799896	5.244245703	0.021337062	0.000162054	0.000347697	0.004304807
39.29187393	4.603077344	0.021551952	0.00021489	0.000636961	0.006907118

（续表）

汞压（psia）	孔径（μm）	汞体积增量（mL/g）	孔体积增量（mL/g）	孔体积相对孔径的微增量（μm·mL/g）	孔体积相对孔径对数值的微增量（mL/g）
49.38470459	3.662339063	0.022704501	0.001152549	0.004126178	0.035636932
60.02	3.013383984	0.028177625	0.005473124	0.018394835	0.130699784
74.01541901	2.443592773	0.048526183	0.020348558	0.065033842	0.374850571
89.09474945	2.030009766	0.088351823	0.039825641	0.092368364	0.442289144
113.9355392	1.587419922	0.126313254	0.037961431	0.072239827	0.270448774
138.9853516	1.301313672	0.143875569	0.017562315	0.056984854	0.174890876
173.4252625	1.04289043	0.158296525	0.014420956	0.054591574	0.134269625
219.2586365	0.824886719	0.17050378	0.012207255	0.057426305	0.111713566
268.1923828	0.674379834	0.179666325	0.009162545	0.061446699	0.097724713
329.1073303	0.54955791	0.187740669	0.008074343	0.066577754	0.08628694
418.8989868	0.431759326	0.19627887	0.008538201	0.075273169	0.076643504
517.2799683	0.349643433	0.202860534	0.006581664	0.08065691	0.066511959
638.3179321	0.28334397	0.208466843	0.005606309	0.086020618	0.057479892
798.2373047	0.226578662	0.213670135	0.005203292	0.092882519	0.049631897
987.7858887	0.183099939	0.217893943	0.004223809	0.09640411	0.04163339
1198.394165	0.150921582	0.221088514	0.003194571	0.099030785	0.035247121
1500.333618	0.120548877	0.224250093	0.003161579	0.106478592	0.030269969
1897.859253	0.095298712	0.227101386	0.002851292	0.111170039	0.024984341
2347.799561	0.077035339	0.229143023	0.002041638	0.107523156	0.019533224
2898.068359	0.062408307	0.230721757	0.001578733	0.105251047	0.015490552
3597.99707	0.050267841	0.231975004	0.001253247	0.088280922	0.010467844
4498.986816	0.040200949	0.232746735	0.000771731	0.074434488	0.007057193
5594.408691	0.03232934	0.233360291	0.000613555	0.080144828	0.006111097
6893.026367	0.026238626	0.233861059	0.000500768	0.065895538	0.004078673
8593.688477	0.021046089	0.23411423	0.000253171	0.045418283	0.00225685
10592.56836	0.01707457	0.234281957	0.000167727	0.020237103	0.000814523
13191.55859	0.013710551	0.234281957	0	2.53683E-06	8.76214E-08
16390.625	0.011034573	0.234281957	0	0	0
19989.98242	0.009047709	0.234281957	0	0	0
22494.01172	0.00804052	0.234281957	0	0	0

（续表）

汞压（psia）	孔径（μm）	汞体积增量（mL/g）	孔体积增量（mL/g）	孔体积相对孔径的微增量（μm·mL/g）	孔体积相对孔径对数值的微增量（mL/g）
24996.18555	0.007235645	0.234281957	0	0	0
27496.36914	0.006577724	0.234281957	0	0	0
29996.92383	0.006029403	0.234281957	0	0	0
27282.59766	0.006629264	0.233350515	−0.000931442	0.750014648	0.011278352
21001.53516	0.00861192	0.233350515	0	0	0
16002.36328	0.011302302	0.233350515	0	0	0
12403.51758	0.014581633	0.233350515	0	0	0
9605.363281	0.018829433	0.233350515	0	0	0
7303.31543	0.02476458	0.233350515	0	0	0
5707.205078	0.031690387	0.233350515	0	0	0
4310.016113	0.041963541	0.233350515	0	0	0
3302.983398	0.054757629	0.233350515	0	0	0
2601.418457	0.069524969	0.233350515	0	0	0
2001.620483	0.090358557	0.233350515	0	0	0
1501.809082	0.120430444	0.233350515	0	0	0
1202.172485	0.150447241	0.233350515	0	0	0
900.0505371	0.200948206	0.233350515	0	0.001303376	0.000594377
700.4920654	0.258194995	0.232967496	−0.000383019	0.013709391	0.008028864
499.6866455	0.361953931	0.231006727	−0.001960769	0.020006409	0.016423827
400.8121338	0.451242676	0.229328841	−0.001677886	0.018547606	0.01898122
300.9170837	0.601041113	0.226752698	−0.002576143	0.016546078	0.022555456
240.4008789	0.752341406	0.22434251	−0.002410188	0.015928149	0.027178634
190.5917358	0.94895791	0.221277758	−0.003064752	0.015783354	0.033970255
146.3845367	1.235537207	0.216870174	−0.004407585	0.015231209	0.042681769
111.0471954	1.628708789	0.211109251	−0.005760923	0.014636336	0.054066423
85.81419373	2.107617969	0.204245314	−0.006863937	0.014417611	0.06891866
65.95934296	2.742045898	0.195663497	−0.008581817	0.012761582	0.079364575
50.96692657	3.548645313	0.186106786	−0.009556711	0.01187909	0.095600612
31.34401894	5.770272656	0.164148614	−0.021958172	0.007552384	0.098839097
15.81238937	11.43809063	0.135350093	−0.028798521	0.003735774	0.09691339

表 6　晋中清代古砖（TY-JY-JC-104）压汞检测结果

汞压（psia）	孔径（μm）	汞体积增量（mL/g）	孔体积增量（mL/g）	孔体积相对孔径的微增量（μm·mL/g）	孔体积相对孔径对数值的微增量（mL/g）
0.21320492	848.3085	3.49968E-31	0	4.40441E-05	0.08811225
0.217107981	833.058	0.002826535	0.002826535	4.47073E-05	0.08781638
0.255244195	708.5902	0.005314967	0.002488432	3.27108E-05	0.054764874
0.259391189	697.2617	0.006261654	0.000946687	2.94144E-05	0.048323549
0.294112206	614.9474	0.009250478	0.002988824	3.24303E-05	0.046884388
0.29850316	605.9016	0.009602104	0.000351626	3.26843E-05	0.046677347
0.334362566	540.9204	0.011265568	0.001663463	3.13E-05	0.039795429
0.338265628	534.67905	0.011563097	0.00029753	3.13E-05	0.0393827
0.374206334	483.3257	0.013334753	0.001771656	3.20822E-05	0.036571831
0.380304873	475.57515	0.013497041	0.000162288	3.21905E-05	0.036180969
0.414050132	436.81555	0.014930596	0.001433555	3.0404E-05	0.031319037
0.462431878	391.1139	0.016283005	0.00135241	2.69166E-05	0.024832547
0.515855074	350.6092	0.01713502	0.000852015	2.47181E-05	0.020327618
0.563667595	320.86915	0.017932944	0.000797924	2.61082E-05	0.019750435
0.61318773	294.956225	0.018663244	0.0007303	2.82748E-05	0.01966292
0.704177916	256.843525	0.01983984	0.001176596	2.75969E-05	0.016715096
0.803380847	225.128025	0.02063776	0.00079792	2.37115E-05	0.012592122
0.90160799	200.6010875	0.021205772	0.000568012	1.96121E-05	0.009278288
1.203119755	150.3287875	0.021990169	0.000784397	1.45246E-05	0.005149466
1.498614311	120.6871875	0.022436466	0.000446297	1.50029E-05	0.004269912
1.797117352	100.6409188	0.022747518	0.000311052	1.82554E-05	0.004333342
2.099117041	86.161725	0.023072099	0.000324581	1.90571E-05	0.003872097
2.395018101	75.5165625	0.023247907	0.000175808	1.66187E-05	0.002958311
2.698400021	67.0262125	0.023383152	0.000135245	1.6804E-05	0.002655926
2.999098778	60.3059625	0.023504868	0.000121716	1.79316E-05	0.002550225
3.295406342	54.88353125	0.02361306	0.000108192	1.81026E-05	0.002344526
3.599113703	50.25224375	0.023694208	8.1148E-05	1.79404E-05	0.002128873
3.895665169	46.42686875	0.023761827	6.76196E-05	1.85983E-05	0.002036282
4.197095871	43.09254375	0.023815924	5.40968E-05	1.91291E-05	0.001943724

（续表）

汞压（psia）	孔径（μm）	汞体积增量（mL/g）	孔体积增量（mL/g）	孔体积相对孔径的微增量（μm·mL/g）	孔体积相对孔径对数值的微增量（mL/g）
4.497956753	40.21015625	0.023897067	8.11424E-05	2.03504E-05	0.001929807
4.995435238	36.2057625	0.023964688	6.76215E-05	2.27783E-05	0.001946205
5.990228653	30.19309375	0.024126977	0.000162289	2.71334E-05	0.001931774
6.987705708	25.88310781	0.024248693	0.000121716	2.75038E-05	0.001679364
7.985507965	22.64897188	0.024343362	9.46689E-05	2.82564E-05	0.001509496
8.983228683	20.13346719	0.024397461	5.40987E-05	3.6355E-05	0.001726062
9.979974747	18.12264531	0.024505652	0.000108192	4.70019E-05	0.002010259
11.97200108	15.10721094	0.024667941	0.000162289	7.05617E-05	0.00251463
13.96833706	12.94810859	0.024870802	0.000202861	9.07844E-05	0.002773134
15.95605373	11.33510469	0.025006043	0.000135241	0.000113286	0.003026858
18.0009346	10.04745313	0.025208903	0.000202861	0.000145235	0.003441891
19.99044037	9.047501563	0.02533062	0.000121716	0.000228406	0.004860381
22.47961998	8.045667188	0.025614623	0.000284003	0.000360817	0.006842058
24.97709465	7.241175781	0.026074443	0.00045982	0.000483392	0.008254088
27.47131538	6.583723438	0.026331404	0.000256961	0.000564641	0.008766826
29.96244621	6.036341016	0.026710078	0.000378674	0.000649704	0.009244652
34.06140137	5.309926563	0.027240934	0.000530856	0.000949554	0.011884009
39.4853096	4.580527344	0.028101487	0.000860553	0.002123046	0.022920914
49.2731781	3.670628516	0.031646375	0.003544888	0.009591056	0.083041914
58.9858551	3.06621875	0.042116649	0.010470275	0.031687091	0.22909306
74.85366058	2.41622832	0.078119777	0.036003128	0.078980074	0.44996202
89.413414	2.022778516	0.11765185	0.039532073	0.084845688	0.404807657
114.5544052	1.578844043	0.146741942	0.029090092	0.05608114	0.208817422
138.8271942	1.302796191	0.161307603	0.014565662	0.051102779	0.157012999
173.7253876	1.041088672	0.174850464	0.013542861	0.052153664	0.128044575
219.1547546	0.825277734	0.186985642	0.012135178	0.062031904	0.120725155
269.3997192	0.671357568	0.197857067	0.010871425	0.078525782	0.124327615
328.2617493	0.550973535	0.208788469	0.010931402	0.09404167	0.122187696
418.4567871	0.432215576	0.220744014	0.011955544	0.101352816	0.103306927

（续表）

汞压（psia）	孔径（μm）	汞体积增量（mL/g）	孔体积增量（mL/g）	孔体积相对孔径的微增量（μm·mL/g）	孔体积相对孔径对数值的微增量（mL/g）
518.7834473	0.348630127	0.229485348	0.008741334	0.101637697	0.08356642
637.3985596	0.283752661	0.236124277	0.006638929	0.099082326	0.06630259
798.8858032	0.226394727	0.241875589	0.005751312	0.099224217	0.052984472
987.7093506	0.183114136	0.246275365	0.004399776	0.097797911	0.042222042
1197.679443	0.151011646	0.249371141	0.003095776	0.091142274	0.032458741
1497.872925	0.120746924	0.252088934	0.002717793	0.089307941	0.025431331
1897.707886	0.095306311	0.254456103	0.002367169	0.092595237	0.020811595
2348.246338	0.077020685	0.256201297	0.001745194	0.096068807	0.017449051
2897.54541	0.062419568	0.25767228	0.001470983	0.099894687	0.014709923
3598.339111	0.050263062	0.258883625	0.001211345	0.089596861	0.010616759
4497.486328	0.040214362	0.259734392	0.000850767	0.087120825	0.0082624
5593.641113	0.032333777	0.260487735	0.000753343	0.102790245	0.00783657
6892.904297	0.02623909	0.261185944	0.000698209	0.115842286	0.007167993
8591.966797	0.021050307	0.261801422	0.000615478	0.114731683	0.005694721
10593.10449	0.017073705	0.262262553	0.000461131	0.112973103	0.004548848
13192.38379	0.013709694	0.262654305	0.000391752	0.11971948	0.003870953
16392.49805	0.011033311	0.262981236	0.000326931	0.086180853	0.002246542
19990.22461	0.009047599	0.263072014	9.07779E-05	0.02678411	0.000571692
22493.04688	0.008040865	0.263090968	1.89543E-05	0.010484738	0.000198775
24994.30469	0.00723619	0.263090968	0	0.002650362	4.52716E-05
27495.51367	0.006577929	0.263090968	0	0	0
29996.20898	0.006029547	0.263090968	0	0	0
27286.07617	0.006628419	0.263005555	-8.54135E-05	0.069018597	0.001037662
21000.53711	0.008612329	0.263005555	0	0	0
16002.99512	0.011301855	0.263005555	0	0	0
12399.90625	0.01458588	0.263005555	0	0	0
9599.211914	0.018841499	0.263005555	0	0	0
7305.355957	0.024757663	0.263005555	0	0	0
5710.277832	0.031673334	0.263005555	0	0	0
4300.885742	0.042052628	0.263005555	0	0	0
3299.901367	0.054808771	0.263005555	0	0	0

表 7　晋东南清代古砖（CZ-PS-BGQSMM-102）压汞检测结果

汞压（psia）	孔径（μm）	汞体积增量（mL/g）	孔体积增量（mL/g）	孔体积相对孔径的微增量（μm·mL/g）	孔体积相对孔径对数值的微增量（mL/g）
0.21257022	850.8414	3.48833E-31	0	1.72735E-05	0.034659944
0.396841109	455.7581	0.009396808	0.009396808	3.47062E-05	0.037305515
0.598351836	302.26955	0.016811792	0.007414984	5.16545E-05	0.03682385
0.798154831	226.602075	0.020182239	0.003370447	3.14787E-05	0.016818823
0.994217098	181.9155375	0.021274263	0.001092024	2.42675E-05	0.010411752
1.496448755	120.8618375	0.022905562	0.001631299	2.41154E-05	0.006873508
1.994858384	90.66485	0.023485279	0.000579717	1.47913E-05	0.003162652
2.499123096	72.3708	0.023727952	0.000242673	1.24834E-05	0.002130532
2.994361162	60.401375	0.02387625	0.000148298	1.28653E-05	0.001832711
3.497081041	51.71843125	0.023997586	0.000121336	1.32373E-05	0.001614359
3.997035503	45.24942188	0.024078477	8.0891E-05	1.41058E-05	0.001505221
4.495038509	40.23625938	0.024159368	8.0891E-05	1.56527E-05	0.001485329
4.997433186	36.1912875	0.024226777	6.74091E-05	1.68339E-05	0.00143671
5.990267754	30.19289688	0.02433463	0.000107853	1.93385E-05	0.001376863
6.990078125	25.87425781	0.024429003	9.43728E-05	1.92962E-05	0.001177634
7.985207558	22.64982344	0.024482932	5.39292E-05	1.94872E-05	0.001041515
8.985686302	20.12796094	0.024536859	5.39273E-05	2.31809E-05	0.001099779
9.976813316	18.1283875	0.024590787	5.39273E-05	2.74134E-05	0.001172004
11.97402954	15.10465156	0.024685159	9.43728E-05	3.39791E-05	0.00121005
13.96482182	12.95136719	0.024766048	8.08891E-05	4.62289E-05	0.001411783
15.95463848	11.33611016	0.024860417	9.43691E-05	5.89276E-05	0.001575193
17.99446678	10.05106406	0.024941308	8.0891E-05	7.78609E-05	0.001845024
19.9858284	9.049589063	0.025022201	8.08928E-05	0.000104291	0.0022257
22.48031616	8.045417969	0.025170503	0.000148302	0.000136725	0.002594875
24.97756958	7.241038281	0.025278356	0.000107853	0.000162295	0.002772178
27.46587753	6.585026563	0.025399694	0.000121338	0.000621368	0.009640307
29.96215248	6.0364	0.025507547	0.000107853	0.001155833	0.016461212
34.1655426	5.293741016	0.027531581	0.002024034	0.001408701	0.017592046
39.23226547	4.610068359	0.027828906	0.000297325	0.000814337	0.00881646

（续表）

汞压（psia）	孔径（μm）	汞体积增量（mL/g）	孔体积增量（mL/g）	孔体积相对孔径的微增量（μm·mL/g）	孔体积相对孔径对数值的微增量（mL/g）
49.60454178	3.646108594	0.02870536	0.000876455	0.002946733	0.025259594
59.28530884	3.05073125	0.032167591	0.003462231	0.033678939	0.242344692
74.36402893	2.4321375	0.081582963	0.049415372	0.114996528	0.659572482
89.33592224	2.024533203	0.138920859	0.057337895	0.111076833	0.530291736
113.6446838	1.591482617	0.171474874	0.032554016	0.064129285	0.240671262
139.315567	1.298229199	0.189719275	0.018244401	0.062158151	0.19031623
174.5516357	1.036160645	0.206802174	0.0170829	0.066074704	0.161455512
219.1458588	0.82531123	0.221258074	0.0144559	0.065902154	0.128256157
268.26828	0.674189063	0.230986238	0.009728163	0.059858321	0.095169961
330.5285645	0.547194873	0.238393739	0.007407501	0.058354972	0.075315863
418.37323	0.432301904	0.24540095	0.007007211	0.059219092	0.060393091
518.4530029	0.348852344	0.250339389	0.004938439	0.05890854	0.048465148
638.5112915	0.283258179	0.254343361	0.004003972	0.0582952	0.038943935
798.7387085	0.226436426	0.257564574	0.003221214	0.053437739	0.028539799
990.9255981	0.1825198	0.259811491	0.002246916	0.044063886	0.018968783
1198.281616	0.150935754	0.261039078	0.001227587	0.037114312	0.013212061
1498.376221	0.12070636	0.262197256	0.001158178	0.041464291	0.011803281
1898.666992	0.095258167	0.263409287	0.001212031	0.05553351	0.012474729
2348.138672	0.077024219	0.264627874	0.001218587	0.073669084	0.013377113
2898.984863	0.062388574	0.265859514	0.001231641	0.098437677	0.014481075
3599.736572	0.050243549	0.267310619	0.001451105	0.122468755	0.014510931
4499.530273	0.040196094	0.268617183	0.001306564	0.147290893	0.01395912
5594.538086	0.032328592	0.269984305	0.001367122	0.180906645	0.013792467
6893.808594	0.026235648	0.271156937	0.001172632	0.194215463	0.012016173
8592.288086	0.021049519	0.272196472	0.001039535	0.181243176	0.00899419
10593.80957	0.017072569	0.272839725	0.000643253	0.139401473	0.005612891
13190.42676	0.013711728	0.273257732	0.000418007	0.109812399	0.003553252
16392.12695	0.011033562	0.273519546	0.000261813	0.072529374	0.001886121
19991.45898	0.009047041	0.273622036	0.00010249	0.080353884	0.001717897
22493.99219	0.008040527	0.273777217	0.000155181	0.075180583	0.001425688
24995.80469	0.007235756	0.273777217	0	0.073131514	0.001248279

（续表）

汞压（psia）	孔径（μm）	汞体积增量（mL/g）	孔体积增量（mL/g）	孔体积相对孔径的微增量（μm·mL/g）	孔体积相对孔径对数值的微增量（mL/g）
27495.99414	0.006577814	0.273816139	3.89218E-05	0.10779786	0.001670973
29996.04883	0.006029579	0.27392152	0.000105381	0.143394318	0.002038995
27285.70508	0.006628509	0.274020821	9.93013E-05	−0.080107729	−0.001204494
21004.03711	0.008610894	0.274020821	0	0	0
16001.75391	0.011302732	0.274020821	0	0	0
12400.60547	0.014585057	0.274020821	0	0	0
9607.996094	0.018824272	0.274020821	0	0	0
7304.258789	0.024761382	0.274020821	0	0	0
5705.141113	0.031701852	0.274020821	0	0	0
4302.965332	0.042032303	0.274020821	0	0	0
3301.342285	0.054784851	0.274020821	0	0	0
2602.738281	0.069489716	0.274020821	0	0	0
2000.209595	0.090422296	0.274020821	0	0.004261716	0.000873755
1500.77356	0.12051355	0.273354471	−0.00066635	0.037771601	0.010323669
1202.167358	0.150447888	0.272232115	−0.001122355	0.033732406	0.01151134
900.7296143	0.200796704	0.270815402	−0.001416713	0.024074102	0.010963679
701.125061	0.25796189	0.269757777	−0.001057625	0.0136707	0.007998341
501.447876	0.360682642	0.268750161	−0.001007617	0.007937194	0.006493012
401.2133484	0.450791455	0.268131316	−0.000618845	0.006061071	0.006196395
301.2359009	0.60040498	0.267381012	−0.000750303	0.004680141	0.00637303
240.979248	0.750535742	0.266713798	−0.000667214	0.004249182	0.007233343
192.0509338	0.941747754	0.265962392	−0.000751406	0.003866046	0.008257738
146.2579498	1.236606543	0.264850229	−0.001112163	0.003761584	0.010550237
110.6238327	1.634941895	0.263385326	−0.001464903	0.003687132	0.013672219
85.02228546	2.127248633	0.261549354	−0.001835972	0.003974612	0.019173946
65.88174438	2.745275586	0.259047478	−0.002501875	0.004073238	0.025361776
50.9525032	3.549649609	0.255856395	−0.003191084	0.003872416	0.031176055
31.50027275	5.74165	0.247330472	−0.008525923	0.004410764	0.057466086
15.91228199	11.36628516	0.229434505	−0.017895967	0.002340647	0.060340658

表 8　晋南清代古砖（LF-XF-FYDGM-102）压汞检测结果

汞压（psia）	孔径（μm）	汞体积增量（mL/g）	孔体积增量（mL/g）	孔体积相对孔径的微增量（μm·mL/g）	孔体积相对孔径对数值的微增量（mL/g）
0.21320492	848.3085	3.28364E-31	0	1.88337E-05	0.037677821
0.217107981	833.058	0.000431484	0.000431484	1.91545E-05	0.037622079
0.255244195	708.5902	0.002804644	0.00237316	2.11621E-05	0.035362102
0.259391189	697.2617	0.003033076	0.000228432	2.13475E-05	0.035188381
0.294112206	614.9474	0.004974753	0.001941676	2.65948E-05	0.038582254
0.29850316	605.9016	0.005317402	0.000342649	2.71286E-05	0.038735818
0.334362566	540.9204	0.007309841	0.001992439	2.72493E-05	0.03473755
0.338265628	534.67905	0.00784285	0.000533009	2.69614E-05	0.033972394
0.374206334	483.3257	0.008845416	0.001002566	2.30428E-05	0.026266232
0.380304873	475.57515	0.008985014	0.000139598	2.24066E-05	0.02513143
0.414050132	436.81555	0.009708383	0.000723369	1.91022E-05	0.019673638
0.462431878	391.1139	0.010672876	0.000964493	1.94887E-05	0.017976018
0.515855074	350.6092	0.011396246	0.00072337	2.07723E-05	0.017175181
0.563667595	320.86915	0.012081543	0.000685297	2.22642E-05	0.01684548
0.61318773	294.956225	0.012728769	0.000647226	2.34032E-05	0.016269237
0.704177916	256.843525	0.013667879	0.000939109	2.27671E-05	0.013785684
0.803380847	225.128025	0.014188198	0.00052032	2.74326E-05	0.014565838
0.90160799	200.6010875	0.015330361	0.001142163	2.79354E-05	0.013215574
1.203119755	150.3287875	0.016142566	0.000812205	1.47068E-05	0.005214221
1.498614311	120.6871875	0.01658674	0.000444174	1.46375E-05	0.004166094
1.797117352	100.6409188	0.016878627	0.000291888	1.29925E-05	0.003081918
2.099117041	86.161725	0.017043605	0.000164978	1.56212E-05	0.003174163
2.395018101	75.5165625	0.017259348	0.000215743	2.07813E-05	0.003697622
2.698400021	67.0262125	0.017475089	0.000215741	2.29302E-05	0.003609284
2.999098778	60.3059625	0.017589305	0.000114216	4.95544E-05	0.007023495
3.295406342	54.88353125	0.017805047	0.000215743	8.29319E-05	0.010786677
3.599113703	50.25224375	0.018668015	0.000862967	0.00013224	0.015738536

（续表）

汞压（psia）	孔径（μm）	汞体积增量（mL/g）	孔体积增量（mL/g）	孔体积相对孔径的微增量（μm·mL/g）	孔体积相对孔径对数值的微增量（mL/g）
3.895665169	46.42686875	0.018858375	0.00019036	0.000153893	0.016841695
4.197095871	43.09254375	0.019937083	0.001078708	0.000159006	0.016161943
4.497956753	40.21015625	0.02008934	0.00015229	0.00015815	0.014994773
4.995435238	36.2057625	0.020838125	0.000748752	0.000126593	0.010739536
5.990228653	30.19309375	0.021434586	0.000596462	0.000159133	0.011331625
6.987705708	25.88310781	0.022487914	0.001053328	0.000154969	0.009443733
7.985507965	22.64897188	0.022729037	0.000241123	7.1723E−05	0.00383373
8.983228683	20.13346719	0.022830565	0.000101527	6.96336E−05	0.00330652
9.979974747	18.12264531	0.022970162	0.000139598	0.000132536	0.00564989
11.97200108	15.10721094	0.023668149	0.000697987	0.000200544	0.007181255
13.96833706	12.94810859	0.023934653	0.000266504	0.000396645	0.012113173
15.95605373	11.33510469	0.025267178	0.001332525	0.000445175	0.01190438
18.0009346	10.04745313	0.025457539	0.00019036	0.000282451	0.006679288
19.99044037	9.047501563	0.025685968	0.000228429	0.000260123	0.005545959
22.47961998	8.045667188	0.026028618	0.00034265	0.00031579	0.005989817
24.97709465	7.241175781	0.026295124	0.000266505	0.000350685	0.005988702
27.47131538	6.583723438	0.026510863	0.000215739	0.000436987	0.006782018
29.96244621	6.036341016	0.02677737	0.000266507	0.000554318	0.007892755
34.04035568	5.313209375	0.027323879	0.000546509	0.00069687	0.008729322
39.46831131	4.5825	0.02778602	0.000462141	0.001742522	0.018807722
49.25033569	3.67233125	0.031599417	0.003813397	0.018910491	0.163801
58.80744934	3.075520898	0.054412715	0.022813298	0.057304624	0.415599257
74.46218109	2.428931445	0.105983973	0.051571257	0.07014698	0.40180859
89.19264984	2.027785352	0.128821284	0.022837311	0.04956757	0.237019867
114.4238434	1.580645605	0.148584679	0.019763395	0.042464103	0.158294752
138.72	1.303802148	0.160293445	0.011708766	0.040487794	0.124483258
173.6457367	1.041566211	0.170707181	0.010413736	0.037489626	0.092093296

（续表）

汞压（psia）	孔径（μm）	汞体积增量（mL/g）	孔体积增量（mL/g）	孔体积相对孔径的微增量（μm·mL/g）	孔体积相对孔径对数值的微增量（mL/g）
219.1173401	0.825418652	0.178566724	0.007859543	0.033965891	0.066111669
269.4240723	0.671296875	0.183609515	0.005042791	0.029964181	0.047436573
328.368866	0.550793799	0.186956331	0.003346816	0.024180283	0.031409651
418.6685791	0.431996924	0.189434245	0.002477914	0.018241885	0.018588692
519.0768433	0.348433081	0.190821975	0.00138773	0.014857651	0.012211413
637.7560425	0.283593604	0.191704109	0.000882134	0.012533171	0.008382653
799.2996826	0.226277515	0.192389742	0.000685632	0.011559928	0.006168509
988.166626	0.183029395	0.192892939	0.000503197	0.011416299	0.00492706
1198.166992	0.150950195	0.193263963	0.000371024	0.0111822	0.003980895
1498.386963	0.120705493	0.193602473	0.00033851	0.010865451	0.003092987
1898.245239	0.095279333	0.19388102	0.000278547	0.010453275	0.00234878
2348.801025	0.077002496	0.194063127	0.000182107	0.008089044	0.001470269
2898.115479	0.062407294	0.194153666	9.05395E-05	0.00478154	0.000703669
3598.922363	0.050254916	0.194193929	4.02629E-05	0.001498734	0.000177551
4498.07959	0.040209058	0.194193929	0	0	0
5594.244141	0.032330292	0.194193929	0	0	0
6893.516602	0.026236761	0.194193929	0	0	0
8592.587891	0.021048785	0.194193929	0	0	0
10593.73438	0.01707269	0.194193929	0	0	0
13193.01953	0.013709033	0.194193929	0	0	0
16393.14258	0.011032878	0.194193929	0	0	0
19990.87305	0.009047306	0.194193929	0	0	0
22493.69727	0.008040632	0.194193929	0	0	0
24994.95898	0.007236001	0.194193929	0	0	0
27496.17383	0.006577771	0.194193929	0	0	0
29996.86914	0.006029414	0.194193929	0	0	0
27286.73242	0.006628259	0.192087352	−0.002106577	1.699890126	0.025558311

（续表）

汞压（psia）	孔径（μm）	汞体积增量（mL/g）	孔体积增量（mL/g）	孔体积相对孔径的微增量（μm·mL/g）	孔体积相对孔径对数值的微增量（mL/g）
21001.19141	0.008612061	0.192087352	0	0	0
16003.64941	0.011301394	0.192087352	0	0	0
12400.55957	0.01458511	0.192087352	0	0	0
9599.865234	0.018840216	0.192087352	0	0	0
7306.008301	0.024755452	0.192087352	0	0	0
5710.929199	0.031669724	0.192087352	0	0	0
4301.535156	0.042046277	0.192087352	0	0	0
3300.548584	0.054798022	0.192087352	0	0	0
2600.577637	0.069547449	0.192087352	0	0	0
2000.946167	0.090389008	0.192087352	0	0	0
1500.631348	0.120524963	0.192087352	0	0	0
1201.28833	0.150557971	0.192087352	0	0	0
900.9581909	0.200745764	0.192087352	0	0	0
700.7111816	0.258114258	0.192087352	0	0	0
501.2998657	0.360789136	0.192087352	0	0	0
401.6915283	0.450254785	0.192087352	0	0	0
301.2758789	0.600325342	0.192087352	0	0	0
241.1786346	0.749915283	0.192087352	0	0	0
192.0071411	0.941962598	0.192087352	0	0	0
146.6879272	1.232981738	0.192087352	0	0	0
110.7792816	1.632647754	0.192087352	0	9.20994E−05	0.000341213
85.41915131	2.117365234	0.191868439	−0.000218913	0.001398194	0.006707963
65.72792053	2.751700391	0.190179139	−0.0016893	0.003123436	0.019493505
50.8391571	3.557563672	0.187498868	−0.002680272	0.003012991	0.024302514
30.75383759	5.881007031	0.174225017	−0.01327385	0.011417458	0.152300268
15.878685	11.39033516	0.125699282	−0.048525736	0.006542917	0.169029132

表 9　晋南隧道窑仿制砖的压汞检测结果

汞压（psia）	孔径（μm）	汞体积增量（mL/g）	孔体积增量（mL/g）	孔体积相对孔径的微增量（μm·mL/g）	孔体积相对孔径对数值的微增量（mL/g）
0.213454813	847.3154	3.49076E-31	0	2.68066E-05	0.053565022
0.396009505	456.71515	0.014376837	0.014376837	4.35939E-05	0.046954121
0.598649263	302.119375	0.01944386	0.005067023	2.52205E-05	0.017973116
0.797629774	226.75125	0.021281503	0.001837643	1.7209E-05	0.0092034
0.99620378	181.55275	0.021835497	0.000553994	1.09635E-05	0.004694573
1.496460557	120.860875	0.022497589	0.000662092	1.06056E-05	0.003022673
1.994765639	90.66906875	0.022835389	0.0003378	1.27804E-05	0.002732836
2.500389338	72.33415	0.023092119	0.00025673	1.14199E-05	0.001949854
2.996336222	60.3615625	0.023200216	0.000108097	9.84716E-06	0.001407387
3.495942593	51.73527188	0.023294801	9.45851E-05	1.38574E-05	0.001691371
3.995630026	45.2653375	0.023416407	0.000121607	1.52841E-05	0.001636749
4.496130943	40.22648438	0.023483969	6.75619E-05	1.45004E-05	0.001374755
4.997119427	36.19355938	0.023538016	5.40465E-05	1.60122E-05	0.001366867
5.988932133	30.19963125	0.023659626	0.00012161	3.13121E-05	0.002231359
6.989608288	25.8760625	0.023835283	0.000175657	7.83268E-05	0.004778345
7.984266758	22.65249219	0.024281181	0.000445899	9.70359E-05	0.005191898
8.982910156	20.13418125	0.024443325	0.000162143	8.65273E-05	0.004114016
9.978463173	18.12539063	0.024632493	0.000189168	8.46782E-05	0.003620576
11.97184753	15.10740469	0.024902735	0.000270242	0.000104383	0.003718796
13.96571827	12.95053594	0.025172975	0.00027024	0.000148765	0.004543909
15.95430374	11.33634844	0.025389167	0.000216192	0.000308154	0.008234516
17.99956703	10.04821641	0.026118822	0.000729656	0.000469044	0.011125225
19.9866066	9.049236719	0.026537696	0.000418874	0.000547919	0.011692078
22.48106003	8.045151563	0.027213298	0.000675602	0.000597622	0.011342318
24.97957993	7.240455469	0.027645685	0.000432387	0.000701482	0.011978469
27.46712112	6.584728906	0.028172653	0.000526968	0.000905465	0.014061129
29.96279335	6.036271094	0.028713139	0.000540486	0.001226194	0.017453758
34.33629227	5.267416016	0.029935854	0.001222715	0.001987929	0.024681984
38.95788574	4.642539844	0.031445976	0.001510123	0.004562672	0.049938262
48.6793251	3.715407813	0.041881919	0.010435943	0.045969336	0.403097332

（续表）

汞压（psia）	孔径（μm）	汞体积增量（mL/g）	孔体积增量（mL/g）	孔体积相对孔径的微增量（μm·mL/g）	孔体积相对孔径对数值的微增量（mL/g）
59.0225563	3.064312305	0.098723724	0.056841806	0.081468006	0.589126706
74.18380737	2.438046094	0.142662257	0.043938532	0.062215927	0.357681066
88.77310181	2.03736875	0.165347755	0.022685498	0.053531699	0.257186085
113.9255447	1.58755918	0.18883732	0.023489565	0.049747605	0.186263651
139.7928162	1.29379707	0.203338638	0.014501318	0.049856885	0.152134329
174.1865845	1.038332227	0.216753006	0.013414368	0.050632739	0.123986699
219.547348	0.823801953	0.227321595	0.010568589	0.045996076	0.089359611
268.2558289	0.674220361	0.233979195	0.0066576	0.040127966	0.063793741
328.8465881	0.549993652	0.238507569	0.004528373	0.032112061	0.041656688
418.4821167	0.432189404	0.2418392	0.003331631	0.024364958	0.024834642
518.0411377	0.349129688	0.243646428	0.001807228	0.019946642	0.016422456
638.5578613	0.283237524	0.244888768	0.00124234	0.017305878	0.011558287
798.4550781	0.22651687	0.245796785	0.000908017	0.014306499	0.007643414
988.5275269	0.182962573	0.246368587	0.000571802	0.012056191	0.005202477
1198.881226	0.150860266	0.246738151	0.000369564	0.010903071	0.003880685
1498.572876	0.120690515	0.247055888	0.000317737	0.009498828	0.002703665
1898.809814	0.095251001	0.247267023	0.000211135	0.006597332	0.001481942
2348.536133	0.077011182	0.247367725	0.000100702	0.005569788	0.001011501
2898.496826	0.062399084	0.247444317	7.6592E-05	0.002512566	0.000370251
3597.367676	0.050276636	0.247444317	0	0	0
4498.710449	0.040203418	0.247444317	0	0	0
5593.742188	0.032333191	0.247444317	0	0	0
6894.286621	0.026233829	0.247444317	0	0	0
8590.693359	0.021053427	0.247444317	0	0	0
10593.23828	0.017073489	0.247444317	0	0	0
13192.05469	0.013710036	0.247444317	0	0	0
16391.48242	0.011033995	0.247444317	0	0	0
19989.67188	0.009047849	0.247444317	0	0	0
22493.78516	0.008040601	0.247444317	0	0	0
24995.64063	0.007235803	0.247444317	0	0	0

（续表）

汞压（psia）	孔径（μm）	汞体积增量（mL/g）	孔体积增量（mL/g）	孔体积相对孔径的微增量（μm·mL/g）	孔体积相对孔径对数值的微增量（mL/g）
27496.80664	0.00657762	0.247444317	0	0	0
29996.33984	0.00602952	0.247444317	0	0	0
27284.99219	0.006628682	0.245081887	−0.00236243	1.903223892	0.028618714
20998.82813	0.00861303	0.245081887	0	0	0
16002.20801	0.011302412	0.245081887	0	0	0
12398.9082	0.014587054	0.245081887	0	0	0
9606.651367	0.018826907	0.245081887	0	0	0
7306.714844	0.024753058	0.245081887	0	0	0
5708.751465	0.031681802	0.245081887	0	0	0
4304.437988	0.042017923	0.245081887	0	0	0
3304.293701	0.054735913	0.245081887	0	0	0
2602.844238	0.069486884	0.245081887	0	0	0
1999.640991	0.090448004	0.245081887	0	0	0
1500.462158	0.12053855	0.245081887	0	0	0
1200.827637	0.150615735	0.245081887	0	0	0
900.5557861	0.200835461	0.245081887	0	0	0
701.2357788	0.257921143	0.245081887	0	0	0
501.0032959	0.361002686	0.245081887	0	0	0
401.8114929	0.450120361	0.245081887	0	0	0
301.5756836	0.599728516	0.245081887	0	0	0
240.3273621	0.752571582	0.245081887	0	0	0
190.2733917	0.950545605	0.245081887	0	0	0
146.4941101	1.234613086	0.245081887	0	0	0
111.6774292	1.619517383	0.245081887	0	0	0
85.58391571	2.113288867	0.245081887	0	0.000122045	0.000585215
65.49217987	2.761605078	0.244766191	−0.000315696	0.00139234	0.008722168
50.76948929	3.562445703	0.242599562	−0.002166629	0.002403906	0.019416571
31.06926346	5.821301172	0.23425518	−0.008344382	0.008480172	0.111971214
16.18033791	11.17798281	0.19837454	−0.03588064	0.004994755	0.126633093

图 版

样本编号：TY-JY-JYGCYZ-216
样本种类：板瓦残块
时　　代：汉代
尺　寸(mm)：长 215，宽 160，高(厚)14
重　量(kg)：0.5
比重(kg/m³)：482.63
是否完整：否

采集地点：山西省太原市晋源区
文保单位：晋阳古城遗址
保护级别：全国重点文物保护单位
采样位置：二号宫殿遗址
采集时间：2019-03-01

样本编号：TY-JY-JYGCYZ-105
样本种类：条砖
时　　代：北朝
尺　寸(mm)：长 341，宽 184，高(厚)78
重　量(kg)：7.2
比重(kg/m³)：1471.18
是否完整：是

特　　征：绳纹
采集地点：山西省太原市晋源区
文保单位：晋阳古城遗址
保护级别：全国重点文物保护单位
采样位置：二号宫殿遗址出土于⑤层下
采集时间：2019-09-01

样本编号：TY-JY-JYGCYZ-104
样本种类：空心砖残块
时　　代：北朝
尺　寸(mm)：长 155，宽 152，高(厚)60
重　量(kg)：1.35
比重(kg/m³)：955.01
是否完整：否

采集地点：山西省太原市晋源区
文保单位：晋阳古城遗址
保护级别：全国重点文物保护单位
采样位置：二号宫殿遗址出土
采集时间：2019-09-01

样本编号：XZ-WT-FGS-103
样本种类：墓塔条砖
时　　代：唐
尺　寸(mm)：长 310-375，宽 210，高(厚)58
重　量(kg)：6.35
比重(kg/m³)：1522.18
是否完整：是

特　　征：绳纹
采集地点：山西省忻州市五台县豆村镇佛光村
文保单位：佛光寺
保护级别：全国重点文物保护单位
采样位置：寺外墓塔
采集时间：2017-10-01

样本编号：YC-YH-CPGGJM-101
样本种类：条砖
时　　代：唐
尺　寸(mm)：长 340，宽 170，高(厚)55
重　量(kg)：4.7
比重(kg/m³)：1478.45
是否完整：是
特　　征：绳纹
采集地点：山西省运城市盐湖区解州镇常平村
文保单位：关公家庙
保护级别：省级文物保护单位
采样位置：院内采集
采集时间：2018-05-01

样本编号：TY-JY-JYGCYZ-109
样本种类：条砖
时　　代：唐晚期
尺　寸(mm)：长 311，宽 154，高(厚)44
重　量(kg)：3.45
比重(kg/m³)：1637.14
是否完整：是
特　　征：绳纹
采集地点：山西省太原市晋源区
文保单位：晋阳古城遗址
保护级别：全国重点文物保护单位
采样位置：二号宫殿遗址
采集时间：2019-03-01

样本编号：TY-JY-JYGCYZ-101
样本种类：方砖
时　　代：晚唐或五代
尺　寸(mm)：长 315，宽 315，高(厚)46
重　量(kg)：7.05
比重(kg/m³)：1544.58
是否完整：是

特　　征：绳纹
采集地点：山西省太原市晋源区
文保单位：晋阳古城遗址
保护级别：全国重点文物保护单位
采样位置：二号宫殿遗址
采集时间：2019-09-01

样本编号：TY-JY-JYGCYZ-102
样本种类：花纹砖残块
时　　代：晚唐或五代
尺　寸(mm)：长 150，宽 144，高(厚)50
重　量(kg)：1.05
比重(kg/m³)：972.22
是否完整：否

特　　征：正面有凸起的纹饰
采集地点：山西省太原市晋源区
文保单位：晋阳古城遗址
保护级别：全国重点文物保护单位
采样位置：二号宫殿遗址
采集时间：2019-09-01

样本编号：TY-JY-JYGCYZ-201
样本种类：滴水
时　　代：晚唐或五代
尺　寸(mm)：长 190，宽 230-255，高(厚)23
重　量(kg)：1.2
比重(kg/m^3)：1092.9
是否完整：否
特　　征：重唇滴水
采集地点：山西省太原市晋源区
文保单位：晋阳古城遗址
保护级别：全国重点文物保护单位
采样位置：二号宫殿遗址
采集时间：2019-09-01

样本编号：TY-JY-JYGCYZ-202
样本种类：滴水
时　　代：晚唐或五代
尺　寸(mm)：长 150，宽 180-185，高(厚)22
重　量(kg)：0.85
比重(kg/m^3)：1388.89
是否完整：否
特　　征：重唇滴水
采集地点：山西省太原市晋源区
文保单位：晋阳古城遗址
保护级别：全国重点文物保护单位
采样位置：二号宫殿遗址
采集时间：2019-09-01

样本编号：TY-JY-JYGCYZ-203
样本种类：滴水
时　　代：晚唐或五代
尺　寸(mm)：长 97，宽 175-220，高(厚)15
重　量(kg)：0.45
比重(kg/m^3)：1490.07
是否完整：否
特　　征：重唇滴水
采集地点：山西省太原市晋源区
文保单位：晋阳古城遗址
保护级别：全国重点文物保护单位
采样位置：二号宫殿遗址
采集时间：2019-09-01

样本编号：TY-JY-JYGCYZ-204
样本种类：滴水
时　　代：晚唐或五代
尺　寸(mm)：长 95，宽 160-175，高(厚)16
重　量(kg)：0.35
比重(kg/m^3)：1325.76
是否完整：否
特　　征：重唇滴水
采集地点：山西省太原市晋源区
文保单位：晋阳古城遗址
保护级别：全国重点文物保护单位
采样位置：二号宫殿遗址
采集时间：2019-09-01

样本编号：TY-JY-JYGCYZ-205
样本种类：脊条瓦
时　　代：晚唐或五代
尺　寸(mm)：长 285，宽 80-90，高(厚)17
重　量(kg)：0.6
比重(kg/m³)：1456.93
是否完整：否

采集地点：山西省太原市晋源区
文保单位：晋阳古城遗址
保护级别：全国重点文物保护单位
采样位置：二号宫殿遗址
采集时间：2019-09-01

样本编号：TY-JY-JYGCYZ-209
样本种类：板瓦
时　　代：晚唐或五代
尺　寸(mm)：长 363，宽 170-250，高(厚)22
重　量(kg)：2.45
比重(kg/m³)：683.21
是否完整：否

采集地点：山西省太原市晋源区
文保单位：晋阳古城遗址
保护级别：全国重点文物保护单位
采样位置：二号宫殿遗址
采集时间：2019-09-01

样本编号：TY-JY-JYGCYZ-210
样本种类：板瓦残块
时　　代：晚唐或五代
尺　寸(mm)：长105，宽80，高(厚)19
重　量(kg)：0.2
比重(kg/m³)：615.38
是否完整：否

采集地点：山西省太原市晋源区
文保单位：晋阳古城遗址
保护级别：全国重点文物保护单位
采样位置：二号宫殿遗址
采集时间：2019-09-01

样本编号：TY-JY-JYGCYZ-212
样本种类：筒瓦
时　　代：晚唐或五代
尺　寸(mm)：长190，宽147，高(厚)21
重　量(kg)：1.25
比重(kg/m³)：1584.28
是否完整：否

采集地点：山西省太原市晋源区
文保单位：晋阳古城遗址
保护级别：全国重点文物保护单位
采样位置：二号宫殿遗址
采集时间：2019-09-01

样本编号：TY-JY-JYGCYZ-214
样本种类：脊兽
时　　代：晚唐或五代
尺　寸(mm)：长 200，宽 180，高(厚)70
重　量(kg)：1.6
比重(kg/m³)：634.92
是否完整：否

采集地点：山西省太原市晋源区
文保单位：晋阳古城遗址
保护级别：全国重点文物保护单位
采样位置：二号宫殿遗址
采集时间：2019-09-01

样本编号：TY-JY-JYGCYZ-108
样本种类：方砖
时　　代：五代
尺　寸(mm)：长 307，宽 299，高(厚)42
重　量(kg)：6.35
比重(kg/m³)：1647.08
是否完整：是

特　　征：绳纹
采集地点：山西省太原市晋源区
文保单位：晋阳古城遗址
保护级别：全国重点文物保护单位
采样位置：二号宫殿遗址
采集时间：2019-03-01

样本编号：JZ-YC-PCSSS-201
样本种类：勾头
时　　代：宋
尺　寸(mm)：长 300，宽 150，高(厚)22
重　量(kg)：2.95
比重(kg/m³)：2804.18
是否完整：是

特　　征：泥条接缝
采集地点：山西省晋中市榆次区蒲池村
文保单位：蒲池寿圣寺
保护级别：省级文物保护单位
采样位置：东配殿前檐
采集时间：2017-11-20

样本编号：CZ-JQ-XLLXM-206
样本种类：滴水
时　　代：宋
尺　寸(mm)：长 240，宽 150-175，高(厚)19
重　量(kg)：1.3
比重(kg/m³)：1721.85
是否完整：是

特　　征：重唇滴水
采集地点：山西省长治市郊区
文保单位：小罗灵仙庙
保护级别：省级文物保护单位
采样位置：院内采集
采集时间：2018-05-01

样本编号：CZ-XY-XYWLM-203
样本种类：筒瓦
时　　代：宋
尺　寸(mm)：长 590，宽 186，高(厚)39
重　量(kg)：7.45
比重(kg/m³)：1403.01
是否完整：是

特　　征：青掍瓦
采集地点：山西省长治市襄垣县
文保单位：襄垣五龙庙
保护级别：全国重点文物保护单位
采样位置：院内采集
采集时间：2018-05-01

样本编号：JC-GP-NZYHM-205
样本种类：滴水
时　　代：宋
尺　寸(mm)：长 320，宽 195-230，高(厚)27
重　量(kg)：2.95
比重(kg/m³)：1590.3
是否完整：否

特　　征：重唇滴水
采集地点：山西省晋城市高平市
文保单位：南庄玉皇庙
保护级别：全国重点文物保护单位
采样位置：院内采集
采集时间：2018-05-01

样本编号：JC-GP-NZYHM-206
样本种类：滴水
时　　代：宋
尺　寸(mm)：长340，宽191-243，高(厚)28
重　量(kg)：3.45
比重(kg/m³)：1655.47
是否完整：是

特　　征：重唇滴水
采集地点：山西省晋城市高平市
文保单位：南庄玉皇庙
保护级别：全国重点文物保护单位
采样位置：院内采集
采集时间：2018-05-01

样本编号：JC-GP-NZYHM-209
样本种类：勾头
时　　代：宋
尺　寸(mm)：长276，宽157，高(厚)29
重　量(kg)：2.75
比重(kg/m³)：2014.65
是否完整：是

特　　征：虎、龙纹瓦当
采集地点：山西省晋城市高平市
文保单位：南庄玉皇庙
保护级别：全国重点文物保护单位
采样位置：院内采集
采集时间：2018-05-01

样本编号：YC-WR-BLST-101
样本种类：墓葬条砖
时　　代：宋
尺　寸(mm)：长 330，宽 165，高(厚)60
重　量(kg)：5.55
比重(kg/m³)：1698.81
是否完整：是

特　　征：左手印
采集地点：山西省运城市万荣县荣河镇中里庄村
文保单位：八龙寺塔
保护级别：全国重点文物保护单位
采样位置：墓穴
采集时间：2018-05-01

样本编号：YC-WR-BLST-103
样本种类：塔方砖
时　　代：宋
尺　寸(mm)：长 335，宽 195，高(厚)55
重　量(kg)：4.65
比重(kg/m³)：1294.23
是否完整：否

特　　征：糙面有几何纹
采集地点：山西省运城市万荣县荣河镇中里庄村
文保单位：八龙寺塔
保护级别：全国重点文物保护单位
采样位置：砖塔
采集时间：2018-05-01

样本编号：YC-WR-HQT-101
样本种类：塔条砖
时　　代：宋
尺　寸(mm)：长320，宽162，高(厚)55
重　量(kg)：4.55
比重(kg/m³)：1595.82
是否完整：是
特　　征：糙面有几何纹
采集地点：山西省运城市万荣县高村乡孤山西麓
文保单位：旱泉塔
保护级别：全国重点文物保护单位
采样位置：砖塔
采集时间：2018-05-01

样本编号：YC-WR-HQT-102
样本种类：塔条砖
时　　代：宋
尺　寸(mm)：长320，宽160，高(厚)60
重　量(kg)：3.95
比重(kg/m³)：1285.81
是否完整：否
特　　征：外有边框，内为绳纹
采集地点：山西省运城市万荣县高村乡孤山西麓
文保单位：旱泉塔
保护级别：全国重点文物保护单位
采样位置：砖塔
采集时间：2018-05-01

样本编号：YC-WR-NYSSST-101
样本种类：塔条砖
时　　代：宋
尺　寸(mm)：长 318，宽 166，高(厚)52
重　量(kg)：4.2
比重(kg/m³)：1530.07
是否完整：是
特　　征：左手印
采集地点：山西省运城市万荣县南阳村
文保单位：南阳寿圣寺塔
保护级别：全国重点文物保护单位
采样位置：塔身
采集时间：2016-01-01

样本编号：DT-HY-HYWM-101
样本种类：条砖
时　　代：辽
尺　寸(mm)：长 300，宽 191，高(厚)65
重　量(kg)：3.7
比重(kg/m³)：993.42
是否完整：否
特　　征：粗条纹
采集地点：山西省大同市浑源县县城
文保单位：浑源文庙
保护级别：全国重点文物保护单位
采样位置：院内采集
采集时间：2018-07-01

样本编号：DT-LQ-JSS-101
样本种类：条砖
时　　代：辽
尺　寸(mm)：长 327，宽 150，高(厚)50
重　量(kg)：3.9
比重(kg/m^3)：1590.21
是否完整：是

特　　征：凹槽状刮痕
采集地点：山西省大同市灵丘县
文保单位：觉山寺
保护级别：省级文物保护单位
采样位置：院内采集
采集时间：2018-03-17

样本编号：DT-LQ-JSS-204
样本种类：滴水
时　　代：辽
尺　寸(mm)：长 422，宽 185-230，高(厚)23
重　量(kg)：3.75
比重(kg/m^3)：1819.51
是否完整：否

特　　征：重唇滴水
采集地点：山西省大同市灵丘县
文保单位：觉山寺
保护级别：省级文物保护单位
采样位置：院内采集
采集时间：2018-03-17

样本编号：DT-LQ-JSST-101
样本种类：塔方砖
时　　代：辽
尺　寸(mm)：长 462，宽 454，高(厚)122
重　量(kg)：39
比重(kg/m³)：1524.08
是否完整：是
特　　征：粗条纹
采集地点：山西省大同市灵丘县
文保单位：觉山寺塔
保护级别：全国重点文物保护单位
采样位置：塔檐或塔顶
采集时间：2018-03-17

样本编号：DT-LQ-JSST-102
样本种类：塔条砖
时　　代：辽
尺　寸(mm)：长 565，宽 285，高(厚)78
重　量(kg)：17.3
比重(kg/m³)：1377.39
是否完整：是
特　　征：粗条纹
采集地点：山西省大同市灵丘县
文保单位：觉山寺塔
保护级别：全国重点文物保护单位
采样位置：塔地面
采集时间：2018-03-17

样本编号：DT-LQ-JSST-201
样本种类：滴水
时　　代：辽
尺　寸(mm)：长 356，宽 203-230，高(厚)21
重　量(kg)：2.85
比重(kg/m^3)：1702.51
是否完整：是

特　　征：重唇滴水
采集地点：山西省大同市灵丘县
文保单位：觉山寺塔
保护级别：全国重点文物保护单位
采样位置：院内采集
采集时间：2018-07-01

样本编号：DT-PC-HYS-101
样本种类：条砖
时　　代：辽
尺　寸(mm)：长 311-373，宽 214，高(厚)55
重　量(kg)：6.7
比重(kg/m^3)：1664.46
是否完整：是

特　　征：绳纹
采集地点：山西省大同市矿区
文保单位：华严寺
保护级别：全国重点文物保护单位
采样位置：不详
采集时间：2018-07-01

样本编号：DT-PC-HYS-104
样本种类：条砖
时　　代：辽
尺　寸(mm)：长 400，宽 198，高(厚)70
重　量(kg)：8.35
比重(kg/m^3)：1506.13
是否完整：是
特　　征：绳纹
采集地点：山西省大同市矿区
文保单位：华严寺
保护级别：全国重点文物保护单位
采样位置：不详
采集时间：2018-07-01

样本编号：DT-PC-HYS-201
样本种类：勾头
时　　代：辽
尺　寸(mm)：长 635，宽 240，高(厚)13
重　量(kg)：12.85
比重(kg/m^3)：6240.89
是否完整：是
特　　征：龙纹(坐龙)瓦当
采集地点：山西省大同市矿区
文保单位：华严寺
保护级别：全国重点文物保护单位
采样位置：不详
采集时间：2018-07-01

样本编号：DT-PC-HYS-202
样本种类：滴水
时　　代：辽
尺　寸(mm)：长505，宽340-372，高(厚)11
重　量(kg)：10.35
比重(kg/m³)：4820.68
是否完整：是

特　　征：重唇滴水
采集地点：山西省大同市矿区
文保单位：华严寺
保护级别：全国重点文物保护单位
采样位置：不详
采集时间：2018-07-01

样本编号：JZ-PY-CXS-104
样本种类：方砖
时　　代：唐
尺　寸(mm)：长351，宽351，高(厚)66
重　量(kg)：13.15
比重(kg/m³)：1617.21
是否完整：是

特　　征：绳纹
采集地点：山西省晋中市平遥县冀郭村
文保单位：慈相寺
保护级别：全国重点文物保护单位
采样位置：院内
采集时间：2018-03-19

样本编号：CZ-LC-XCTQWM-201
样本种类：滴水
时　　代：金
尺　寸(mm)：长 295，宽 170-200，高(厚)20
重　量(kg)：2.05
比重(kg/m³)：1831.99
是否完整：是

特　　征：重唇滴水
采集地点：山西省长治市黎城县辛村
文保单位：辛村天齐王庙
保护级别：全国重点文物保护单位
采样位置：正殿
采集时间：2018-05-01

样本编号：CZ-LC-XCTQWM-202
样本种类：滴水
时　　代：金
尺　寸(mm)：长 277，宽 153-181，高(厚)18
重　量(kg)：1.65
比重(kg/m³)：1932.08
是否完整：是

特　　征：重唇滴水
采集地点：山西省长治市黎城县辛村
文保单位：辛村天齐王庙
保护级别：全国重点文物保护单位
采样位置：正殿
采集时间：2018-05-01

样本编号：CZ-LC-XCTQWM-203
样本种类：勾头
时　　代：金
尺　寸(mm)：长292，宽150，高(厚)20
重　量(kg)：2.45
比重(kg/m^3)：2581.66
是否完整：是

特　　征：龙纹瓦当，有钉孔
采集地点：山西省长治市黎城县辛村
文保单位：辛村天齐王庙
保护级别：全国重点文物保护单位
采样位置：正殿
采集时间：2018-05-01

样本编号：CZ-LC-XCTQWM-204
样本种类：勾头
时　　代：金
尺　寸(mm)：长342，宽150，高(厚)21
重　量(kg)：3.35
比重(kg/m^3)：3051
是否完整：是

特　　征：龙纹瓦当，泥条接缝，有钉孔
采集地点：山西省长治市黎城县辛村
文保单位：辛村天齐王庙
保护级别：全国重点文物保护单位
采样位置：正殿
采集时间：2018-05-01

样本编号：LF-HM-101
样本种类：条砖
时　　代：金大定
尺　寸(mm)：长 305，宽 147，高(厚)47
重　量(kg)：2.9
比重(kg/m³)：1376.20
是否完整：是

特　　征：左手印
采集地点：山西省临汾市侯马市
文保单位：侯马市博物馆
保护级别：无
采样位置：侯马市博物馆
采集时间：2018-04-12

样本编号：YC-JDMZ-101
样本种类：墓葬条砖
时　　代：金
尺　寸(mm)：长 300，宽 160，高(厚)45
重　量(kg)：3.3
比重(kg/m³)：1527.78
是否完整：是

特　　征：右手印，侧边雕花
采集地点：山西省运城市
文保单位：解州关帝庙
保护级别：无
采样位置：解州关帝庙
采集时间：2018-05-01

样本编号：YC-JDMZ-102
样本种类：墓葬条砖
时　　代：金
尺　寸(mm)：长300，宽163，高(厚)45
重　量(kg)：3.15
比重(kg/m^3)：1431.49
是否完整：是

特　　征：右手印，侧边雕花
采集地点：山西省运城市
文保单位：解州关帝庙
采样位置：解州关帝庙
采集时间：2018-05-01

样本编号：YC-YJ-WGS-103
样本种类：条砖
时　　代：金
尺　寸(mm)：长360，宽185，高(厚)70
重　量(kg)：8.05
比重(kg/m^3)：1726.73
是否完整：是

特　　征：粗条纹
采集地点：山西省运城市永济市
文保单位：万固寺
保护级别：省级文物保护单位
采样位置：院内采集
采集时间：2018-05-01

样本编号：DT-HY-YAS-201
样本种类：板瓦
时　　代：元
尺　寸(mm)：长 208，宽 100-140，高(厚)19
重　量(kg)：1
比重(kg/m³)：1006.04
是否完整：否

特　　征：泥条接缝，绳纹
采集地点：山西省大同市浑源县县城
文保单位：永安寺
保护级别：全国重点文物保护单位
采样位置：院内采集
采集时间：2018-07-01

样本编号：JZ-LS-ZSSHSM-101
样本种类：墓葬条砖
时　　代：元
尺　寸(mm)：长 359，宽 171，高(厚)61
重　量(kg)：5.3
比重(kg/m³)：1415.32
是否完整：是

采集地点：山西省晋中市灵石县苏溪村
文保单位：资寿寺
保护级别：全国重点文物保护单位
采样位置：和尚墓
采集时间：2018-03-20

样本编号：JZ-LS-ZSSHSM-103
样本种类：墓葬方砖
时　　代：元
尺　寸(mm)：长 362，宽 357，高(厚)62
重　量(kg)：13.15
比重(kg/m³)：1641.18
是否完整：是

特　　征：糙面有几何纹
采集地点：山西省晋中市灵石县苏溪村
文保单位：资寿寺
保护级别：全国重点文物保护单位
采样位置：和尚墓
采集时间：2018-03-20

样本编号：JZ-SY-PSCCFS-201
样本种类：琉璃筒瓦
时　　代：元
尺　寸(mm)：长 323，宽 141，高(厚)16
重　量(kg)：2.45
比重(kg/m³)：2416.17
是否完整：是

特　　征：深棕色琉璃
采集地点：山西省晋中市寿阳县平舒乡平舒村
文保单位：平舒村崇福寺
保护级别：省级文物保护单位
采样位置：过殿
采集时间：2018-03-14

样本编号：CZ-PS-BGQSMM-205
样本种类：滴水
时　　代：元
尺　寸(mm)：长 245，宽 144-190，高(厚)16
重　量(kg)：1.30
比重(kg/m³)：1917.4
是否完整：是

特　　征：重唇滴水
采集地点：山西省长治市平顺县北甘泉村
文保单位：北甘泉圣母庙
保护级别：全国重点文物保护单位
采样位置：东配殿屋面
采集时间：2018-05-01

样本编号：CZ-PS-BGQSMM-206
样本种类：滴水
时　　代：元
尺　寸(mm)：长 245，宽 144-180，高(厚)18
重　量(kg)：1.250
比重(kg/m³)：1709.99
是否完整：是

特　　征：重唇滴水
采集地点：山西省长治市平顺县北甘泉村
文保单位：北甘泉圣母庙
保护级别：全国重点文物保护单位
采样位置：东配殿屋面
采集时间：2018-05-01

样本编号：JZ-SY-PSCCFS-204
样本种类：滴水
时　　代：元
尺　寸(mm)：长 320，宽 210，高(厚)20
重　量(kg)：2.35
比重(kg/m³)：1688.22
是否完整：是

采集地点：山西省晋中市寿阳县平舒乡平舒村
文保单位：平舒村崇福寺
保护级别：省级文物保护单位
采样位置：过殿
采集时间：2018-03-14

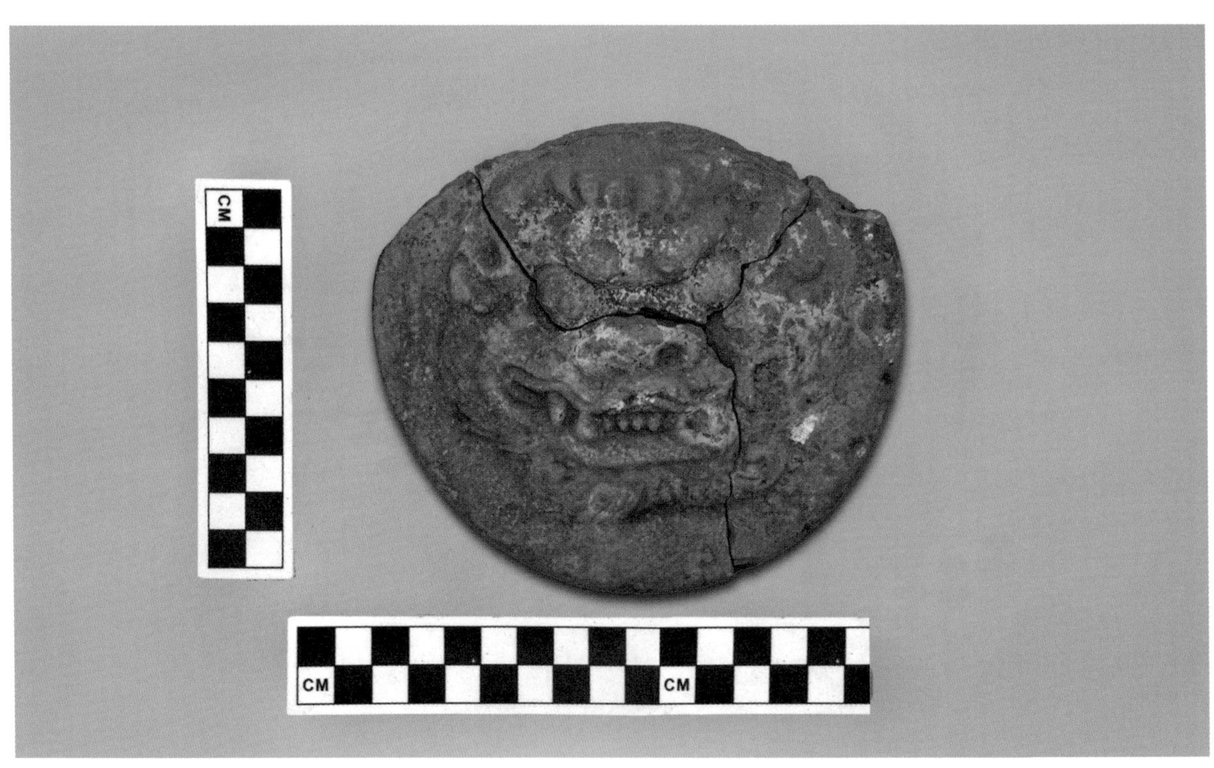

样本编号：JC-GP-NZYHM-213
样本种类：瓦当面
时　　代：元
尺　寸(mm)：长 143，宽 125，高(厚)20
重　量(kg)：0.5
比重(kg/m³)：1398.60
是否完整：否

特　　征：兽面瓦当
采集地点：山西省晋城市高平市
文保单位：南庄玉皇庙
保护级别：全国重点文物保护单位
采样位置：院内采集
采集时间：2018-05-01

样本编号：DT-XR-ZCB-101
样本种类：堡墙条砖
时　　代：明
尺　寸(mm)：长 395，宽 200，高(厚)80
重　量(kg)：10.35
比重(kg/m³)：1637.66
是否完整：是

采集地点：山西省大同市新荣区花园屯乡镇川堡村
文保单位：镇川堡
保护级别：省级文物保护单位
采样位置：堡墙
采集时间：2018-07-01

样本编号：DT-YG-YLS-201
样本种类：勾头
时　　代：明
尺　寸(mm)：长 372，宽 195，高(厚)24
重　量(kg)：5.15
比重(kg/m³)：2689.3
是否完整：是

特　　征：龙纹(坐龙)瓦当
采集地点：山西省大同市阳高县县城
文保单位：云林寺
保护级别：全国重点文物保护单位
采样位置：院内采集
采集时间：2018-07-01

样本编号：DT-YG-YLS-202
样本种类：勾头
时　　代：明
尺　寸(mm)：长 315，宽 160，高(厚)21
重　量(kg)：2.85
比重(kg/m³)：2491.26
是否完整：是

特　　征：有钉孔
采集地点：山西省大同市阳高县县城
文保单位：云林寺
保护级别：全国重点文物保护单位
采样位置：院内采集
采集时间：2018-07-01

样本编号：DT-YG-YLS-203
样本种类：滴水
时　　代：明
尺　寸(mm)：长 367，宽 195-240，高(厚)25
重　量(kg)：3.55
比重(kg/m³)：1744.47
是否完整：是

特　　征：龙纹如意滴水
采集地点：山西省大同市阳高县县城
文保单位：云林寺
保护级别：全国重点文物保护单位
采样位置：院内采集
采集时间：2018-07-01

样本编号：DT-YG-YLS-204
样本种类：滴水
时　　代：明
尺　寸(mm)：长340，宽150-225，高(厚)22
重　量(kg)：3.25
比重(kg/m³)：2275.91
是否完整：是

特　　征：龙纹如意滴水
采集地点：山西省大同市阳高县县城
文保单位：云林寺
保护级别：全国重点文物保护单位
采样位置：院内采集
采集时间：2018-07-01

样本编号：SZ-SY-XGWCC-102
样本种类：长城砖
时　　代：明
尺　寸(mm)：长374，宽180，高(厚)88
重　量(kg)：8.85
比重(kg/m³)：1493.88
是否完整：是

采集地点：山西省朔州市山阴县张家庄乡
文保单位：新广武长城
保护级别：省级文物保护单位
采样位置：长城墙体(村民家征集)
采集时间：2017-11-22

样本编号：XZ-DX-YMG-102
样本种类：长城砖
时　　代：明
尺　寸(mm)：长 420，宽 190，高(厚)85
重　量(kg)：10.55
比重(kg/m³)：1555.36
是否完整：是

采集地点：山西省忻州市代县雁门关乡
文保单位：雁门关
保护级别：全国重点文物保护单位
采样位置：城墙
采集时间：2018-05-01

样本编号：XZ-FS-ZBKCC-101
样本种类：长城砖
时　　代：明
尺　寸(mm)：长 495，宽 220，高(厚)110
重　量(kg)：16.4
比重(kg/m³)：1369.06
是否完整：是

采集地点：山西省忻州市繁峙县
文保单位：竹帛口长城
保护级别：省级文物保护单位
采样位置："茨字贰拾肆號臺"敌台
采集时间：2018-07-04

样本编号：XZ-WT-FGS-201
样本种类：滴水
时　　代：明
尺　寸(mm)：长 346，宽 290-317，高(厚)26
重　量(kg)：5.1
比重(kg/m³)：1791.36
是否完整：是
特　　征：重唇滴水
采集地点：山西省忻州市五台县豆村镇佛光村
文保单位：佛光寺
保护级别：全国重点文物保护单位
采样位置：东大殿
采集时间：2017-10-01

样本编号：XZ-WT-FGS-203
样本种类：板瓦
时　　代：明
尺　寸(mm)：长 492，宽 262-321，高(厚)30
重　量(kg)：7.5
比重(kg/m³)：814.77
是否完整：是
采集地点：山西省忻州市五台县豆村镇佛光村
文保单位：佛光寺
保护级别：全国重点文物保护单位
采样位置：东大殿
采集时间：2017-10-01

样本编号：XZ-WT-FGS-206
样本种类：滴水
时　　代：明
尺　寸(mm)：长 494，宽 248-300，高(厚)31
重　量(kg)：7.6
比重(kg/m^3)：1773.22
是否完整：是

特　　征：重唇滴水
采集地点：山西省忻州市五台县豆村镇佛光村
文保单位：佛光寺
保护级别：全国重点文物保护单位
采样位置：东大殿
采集时间：2017-10-01

样本编号：LL-FY-YWCSSS-101
样本种类：墙体条砖
时　　代：明
尺　寸(mm)：长 297，宽 137，高(厚)60
重　量(kg)：3.7
比重(kg/m^3)：1515.56
是否完整：是

采集地点：山西省吕梁市汾阳市演武镇演武村
文保单位：演武村寿圣寺
保护级别：省级文物保护单位
采样位置：西配殿散落
采集时间：2018-04-03

样本编号：LL-FY-YWCSSS-201
样本种类：琉璃勾头
时　　代：明
尺　寸(mm)：长135，宽115，高(厚)17
重　量(kg)：1
比重(kg/m³)：2832.86
是否完整：否

特　　征：龙纹瓦当，蓝琉璃
采集地点：山西省吕梁市汾阳市演武镇演武村
文保单位：演武村寿圣寺
保护级别：省级文物保护单位
采样位置：西配殿散落
采集时间：2018-04-03

样本编号：LL-FY-YWCSSS-203
样本种类：琉璃勾头
时　　代：明
尺　寸(mm)：长214，宽119，高(厚)12
重　量(kg)：1.4
比重(kg/m³)：4011.46
是否完整：是

特　　征：龙纹瓦当，蓝琉璃，带铁钉
采集地点：山西省吕梁市汾阳市演武镇演武村
文保单位：演武村寿圣寺
保护级别：省级文物保护单位
采样位置：大殿散落
采集时间：2018-04-03

样本编号：LL-FY-YWCSSS-204
样本种类：琉璃滴水
时　　代：明
尺　寸(mm)：长 120，宽 162，高(厚)16
重　量(kg)：0.7
比重(kg/m³)：2180.69
是否完整：否
特　　征：龙纹如意滴水，蓝琉璃
采集地点：山西省吕梁市汾阳市演武镇演武村
文保单位：演武村寿圣寺
保护级别：省级文物保护单位
采样位置：大殿散落
采集时间：2018-04-03

样本编号：LL-FY-YWCSSS-205
样本种类：琉璃滴水
时　　代：明
尺　寸(mm)：长 251，宽 180，高(厚)14
重　量(kg)：1.7
比重(kg/m³)：2560.24
是否完整：是
特　　征：龙纹如意滴水，蓝琉璃
采集地点：山西省吕梁市汾阳市演武镇演武村
文保单位：演武村寿圣寺
保护级别：省级文物保护单位
采样位置：大殿散落
采集时间：2018-04-03

样本编号：JZ-LS-WJDYMJ-103
样本种类：方砖
时　　代：明
尺　寸(mm)：长 250，宽 250，高(厚)56
重　量(kg)：5.2
比重(kg/m^3)：1485.71
是否完整：是

采集地点：山西省晋中市灵石县静升村
文保单位：王家大院民居
保护级别：全国重点文物保护单位
采样位置：院内
采集时间：2018-03-20

样本编号：JZ-SY-LHS-201
样本种类：勾头
时　　代：明
尺　寸(mm)：长 222，宽 112，高(厚)17
重　量(kg)：1.3
比重(kg/m^3)：2895.32
是否完整：是

特　　征：兽面瓦当
采集地点：山西省晋中市寿阳县平舒乡段王村
文保单位：罗汉寺
保护级别：省级文物保护单位
采样位置：前殿散落
采集时间：2018-03-14

样本编号：JZ-SY-LHS-202
样本种类：滴水
时　　代：明
尺　寸(mm)：长 250，宽 151-174，高(厚)15
重　量(kg)：1.35
比重(kg/m³)：2136.08
是否完整：是

特　　征：花草纹如意滴水
采集地点：山西省晋中市寿阳县平舒乡段王村
文保单位：罗汉寺
保护级别：省级文物保护单位
采样位置：前殿散落
采集时间：2018-03-14

样本编号：JZ-YC-PCSSS-202
样本种类：勾头
时　　代：明
尺　寸(mm)：长 323，宽 150，高(厚)22
重　量(kg)：3.2
比重(kg/m³)：2901.18
是否完整：是

特　　征：兽面瓦当
采集地点：山西省晋中市榆次区蒲池村
文保单位：蒲池寿圣寺
保护级别：省级文物保护单位
采样位置：东配殿前檐
采集时间：2017-11-20

样本编号：JZ-YC-PCSSS-203
样本种类：板瓦
时　　代：明
尺　寸(mm)：长 395，宽 180-230，高(厚)23
重　量(kg)：3
比重(kg/m³)：755.48
是否完整：否

采集地点：山西省晋中市榆次区蒲池村
文保单位：蒲池寿圣寺
保护级别：省级文物保护单位
采样位置：东配殿(散落)
采集时间：2017-11-20

样本编号：TY-JY-JC-201
样本种类：琉璃勾头
时　　代：明
尺　寸(mm)：长 351，宽 173，高(厚)25
重　量(kg)：5.7
比重(kg/m³)：3546.98
是否完整：是

特　　征：龙纹瓦当，绿琉璃，有钉孔
采集地点：山西省太原市晋源区
文保单位：晋祠
保护级别：全国重点文物保护单位
采样位置：圣母殿
采集时间：2018-03-07

样本编号：TY-JY-JC-202
样本种类：琉璃勾头
时　　代：明
尺　寸(mm)：长 290，宽 157，高(厚)23
重　量(kg)：3.7
比重(kg/m³)：3225.81
是否完整：是

特　　征：龙纹瓦当，蓝琉璃，有钉孔
采集地点：山西省太原市晋源区
文保单位：晋祠
保护级别：全国重点文物保护单位
采样位置：圣母殿
采集时间：2018-03-07

样本编号：TY-QX-XGCHM-201
样本种类：琉璃勾头
时　　代：明
尺　寸(mm)：长 205，宽 121，高(厚)15
重　量(kg)：1.5
比重(kg/m³)：3504.67
是否完整：是

特　　征：龙纹瓦当，蓝琉璃，带铁钉
采集地点：山西省太原市清徐县徐沟镇
文保单位：徐沟城隍庙
保护级别：省级文物保护单位
采样位置：栖云楼(清徐县文物旅游局)
采集时间：2018-03-12

样本编号：TY-QX-XGCHM-202
样本种类：勾头
时　　代：明
尺　寸(mm)：长 203，宽 117，高(厚)17
重　量(kg)：1.35
比重(kg/m³)：2973.57
是否完整：是

特　　征：兽面瓦当
采集地点：山西省太原市清徐县徐沟镇
文保单位：徐沟城隍庙
保护级别：省级文物保护单位
采样位置：栖霞楼
采集时间：2018-03-12

样本编号：TY-QX-XGCHM-204
样本种类：琉璃滴水
时　　代：明
尺　寸(mm)：长 225，宽 155，高(厚)15
重　量(kg)：1.15
比重(kg/m³)：2125.69
是否完整：是

特　　征：龙纹如意滴水，蓝琉璃
采集地点：山西省太原市清徐县徐沟镇
文保单位：徐沟城隍庙
保护级别：省级文物保护单位
采样位置：栖霞楼
采集时间：2018-03-12

样本编号：TY-QX-XGCHM-205
样本种类：滴水
时　　代：明
尺　寸(mm)：长 213，宽 140，高(厚)16
重　量(kg)：0.8
比重(kg/m³)：1642.71
是否完整：是

特　　征：花草纹如意滴水
采集地点：山西省太原市清徐县徐沟镇
文保单位：徐沟城隍庙
保护级别：省级文物保护单位
采样位置：栖霞楼
采集时间：2018-03-12

样本编号：CZ-CZ-CCYHM-204
样本种类：板瓦
时　　代：明
尺　寸(mm)：长 356，宽 180-255，高(厚)26
重　量(kg)：3.25
比重(kg/m³)：759.17
是否完整：是

采集地点：山西省长治市长治县荫城镇长春村
文保单位：长春村玉皇庙
保护级别：市、县级文物保护单位
采样位置：院内采集
采集时间：2018-05-01

样本编号：CZ-CZ-CCYHM-205
样本种类：滴水
时　　代：明
尺　寸(mm)：长 335,宽 115-230,高(厚)24
重　量(kg)：2.95
比重(kg/m³)：2125.36
是否完整：否
特　　征：重唇滴水,泥条接缝
采集地点：山西省长治市长治县荫城镇长春村
文保单位：长春村玉皇庙
保护级别：市、县级文物保护单位
采样位置：院内采集
采集时间：2018-05-01

样本编号：CZ-CZ-CCYHM-206
样本种类：滴水
时　　代：明
尺　寸(mm)：长 327,宽 180-205,高(厚)19
重　量(kg)：2.45
比重(kg/m³)：1983.81
是否完整：是
特　　征：重唇滴水
采集地点：山西省长治市长治县荫城镇长春村
文保单位：长春村玉皇庙
保护级别：市、县级文物保护单位
采样位置：院内采集
采集时间：2018-05-01

样本编号：CZ-CZ-CCYHM-207
样本种类：滴水
时　　代：明
尺　寸(mm)：长 280，宽 162-208，高(厚)22
重　量(kg)：2
比重(kg/m^3)：1725.63
是否完整：是
特　　征：重唇滴水
采集地点：山西省长治市长治县荫城镇长春村
文保单位：长春村玉皇庙
保护级别：市、县级文物保护单位
采样位置：院内采集
采集时间：2018-05-01

样本编号：CZ-CZ-CZYHG-101
样本种类：条砖
时　　代：明
尺　寸(mm)：长 282，宽 142，高(厚)80
重　量(kg)：5.3
比重(kg/m^3)：1654.43
是否完整：是
采集地点：山西省长治市长治县南宋村
文保单位：长治玉皇观
保护级别：全国重点文物保护单位
采样位置：东廊房前檐墙
采集时间：2018-05-01

样本编号：CZ-JQ-ZCFJM-103
样本种类：方砖
时　　代：明
尺　寸(mm)：长 261，宽 258，高(厚)58
重　量(kg)：9.25
比重(kg/m³)：2368.39
是否完整：是

特　　征：左手印
采集地点：山西省长治市郊区大辛庄镇张村
文保单位：张村府君庙
保护级别：市、县级文物保护单位
采样位置：院内采集
采集时间：2018-05-01

样本编号：CZ-LC-CNDM-103
样本种类：条砖
时　　代：明
尺　寸(mm)：长 339，宽 158，高(厚)60
重　量(kg)：4.75
比重(kg/m³)：1478.04
是否完整：是

特　　征：右手印
采集地点：山西省长治市黎城县东阳关镇长宁村
文保单位：长宁大庙
保护级别：全国重点文物保护单位
采样位置：院内采集
采集时间：2018-05-01

样本编号：CZ-LC-CNDM-204
样本种类：板瓦
时　　代：明
尺　寸(mm)：长 320，宽 146-233，高(厚)20
重　量(kg)：2.35
比重(kg/m³)：906.64
是否完整：否

采集地点：山西省长治市黎城县东阳关镇长宁村
文保单位：长宁大庙
保护级别：全国重点文物保护单位
采样位置：院内采集
采集时间：2018-05-01

样本编号：CZ-LC-XXZZZWM-203
样本种类：琉璃筒瓦
时　　代：明
尺　寸(mm)：长 236，宽 140，高(厚)20
重　量(kg)：1.3
比重(kg/m³)：1462.32
是否完整：否

特　　征：绿色，中间有一大孔
采集地点：山西省长治市黎城县上遥镇西下庄村
文保单位：西下庄昭泽王庙
保护级别：省级文物保护单位
采样位置：院内采集
采集时间：2018-05-01

样本编号：CZ-WX-FYY-201
样本种类：滴水
时　　代：明
尺　寸(mm)：长 357，宽 180–240，高(厚)20
重　量(kg)：2.85
比重(kg/m³)：1836.34
是否完整：否

特　　征：重唇滴水
采集地点：山西省长治市武乡县故城镇北良村
文保单位：福源院
保护级别：省级文物保护单位
采样位置：院内采集
采集时间：2018-05-01

样本编号：CZ-WX-FYY-202
样本种类：滴水
时　　代：明
尺　寸(mm)：长 320，宽 215，高(厚)19
重　量(kg)：2.05
比重(kg/m³)：1506.25
是否完整：否

特　　征：重唇滴水
采集地点：山西省长治市武乡县故城镇北良村
文保单位：福源院
保护级别：省级文物保护单位
采样位置：院内采集
采集时间：2018-05-01

样本编号：CZ-WX-FYY-207
样本种类：当勾
时　　代：明
尺　寸(mm)：长 140，宽 193，高(厚)20
重　量(kg)：0.5
比重(kg/m^3)：925.24
是否完整：是

采集地点：山西省长治市武乡县故城镇北良村
文保单位：福源院
保护级别：省级文物保护单位
采样位置：院内采集
采集时间：2018-05-01

样本编号：JC-GP-JNJDM-201
样本种类：勾头
时　　代：明
尺　寸(mm)：长 274，宽 147，高(厚)30
重　量(kg)：2.35
比重(kg/m^3)：1859.18
是否完整：是

特　　征：兽面瓦当，有钉孔
采集地点：山西省晋城市高平市建宁乡建南村
文保单位：建南济渎庙
保护级别：全国重点文物保护单位
采样位置：院内采集
采集时间：2018-05-01

样本编号：JC-GP-JNJDM-202
样本种类：勾头
时　　代：明
尺　寸(mm)：长 320，宽 150，高(厚)18
重　量(kg)：2.95
比重(kg/m^3)：3224.04
是否完整：是
特　　征：兽面瓦当，有钉孔
采集地点：山西省晋城市高平市建宁乡建南村
文保单位：建南济渎庙
保护级别：全国重点文物保护单位
采样位置：院内采集
采集时间：2018-05-01

样本编号：JC-GP-JNJDM-203
样本种类：勾头
时　　代：明
尺　寸(mm)：长 357，宽 161，高(厚)28
重　量(kg)：3.7
比重(kg/m^3)：2293.86
是否完整：是
特　　征：龙纹瓦当，泥条接缝，有钉孔
采集地点：山西省晋城市高平市建宁乡建南村
文保单位：建南济渎庙
保护级别：全国重点文物保护单位
采样位置：院内采集
采集时间：2018-05-01

样本编号：JC-GP-JNJDM-204
样本种类：勾头
时　　代：明
尺　寸(mm)：长 143，宽 155，高(厚)20
重　量(kg)：1.3
比重(kg/m³)：1911.76
是否完整：否

特　　征：兽面瓦当
采集地点：山西省晋城市高平市建宁乡建南村
文保单位：建南济渎庙
保护级别：全国重点文物保护单位
采样位置：院内采集
采集时间：2018-05-01

样本编号：JC-GP-JNJDM-207
样本种类：滴水
时　　代：明
尺　寸(mm)：长 352，宽 187-223，高(厚)24
重　量(kg)：3
比重(kg/m³)：1701.64
是否完整：是

特　　征：龙纹如意滴水，泥条接缝
采集地点：山西省晋城市高平市建宁乡建南村
文保单位：建南济渎庙
保护级别：全国重点文物保护单位
采样位置：院内采集
采集时间：2018-05-01

样本编号：JC-GP-JNJDM-208
样本种类：滴水
时　　代：明
尺　寸(mm)：长 350，宽 180-223，高(厚)23
重　量(kg)：3.05
比重(kg/m³)：1842.9
是否完整：否

特　　征：龙纹如意滴水，泥条接缝
采集地点：山西省晋城市高平市建宁乡建南村
文保单位：建南济渎庙
保护级别：全国重点文物保护单位
采样位置：院内采集
采集时间：2018-05-01

样本编号：JC-LC-CAS-202
样本种类：琉璃筒瓦
时　　代：明
尺　寸(mm)：长 266，宽 115，高(厚)14
重　量(kg)：1.25
比重(kg/m³)：2115.06
是否完整：是

特　　征：绿琉璃，泥条接缝
采集地点：山西省晋城市陵川县
文保单位：崇安寺
保护级别：全国重点文物保护单位
采样位置：院内采集
采集时间：2018-05-01

样本编号：JC-LC-NBJXS-102
样本种类：条砖
时　　代：明
尺　寸(mm)：长 349，宽 171，高(厚)59
重　量(kg)：5.65
比重(kg/m^3)：1604.63
是否完整：是

特　　征：糙面有几何纹
采集地点：山西省晋城市陵川县
文保单位：南、北吉祥寺
保护级别：全国重点文物保护单位
采样位置：北吉祥寺院内采集
采集时间：2018-05-01

样本编号：LF-XF-FCGJZQ-104
样本种类：条砖
时　　代：明
尺　寸(mm)：长 304，宽 130，高(厚)58
重　量(kg)：3.45
比重(kg/m^3)：1505.13
是否完整：是

特　　征：背面有手指按压痕
采集地点：山西省临汾市襄汾县汾城镇
文保单位：汾城古建筑群
保护级别：全国重点文物保护单位
采样位置：院内采集
采集时间：2018-08-01

样本编号：LF-XF-FCGJZQ-201
样本种类：筒瓦
时　　代：明
尺　寸(mm)：长 258，宽 154，高(厚)25
重　量(kg)：1.95
比重(kg/m³)：1493.11
是否完整：是
特　　征：泥条接缝
采集地点：山西省临汾市襄汾县汾城镇
文保单位：汾城古建筑群
保护级别：全国重点文物保护单位
采样位置：院内采集
采集时间：2018-08-01

样本编号：LF-XF-FCGJZQ-202
样本种类：板瓦
时　　代：明
尺　寸(mm)：长 375，宽 190-250，高(厚)26
重　量(kg)：3.35
比重(kg/m³)：734.01
是否完整：是
采集地点：山西省临汾市襄汾县汾城镇
文保单位：汾城古建筑群
保护级别：全国重点文物保护单位
采样位置：院内采集
采集时间：2018-08-01

样本编号：LF-XF-PJS-101
样本种类：条砖
时　　代：明
尺　寸(mm)：长 290，宽 125，高(厚)60
重　量(kg)：3.35
比重(kg/m³)：1540.23
是否完整：是

特　　征：背面有手指按压痕
采集地点：山西省临汾市襄汾县赵康镇史威村
文保单位：普净寺
保护级别：全国重点文物保护单位
采样位置：院内采集
采集时间：2018-08-01

样本编号：LF-YC-FDGDM-101
样本种类：博风砖
时　　代：明
尺　寸(mm)：长 212，宽 183，高(厚)27
重　量(kg)：1.65
比重(kg/m³)：1575.19
是否完整：是

采集地点：山西省临汾市翼城县樊店村
文保单位：樊店关帝庙
保护级别：市、县级文物保护单位
采样位置：献殿遗址
采集时间：2018-04-04

样本编号：LF-YC-FDGDM-102
样本种类：条砖
时　　代：明
尺　寸(mm)：长 310，宽 103，高(厚)58
重　量(kg)：2.8
比重(kg/m³)：1511.93
是否完整：是

采集地点：山西省临汾市翼城县樊店村
文保单位：樊店关帝庙
保护级别：市、县级文物保护单位
采样位置：献殿遗址
采集时间：2018-04-04

样本编号：YC-JS-CQ-101
样本种类：城墙条砖
时　　代：明
尺　寸(mm)：长 360，宽 185，高(厚)65
重　量(kg)：7
比重(kg/m³)：1617.00
是否完整：是

特　　征：左手印
采集地点：山西省运城市稷山县
采样位置：城墙
采集时间：2018-05-01

样本编号：YC-YJ-PZGC-102
样本种类：城墙条砖
时　　代：明
尺　寸(mm)：长 355，宽 173，高(厚)85
重　量(kg)：8.3
比重(kg/m^3)：1589.95
是否完整：是

采集地点：山西省运城市永济市
文保单位：蒲州故城
保护级别：全国重点文物保护单位
采样位置：城墙
采集时间：2018-05-01

样本编号：YC-YJ-PZGC-103
样本种类：城墙条砖
时　　代：明
尺　寸(mm)：长 303，宽 170，高(厚)65
重　量(kg)：4.5
比重(kg/m^3)：1344.03
是否完整：是

特　　征：背面有手指按压痕
采集地点：山西省运城市永济市
文保单位：蒲州故城
保护级别：全国重点文物保护单位
采样位置：城墙
采集时间：2018-05-01

样本编号：YC-YJ-WGS-105
样本种类：条砖
时　　代：明
尺　寸(mm)：长 353，宽 185，高(厚)70
重　量(kg)：6.3
比重(kg/m³)：1378.15
是否完整：是

特　　征：背面有手指按压痕
采集地点：山西省运城市永济市
文保单位：万固寺
保护级别：省级文物保护单位
采样位置：院内采集
采集时间：2018-05-01

样本编号：YC-YJ-WGS-106
样本种类：条砖
时　　代：明
尺　寸(mm)：长 290，宽 180，高(厚)45
重　量(kg)：3.45
比重(kg/m³)：1468.71
是否完整：是

特　　征：背面有手指按压痕
采集地点：山西省运城市永济市
文保单位：万固寺
保护级别：省级文物保护单位
采样位置：院内采集
采集时间：2018-05-01

样本编号：DT-GL-JXGMJJZQ-201
样本种类：勾头
时　　代：清
尺　寸(mm)：长 207，宽 118，高(厚)19
重　量(kg)：1.3
比重(kg/m^3)：2534.11
是否完整：是

特　　征：兽面瓦当
采集地点：山西省大同市广灵县壶泉镇涧西村
文保单位：涧西古民居建筑群
保护级别：市、县级文物保护单位
采样位置：2 号院
采集时间：2018-03-16

样本编号：DT-GL-XJSMJ-201
样本种类：滴水
时　　代：清
尺　寸(mm)：长 212，宽 115-148，高(厚)18
重　量(kg)：0.95
比重(kg/m^3)：1888.67
是否完整：是

特　　征：圆点三角纹如意滴水
采集地点：山西省大同市广灵县蕉山乡西蕉山村
文保单位：西蕉山民居
保护级别：省级文物保护单位
采样位置：坍塌建筑院内采集
采集时间：2018-03-16

样本编号：DT-HY-HYWM-104
样本种类：条砖
时　　代：清
尺　寸(mm)：长 304，宽 141，高(厚)60
重　量(kg)：4.35
比重(kg/m³)：1691.40
是否完整：是

采集地点：山西省大同市浑源县县城
文保单位：浑源文庙
保护级别：全国重点文物保护单位
采样位置：院内采集
采集时间：2018-07-01

样本编号：DT-HY-JZMJ-201
样本种类：勾头
时　　代：清
尺　寸(mm)：长 180，宽 100，高(厚)18
重　量(kg)：0.8
比重(kg/m³)：2285.71
是否完整：是

特　　征：兽面瓦当
采集地点：山西省大同市浑源县荆庄乡
文保单位：荆庄民居
保护级别：市、县级文物保护单位
采样位置：院内采集
采集时间：2018-07-01

样本编号：DT-HY-JZMJ-203
样本种类：滴水
时　　代：清
尺　寸(mm)：长 225，宽 135-155，高(厚)18
重　量(kg)：1.1
比重(kg/m³)：1848.74
是否完整：是

特　　征：花草纹如意滴水
采集地点：山西省大同市浑源县荆庄乡
文保单位：荆庄民居
保护级别：市、县级文物保护单位
采样位置：院内采集
采集时间：2018-07-01

样本编号：DT-HY-YAS-202
样本种类：琉璃钉帽
时　　代：清乾隆
尺　寸(mm)：直径 71，高 45，厚 14
重　量(kg)：0.15
比重(kg/m³)：3353.45
是否完整：是

采集地点：山西省大同市浑源县县城
文保单位：永安寺
保护级别：全国重点文物保护单位
采样位置：院内采集
采集时间：2018-07-01

样本编号：DT-LQ-JSS-206
样本种类：滴水
时　　代：清
尺　寸(mm)：长 293，宽 168-186，高(厚)17
重　量(kg)：1.75
比重(kg/m^3)：1918.86
是否完整：是

特　　征：龙纹如意滴水
采集地点：山西省大同市灵丘县
文保单位：觉山寺
保护级别：省级文物保护单位
采样位置：院内采集
采集时间：2018-03-17

样本编号：DT-PC-HLJMJ-201
样本种类：勾头
时　　代：清
尺　寸(mm)：长 195，宽 118，高(厚)17
重　量(kg)：1
比重(kg/m^3)：2227.17
是否完整：是

特　　征：兽面瓦当，泥条接缝
采集地点：山西省大同市矿区欢乐街
文保单位：欢乐街民居
采样位置：院内采集
采集时间：2018-07-01

样本编号：DT-PC-HLJMJ-202
样本种类：勾头
时　　代：清
尺　寸(mm)：长 218，宽 111，高(厚)14
重　量(kg)：1.05
比重(kg/m³)：2853.26
是否完整：是

特　　征：兽面瓦当，泥条接缝
采集地点：山西省大同市矿区欢乐街
文保单位：欢乐街民居
采样位置：院内采集
采集时间：2018-07-01

样本编号：DT-PC-HLJMJ-203
样本种类：勾头
时　　代：清
尺　寸(mm)：长 228，宽 105，高(厚)16
重　量(kg)：1.15
比重(kg/m³)：2926.21
是否完整：是

特　　征：兽面瓦当
采集地点：山西省大同市矿区欢乐街
文保单位：欢乐街民居
采样位置：院内采集
采集时间：2018-07-01

样本编号：DT-PC-HLJMJ-204
样本种类：瓦当面
时　　代：清
尺　寸(mm)：长108，宽105，高(厚)20
重　量(kg)：0.25
比重(kg/m^3)：1102.29
是否完整：否

特　　征：兽面瓦当
采集地点：山西省大同市矿区欢乐街
文保单位：欢乐街民居
采样位置：院内采集
采集时间：2018-07-01

样本编号：DT-PC-HLJMJ-205
样本种类：滴水
时　　代：清
尺　寸(mm)：长253，宽130-160，高(厚)25
重　量(kg)：1.75
比重(kg/m^3)：1957.49
是否完整：是

特　　征：花草纹如意滴水
采集地点：山西省大同市矿区欢乐街
文保单位：欢乐街民居
采样位置：院内采集
采集时间：2018-07-01

样本编号：DT-PC-HLJMJ-206
样本种类：滴水
时　　代：清
尺　寸(mm)：长250，宽135-156，高(厚)18
重　量(kg)：1.3
比重(kg/m³)：1960.78
是否完整：是
特　　征：花草纹如意滴水
采集地点：山西省大同市矿区欢乐街
文保单位：欢乐街民居
采样位置：院内采集
采集时间：2018-07-01

样本编号：DT-PC-HLJMJ-207
样本种类：滴水
时　　代：清
尺　寸(mm)：长205，宽130-153，高(厚)17
重　量(kg)：0.9
比重(kg/m³)：1796.41
是否完整：是
特　　征：花草纹如意滴水
采集地点：山西省大同市矿区欢乐街
文保单位：欢乐街民居
采样位置：院内采集
采集时间：2018-07-01

样本编号：DT-PC-HLJMJ-209
样本种类：滴水
时　　代：清
尺　寸(mm)：长 139，宽 60，高(厚)18
重　量(kg)：0.25
比重(kg/m^3)：1908.4
是否完整：否

特　　征：“地”字草叶纹如意滴水
采集地点：山西省大同市矿区欢乐街
文保单位：欢乐街民居
采样位置：院内采集
采集时间：2018-07-01

样本编号：DT-YG-XLWMCMJ-201
样本种类：勾头
时　　代：清
尺　寸(mm)：长 170，宽 110，高(厚)21
重　量(kg)：1.15
比重(kg/m^3)：2561.25
是否完整：否

特　　征：兽面瓦当
采集地点：山西省大同市阳高县龙泉镇小龙王庙村
文保单位：小龙王庙村民居
保护级别：市、县级文物保护单位
采样位置：民居
采集时间：2018-07-01

样本编号：SZ-SC-CFS-201
样本种类：板瓦
时　　代：清
尺　寸(mm)：长 305，宽 200-230，高(厚)16
重　量(kg)：2.15
比重(kg/m³)：947.97
是否完整：是

采集地点：山西省朔州市朔城区东大街
文保单位：崇福寺
保护级别：全国重点文物保护单位
采样位置：钟楼
采集时间：2018-03-27

样本编号：SZ-SC-CFS-205
样本种类：筒瓦
时　　代：清
尺　寸(mm)：长 338，宽 146，高(厚)17
重　量(kg)：2.2
比重(kg/m³)：1890.03
是否完整：是

特　　征：泥条接缝
采集地点：山西省朔州市朔城区东大街
文保单位：崇福寺
保护级别：全国重点文物保护单位
采样位置：钟楼
采集时间：2018-03-27

样本编号：LL-FY-YWCSSS-202
样本种类：勾头
时　　代：清
尺　寸(mm)：长 215，宽 110，高(厚)15
重　量(kg)：1.15
比重(kg/m³)：3002.61
是否完整：是
特　　征：兽面瓦当
采集地点：山西省吕梁市汾阳市演武镇演武村
文保单位：演武村寿圣寺
保护级别：省级文物保护单位
采样位置：西配殿散落
采集时间：2018-04-03

样本编号：JZ-JX-JXWYM-103
样本种类：条砖
时　　代：清
尺　寸(mm)：长 303，宽 145，高(厚)60
重　量(kg)：4.1
比重(kg/m³)：1555.33
是否完整：是
采集地点：山西省晋中市介休市城内东大街草市巷
文保单位：介休五岳庙
保护级别：全国重点文物保护单位
采样位置：戏台
采集时间：2018-03-21

样本编号：JZ-JX-JXWYM-201
样本种类：琉璃勾头
时　　代：清
尺　寸(mm)：长 227，宽 121，高(厚)17
重　量(kg)：1.5
比重(kg/m³)：2941.18
是否完整：是
特　　征：龙纹瓦当，蓝琉璃，有钉孔
采集地点：山西省晋中市介休市城内东大街草市巷
文保单位：介休五岳庙
保护级别：全国重点文物保护单位
采样位置：戏台
采集时间：2018-03-21

样本编号：JZ-JX-JXWYM-202
样本种类：琉璃勾头
时　　代：清
尺　寸(mm)：长 240，宽 120，高(厚)17
重　量(kg)：1.5
比重(kg/m³)：2873.56
是否完整：是
特　　征：龙纹瓦当，绿琉璃，有钉孔
采集地点：山西省晋中市介休市城内东大街草市巷
文保单位：介休五岳庙
保护级别：全国重点文物保护单位
采样位置：戏台
采集时间：2018-03-21

样本编号：JZ-LS-CYA-101
样本种类：条砖
时　　代：清
尺　寸(mm)：长 278，宽 131，高(厚)60
重　量(kg)：3.35
比重(kg/m³)：1533.12
是否完整：是

采集地点：山西省晋中市灵石县旌介村
文保单位：朝阳庵
保护级别：市、县级文物保护单位
采样位置：西配殿
采集时间：2018-03-20

样本编号：JZ-SY-SLY-201
样本种类：勾头
时　　代：清
尺　寸(mm)：长 215，宽 130，高(厚)18
重　量(kg)：1.55
比重(kg/m³)：2677.03
是否完整：是

特　　征：兽面瓦当
采集地点：山西省晋中市寿阳县平头乡董家庄
文保单位：松罗院
保护级别：省级文物保护单位
采样位置：戏台
采集时间：2018-03-14

样本编号：CZ-JQ-XLLXM-103
样本种类：望砖
时　　代：清
尺　寸(mm)：长 191，宽 158，高(厚)28
重　量(kg)：1.2
比重(kg/m³)：1420.15
是否完整：是

采集地点：山西省长治市郊区
文保单位：小罗灵仙庙
保护级别：省级文物保护单位
采样位置：院内采集
采集时间：2018-05-01

样本编号：CZ-JQ-XLLXM-201
样本种类：勾头
时　　代：清
尺　寸(mm)：长 240，宽 122，高(厚)18
重　量(kg)：1.55
比重(kg/m³)：2753.11
是否完整：是

特　　征：兽面瓦当
采集地点：山西省长治市郊区
文保单位：小罗灵仙庙
保护级别：省级文物保护单位
采样位置：院内采集
采集时间：2018-05-01

样本编号：CZ-JQ-XLLXM-202
样本种类：勾头
时　　代：清
尺　寸(mm)：长 255，宽 132，高(厚)18
重　量(kg)：1.950
比重(kg/m³)：2968.04
是否完整：是

特　　征：龙纹瓦当
采集地点：山西省长治市郊区
文保单位：小罗灵仙庙
保护级别：省级文物保护单位
采样位置：院内采集
采集时间：2018-05-01

样本编号：CZ-JQ-XLLXM-209
样本种类：当勾
时　　代：清
尺　寸(mm)：长 130，宽 140，高(厚)15
重　量(kg)：0.3
比重(kg/m³)：1098.90
是否完整：否

采集地点：山西省长治市郊区
文保单位：小罗灵仙庙
保护级别：省级文物保护单位
采样位置：院内采集
采集时间：2018-05-01

样本编号：JC-GP-NZYHM-201
样本种类：勾头
时　　代：清
尺　寸(mm)：长 147，宽 143，高(厚)20
重　量(kg)：0.9
比重(kg/m³)：1487.6
是否完整：是

特　　征：麒麟纹三角形板瓦勾头
采集地点：山西省晋城市高平市
文保单位：南庄玉皇庙
保护级别：全国重点文物保护单位
采样位置：院内采集
采集时间：2018-05-01

样本编号：JC-GP-NZYHM-202
样本种类：勾头
时　　代：清
尺　寸(mm)：长 128，宽 137，高(厚)20
重　量(kg)：1.15
比重(kg/m³)：2169.81
是否完整：是

特　　征：马纹三角形板瓦勾头
采集地点：山西省晋城市高平市
文保单位：南庄玉皇庙
保护级别：全国重点文物保护单位
采样位置：院内采集
采集时间：2018-05-01

样本编号：JC-GP-NZYHM-203
样本种类：勾头
时　　代：清
尺　寸(mm)：长 138，宽 164，高(厚)18
重　量(kg)：0.85
比重(kg/m³)：1278.2
是否完整：是

特　　征：花草纹三角形板瓦勾头
采集地点：山西省晋城市高平市
文保单位：南庄玉皇庙
保护级别：全国重点文物保护单位
采样位置：院内采集
采集时间：2018-05-01

样本编号：JC-GP-NZYHM-204
样本种类：勾头
时　　代：清
尺　寸(mm)：长 118，宽 153，高(厚)18
重　量(kg)：0.9
比重(kg/m³)：1618.71
是否完整：是

特　　征：花草纹三角形板瓦勾头
采集地点：山西省晋城市高平市
文保单位：南庄玉皇庙
保护级别：全国重点文物保护单位
采样位置：院内采集
采集时间：2018-05-01

样本编号：JC-GP-NZYHM-208
样本种类：勾头
时　　代：清
尺　寸(mm)：长 298，宽 153，高(厚)20
重　量(kg)：2.05
比重(kg/m^3)：2070.71
是否完整：是
特　　征：仙人骑兽纹三角形板瓦勾头
采集地点：山西省晋城市高平市
文保单位：南庄玉皇庙
保护级别：全国重点文物保护单位
采样位置：院内采集
采集时间：2018-05-01

样本编号：JC-LC-CAS-201
样本种类：琉璃勾头
时　　代：清
尺　寸(mm)：长 373，宽 136，高(厚)17
重　量(kg)：2.6
比重(kg/m^3)：3098.93
是否完整：否
特　　征：龙纹瓦当，绿琉璃，有钉孔
采集地点：山西省晋城市陵川县
文保单位：崇安寺
保护级别：全国重点文物保护单位
采样位置：院内采集
采集时间：2018-05-01

样本编号：LF-YC-FDGDM-201
样本种类：勾头
时　　代：清
尺　寸(mm)：长 197，宽 117，高(厚)17
重　量(kg)：1.05
比重(kg/m³)：2354.26
是否完整：是

特　　征：兽面瓦当
采集地点：山西省临汾市翼城县樊店村
文保单位：樊店关帝庙
保护级别：市、县级文物保护单位
采样位置：献殿遗址
采集时间：2018-04-04

样本编号：LF-YC-FDGDM-202
样本种类：勾头
时　　代：清
尺　寸(mm)：长 135，宽 154，高(厚)17
重　量(kg)：0.65
比重(kg/m³)：1154.53
是否完整：是

特　　征：兽面纹三角形板瓦勾头
采集地点：山西省临汾市翼城县樊店村
文保单位：樊店关帝庙
保护级别：市、县级文物保护单位
采样位置：献殿遗址
采集时间：2018-04-04

后 记

本书是根据2017年度山西省重点研发计划社发领域项目《山西省古建筑砖瓦修缮材料及工艺研发》（编号201703D321031）的主要内容编写而成。课题持续两年，于2019年年底由山西省科学技术厅组织专家组验收通过，并得到专家组长、博士生导师高策教授的高度赞扬和肯定。

长期以来，文物建筑保护与修缮所使用的主要材料青砖、青瓦未得到根本重视，以至于在购买及验收青砖、青瓦时，仅以肉眼观察、敲打、听音作为材质质量的主要判断标准。尤其是肉眼观察青砖、青瓦的色泽，判定标准更为模糊。购买、验收的宽泛，使得砖瓦制作厂家对青砖、青瓦的传统工艺不断简化，有些工艺甚至丢失，形成不良循环。到目前为止，青砖、青瓦的年代断定在文物保护研究领域尚未成体系，没有形成完整的时代序列。本课题试图在解决上述问题的基础上加以探索和研究。

本课题是目前山西省乃至全国规模最大的一个对文物建筑砖瓦材料进行采集、整理、研究和分析的项目。由于各种客观条件的限制，特别是文物保护要求的严格性以及采集样品的数量有限，尤其是元代以前的砖瓦数量较为稀少，砖瓦种类还不够齐全，项目基础条件严重不足，但能够为文物科学保护事业尽绵薄之力，我们也深感欣慰，这也是我们文物保护工作者的责任与使命。

砖瓦数据库的建立是这个课题的主要科研成果之一。但数据库的样本采集、整理，不是一朝一夕之事，文物管理部门应出台一些规定，将砖瓦样本的采集纳入保护维修项目的规范中，为今后的科学保护提供基础科研平台。

在本课题进行过程中，我们发现了许多待解的、需继续研究的问题。如唐代绳纹砖、辽代粗条纹（或称粗勾纹）砖的形成，较为合理的说法为模具造成，又有一说为泥坯形成后有意勾画，但砖坯模具至今未发现，还有待今后的考古发现来证明。金、元、明时期的手印砖，是匠人的工作习惯，还是有意识地增强砖与灰浆的摩擦系数以提高墙体强度，需继续研究、证实。

山西省科学技术厅领导十分重视，山西省古建筑保护研究所前所长董养忠先生多次奔走、呼吁，最终课题在2017年度被列入山西省重点研发计划，特此感谢山西省科学技术厅、山西省文物局和我院领导的支持！

为了完成课题任务，课题组成员王锋、肖迎九、史君、王小龙以及我院的宋阳、杨晓芳等同志冒着严寒酷暑，在全省各地采集样本，进行分类、标识、录入、分析。为了进一步完善科学数据，太原理工大学土木工程学院的杜红秀教授带领李斌、刘晓仙、吴振戌、孙磊、王林飞等研究生深入砖瓦工厂，现场观察现代复制砖瓦生产过程，对每一份样品严格按照科学规范进行检测，获取了大量数据。在调研、采集、确认过程中，得到全省各地文物保护工作者们的热情帮助与配合，从而保证了数据的准确性。在此特别感谢课题组同仁们，感谢给予本课题无私帮助的文物保护工作者们！

课题组负责人：王春波

2020年5月22日孟夏

图书在版编目（CIP）数据

山西文物建筑砖瓦材料调查与研究／山西省古建筑与彩塑壁画保护研究院砖瓦课题组著．—太原：三晋出版社，2021.12
ISBN 978-7-5457-2410-3

Ⅰ．①山…　Ⅱ．①山…　Ⅲ．①古建筑—砖—建筑材料—调查研究—山西 ②古建筑—瓦—建筑材料—调查研究—山西
Ⅳ．①TU522

中国版本图书馆 CIP 数据核字（2021）第 273491 号

山西文物建筑砖瓦材料调查与研究

著　　者：山西省古建筑与彩塑壁画保护研究院砖瓦课题组
责任编辑：秦艳兰
助理编辑：张丹华
装帧设计：段宇杰
责任印制：李佳音

出 版 者：山西出版传媒集团·三晋出版社
地　　址：太原市建设南路 21 号
电　　话：0351－4956036（总编室）
0351－4922203（印制部）
网　　址：http://www.sjcbs.cn

经 销 者：新华书店
承 印 者：山西新华印业有限公司

开　　本：880mm×1230mm　1/16
印　　张：16.75　彩页　80
字　　数：500 千字
版　　次：2022 年 1 月　第 1 版
印　　次：2022 年 1 月　第 1 次印刷
书　　号：ISBN 978-7-5457-2410-3
定　　价：268.00 元

如有印装质量问题，请与本社发行部联系　电话：0351-4922268